高职电子类
精品教材

表面组装技术

BIAOMIAN ZUZHUANG JISHU

主　审　江　力
主　编　徐明利
副主编　刘　涛　周凤胜　孟祥元
参　编　蔡　骏　张留忠

中国科学技术大学出版社

内容简介

本书内容包括SMT基本知识，表面组装元器件，锡膏的搅拌、存储及印刷，点胶，贴片，回流焊，检测和返修及SMT质量的管理九个项目。书中结合实际生产和实训设备，以SMT生产工艺为主线，整个工艺的教学过程基本就是生产实施过程。为了适应高职教育的特点，本书在内容上强调如何做，并采用大量的图片展示操作过程，让学生能通过教材真正懂得如何做，力求使技能教学在学生动手的过程中进行，将学习与生产实际紧密结合。

本书可作为高职高专院校电子信息类的专业教材，也可作为SMT专业技术人员和电子产品设计制造工程技术人员的参考用书。

图书在版编目(CIP)数据

表面组装技术/徐明利主编. —合肥：中国科学技术大学出版社，2013.8
ISBN 978-7-312-03275-2

Ⅰ.表… Ⅱ.徐… Ⅲ.印刷电路—组装 Ⅳ.TN410.5

中国版本图书馆CIP数据核字(2013)第176477号

出版 中国科学技术大学出版社
安徽省合肥市金寨路96号，230026
http://press.ustc.edu.cn
印刷 合肥现代印务有限公司
发行 中国科学技术大学出版社
经销 全国新华书店
开本 787 mm×1092 mm 1/16
印张 13.5
字数 345千
版次 2013年8月第1版
印次 2013年8月第1次印刷
定价 26.00元

前　言

随着电子信息产业的迅速发展，SMT 已成为现代电子装联技术中的核心技术。SMT 的广泛应用，使我国的电子产品质量跃上了一个新台阶。本书的编者们以 SMT 方面的人才需求为出发点，以为社会培养新型人才为目的，结合 SMT 教学实训现状和 SMT 岗位技能需求，编写了本书。

本书在编写过程中力求体现以下特色：

(1) 本书按照“以 SMT 生产工艺为主线，以理论与实践相结合为原则，以 SMT 岗位职业技能培养为重点”的思路进行编写，使学生的知识、技能、职业素养更贴近职业岗位要求。

(2) 书中每个项目都有“学习目标”，项目下的每个操作型任务都分为“任务描述”“实际操作”“想一想”“考核评价”等具体模块，使学生在学习的过程中目的更加明确，教师也更容易进行教学方案设计。本书的内容突出项目式教学，把本专业的实验实训设备融入到教材中，贴近企业，便于学生考取相应的职业资格证书。

(3) 本书将理论、实践、实训内容融为一体，是一本教、学、做一体化的教材，有利于学生“学中看，看中学，学中干，干中学”。本书针对 SMT 发展速度迅猛的特点，加入了 SMT 项目式教学内容，突出了教材的实用性和先进性。

本书由安徽电子信息职业技术学院的江力任主审，安徽电子信息职业技术学院的徐明利任主编，刘涛、周凤胜、孟祥元任副主编，蔡骏、张留忠参与了编写。其中徐明利编写项目一和项目二，孟祥元编写项目三，刘涛编写项目四和项目五，张留忠编写项目六和项目七，蔡骏编写项目八，周凤胜编写项目九，全书由徐明利负责统稿。

在编写本书的过程中，我们得到了湖南科瑞特科技股份有限公司总经理李永祥的大力支持，特别是湖南科瑞特科技股份有限公司杨栋、安徽汇联电子有限公司经理柯善明等的大力帮助，在此表示感谢。

由于编者水平有限，书中的错误和不足之处在所难免，望广大读者批评指正。

编　者

2013 年 5 月

目　录

SMT 综述

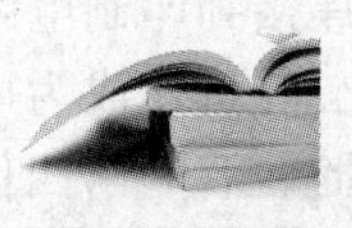

学习目标

知识目标

① 知道 SMT 的发展历程；
② 理解 SMT 的定义；
③ 了解 SMT 生产线及其组成；
④ 掌握 SMT 的工艺流程；
⑤ 了解 SMT 发展趋势。

任务一　SMT 概述

一、SMT 的发展阶段和特点

随着 20 世纪 40 年代晶体管的诞生以及印制电路板(Printed Circuit Board，PCB)的研制成功，人们开始尝试将晶体管等通孔元件直接焊接到印制电路板上，使得电子产品结构变得紧凑、体积大大缩小。到了 20 世纪 50 年代，英国人研制出世界上第一台波峰焊接机，人们得以将晶体管等通孔元件插装在印制电路板上，然后通过波峰焊接技术实现通孔组件的装联，这就是我们通常所说的通孔插装技术(Through Hole Technology，THT)，亦称穿孔插入组装技术或穿孔插装技术。

综上所述，THT 就是一种将引脚位于轴向(或径向)的电子元器件插入以 PCB 为组装基板的规定位置上的焊盘孔内，然后在 PCB 的引脚伸出面上进行焊接的电子装联技术。典型的 THT 工艺流程为元器件预加工(元器件引脚折弯或校直)→元器件插装→波峰焊→引脚修剪→测试→清洗。其生产线的组成包括元器件引脚折弯机、元器件引脚校直机、半自动插装线体或自动插装机、波峰焊接机、接驳台、剪脚机、补焊线体以及测试设备和清洗设备。

20 世纪 60 年代，在军用通信及电子表行业中，为了实现军用通信及电子表产品的微型化，人们开发出无引脚电子元器件，并将其直接焊接到印制电路板表面，从而达到电子产品微型化的目的，这就是表面组装技术(Surface Mount Technology，SMT)的雏形。SMT 发展至今，已经历了四个阶段：

第一阶段（1970～1975年）以小型化为主要目标，此时的表面组装元器件主要用于混合集成电路，如石英表、计算器等。

第二阶段（1976～1980年）的主要目标是减小电子产品的单位体积、提高电路功能，产品主要用于摄像机、录像机、电子照相机等。

第三阶段（1981～1995年）的主要目标是降低成本，通过大力发展组装设备，使表面组装元器件进一步微型化，提高了电子产品的性价比。

第四阶段（1996年至今）SMT已进入微组装、高密度组装和立体组装的新阶段，该阶段也是多芯片组件等新型表面组装元器件快速发展和大量应用的阶段。

综上所述，SMT是于20世纪60年代中期开发、70年代就获得实际应用的一种新型电子装联技术。它无须对印制电路板钻插装孔，而是直接将表面组装元器件焊接到印制电路板的规定位置上，从而彻底改变了传统的通孔插装技术，使电子产品微型化、轻量化成为可能。它被誉为电子组装技术的一次革命，是继手工装联、半自动装联、自动插装后的第四代电子装联技术。SMT与传统的THT相比，具有如下优点：

（1）元器件组装密度高，电子产品重量轻、体积小

表面组装元器件的体积比传统的通孔插装元器件要小得多，仅占印制电路板1/3～1/2的空间，而它的重量只有通孔插装元器件的1/10。采用表面组装的电子产品，其体积可缩小40%～60%，重量可减轻80%以上。

（2）抗振能力强、可靠性高

由于表面组装元器件的体积小、重量轻，所以抗振动能力强。表面组装元器件的焊接可靠性比通孔插装元器件要高，采用表面组装的电子产品平均无故障时间一般为20万小时以上，所以可靠性高。

（3）高频特性好

表面组装元器件无引脚或短引脚，不仅降低了引脚的分布特性造成的影响，而且在印制电路板表面焊接牢固、可靠性高，大大降低了寄生电容和寄生电感对电路的影响，在很大程度上减少了电磁干扰和射频干扰，使得组件的噪声降低，改善了组件的高频特性。

（4）自动化程度高、生产效率高

与THT相比，SMT更适合自动化生产。THT根据插装元器件的不同需要不同的插装设备，如跳线机、径向插装机、轴向插装机等，设备生产调整准备时间较长；同时由于通孔的孔径较小，插装的精度也较差，返修的工作量也较大；而且换料时必须停机，增加了工作时间。而SMT在一台泛用机上就可以完成贴装任务，且具有不停机换料功能，节省了大量时间；同时，由于SMT的相关设备具有视觉功能，所以贴装精度高、返修工作量低，这样自动化程度和生产效率自然就高。

（5）成本降低

SMT可以进行印制电路板的双面贴装，更加充分地利用印制电路板的表面空间，而且采用SMT印制电路板的钻孔数目减少、孔径变细，使得印制电路板的面积大大缩小，降低了印制电路板的制造成本。部分表面组装元器件的成本也比通孔插装元器件成本低。同时，采用SMT，相应的返修工作量减少，降低了人工成本。另外，表面组装元器件体积小、重量轻，减少了包装和运输成本。一般情况下，电子产品采用SMT后，总成本可降低30%以上。

如今，SMT已广泛地应用于各个领域的电子产品装联，如航空、航天、通信、计算机、医

疗电子、汽车、照相机、办公自动化、家用电器行业等等。

二、SMT的发展趋势

SMT自20世纪60年代中期问世以来，经过50多年的发展，已经成为当今电子制造技术的主流，而且正在继续向纵深发展。其发展趋势主要表现在以下几个方面：

1. 绿色化生产

随着《电气、电子设备中限制使用某些有害物质指令》(RoHS指令)在全球逐步执行，SMT工艺也迅速向无铅化方向发展，SnAgCu无铅焊料、各项异性导电胶、各项异性导电胶薄膜与焊料树脂导电材料都已获得实际应用。与此同时，为了实现真正无铅化，与之匹配的工艺材料、元器件、生产设备、检测方法及设备也在不断完善，并已进入实用阶段。

2. 元器件的发展

随着元器件研发技术的进步，元器件正朝着体积更小、集成度更高的方向发展，元器件的封装形式也随着组装产品朝体积更小、重量更轻、工作频率更高、抗干扰性更强、可靠性更高的方向发展。

表面组装元件(Surface Mount Component，SMC)的模块化是元器件今后的发展方向。由于元器件尺寸已日益面临极限，自动生产设备的精度也趋于极限，片式元件复合化、模块化将得到迅速的发展和广泛的应用。目前英制0603、0402和0201在PCB上的应用非常普遍，但01005已经接近设备和工艺的极限尺寸，因此，01005只适合模块的组装工艺和高性能的手机等场合。

集成电路封装技术的发展也非常迅速。从双列直插(Dual In-line Package，DIP)向表面组装器件(Surface Mount Device，SMD)发展，SMD又迅速向小型、薄型和窄引脚间距发展：引脚间距从过去的1.27 mm、1 mm、0.86 mm、0.65 mm到目前的0.5 mm、0.4 mm、0.3 mm，引脚排列从周边引脚向器件底部球栅阵列引脚发展；近年来，又向二维、三维发展，出现了多芯片组件(Multi Chip Module，MCM)、封装体叠层(Package on Package，PoP)；最后还要向单片系统(System on Chip，SoC)发展。

随着SMT技术的成熟，特别是低热膨胀系数的PCB以及专用焊料和填充材料的开发成功，裸芯片直接贴装到PCB上的技术发展较为迅速。目前，裸芯片技术主要有板载芯片(Chip-on-Board，CoB)技术和倒装芯片(Flip Chip，FC)技术，这将成为21世纪芯片应用的发展主流。

3. 生产设备及工艺的发展

为了适应新型元器件的贴装，生产设备的贴装精度越来越高，可贴装超细间距元器件的技术越来越成熟(如0201片式元件和引脚间距在0.3 mm的集成电路等)，制造工艺技术不断提高，通孔回流焊工艺和选择性波峰焊工艺的应用越来越广泛。

总之，随着小型化高密度封装的发展以及新型元器件的不断涌现，一些新技术、新工艺也随之产生，极大地促进了表面组装技术的改进、创新和发展，使其向更先进、更可靠的方向发展。

SMT就是将表面组装元器件直接贴、焊到印制电路板的规定位置上，是自20世纪70年代起发展起来的新一代电子装联技术。它是一组技术密集、知识密集的技术群，涉及元器件封装技术、印制电路板技术、印刷技术、自动控制技术、焊接技术、检测技术、清洗技术、品质管理及物理、化工、新型材料等多个专业和领域。这些技术的发展，特别是电子元器件的微型化、多功能化，大大推动了 SMT 的发展。

任务二　SMT 及其组成

SMT 从狭义上讲就是将表面组装元件和表面组装器件贴、焊到以印制电路板为组装基板的表面规定位置上的电子装联技术，所用的 PCB 无需钻插装孔，如图 1.1 所示。从工艺角度来细化步骤，就是首先在 PCB 焊盘上涂敷锡膏，再将表面组装元器件准确地放到涂有锡膏的焊盘上，通过加热 PCB 直至锡膏熔化，冷却后便实现了元器件与印制电路之间的互连。

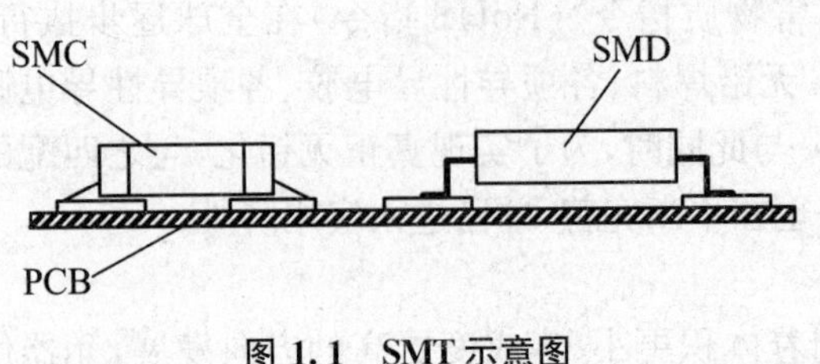

图 1.1　SMT 示意图

从广义上讲，SMT 涉及化工与材料技术（如各种锡膏、助焊剂、清洗剂以及各种元器件等）、涂敷技术（如涂敷锡膏或贴片胶）、精密机械加工技术（如涂敷模板制作、工装夹具制作等）、自动控制技术（如生产设备及生产线控制）、焊接和测试技术、检验技术、各种管理技术等诸多技术，是一项复杂的、综合的系统工程技术。

因此 SMT 的基本组成可以归纳为生产物料、生产设备、生产工艺以及管理四大部分。其中，生产物料和生产设备可以称为 SMT 的硬件，而生产工艺以及管理称为 SMT 的软件。SMT 的基本组成如表 1.1 所示。

表 1.1　表面组装技术的组成

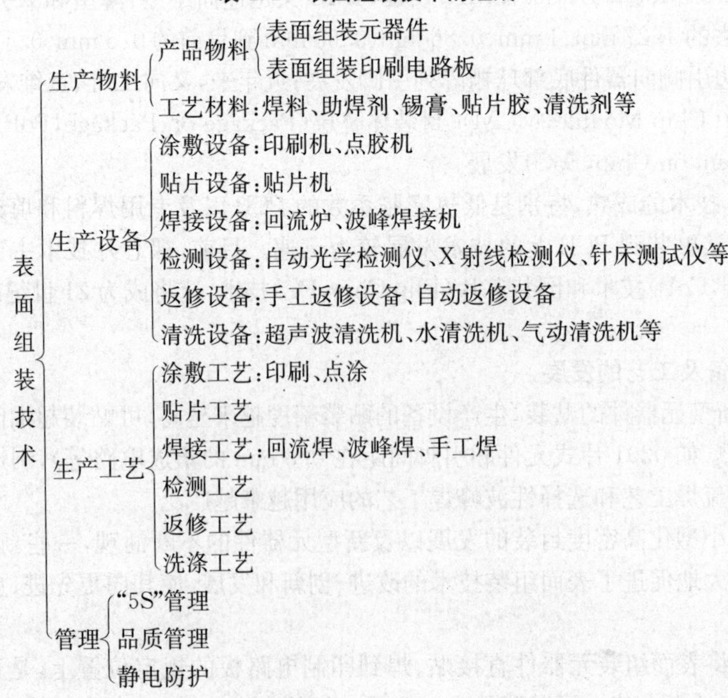

- 表面组装技术
  - 生产物料
    - 产品物料
      - 表面组装元器件
      - 表面组装印刷电路板
    - 工艺材料：焊料、助焊剂、锡膏、贴片胶、清洗剂等
  - 生产设备
    - 涂敷设备：印刷机、点胶机
    - 贴片设备：贴片机
    - 焊接设备：回流炉、波峰焊接机
    - 检测设备：自动光学检测仪、X 射线检测仪、针床测试仪等
    - 返修设备：手工返修设备、自动返修设备
    - 清洗设备：超声波清洗机、水清洗机、气动清洗机等
  - 生产工艺
    - 涂敷工艺：印刷、点涂
    - 贴片工艺
    - 焊接工艺：回流焊、波峰焊、手工焊
    - 检测工艺
    - 返修工艺
    - 洗涤工艺
  - 管理
    - “5S”管理
    - 品质管理
    - 静电防护

1. SMT 生产线

生产线是将不同加工方式和加工数量的生产设备组合成一条可连续自动化进行产品制造的线体。最基本的SMT生产线由印刷机、贴片机、回流炉和上/下料装置、接驳台等组成。

SMT生产线按照自动化程度可分为全自动生产线和半自动生产线。全自动生产线是指整条生产线的设备都是全自动设备，通过自动上板机、缓冲带和自动下板机将所有生产设备连成一条自动线。半自动生产线是指主要生产设备没有连接起来或没有完全连接起来，如印刷机是半自动的，需要人工印刷或者人工装卸印制电路板。

按照生产线的规模大小，SMT生产线可分为大型、中型和小型生产线。大型生产线具有较大的生产能力，一条大型单面生产线上的贴片机由一台泛用机和多台高速机组成。中、小型生产线主要适合于研究所和中小企业，满足多品种、中小批量或单一品种、中小批量的生产任务，可以是全自动生产线或半自动生产线。

根据生产产品的不同，SMT生产线可分为单生产线和双生产线。SMT单生产线由印刷机、贴片机、回流炉、测试设备等自动表面组装设备组成，主要用于只在PCB单面组装SMC/SMD的表面组装场合。SMT单生产线的基本组成如图1.2所示。SMT双生产线由两条SMT单生产线组成，这两条SMT单生产线可以独立存在，也可串联组成，主要用于在PCB双面组装SMC/SMD的表面组装场合。

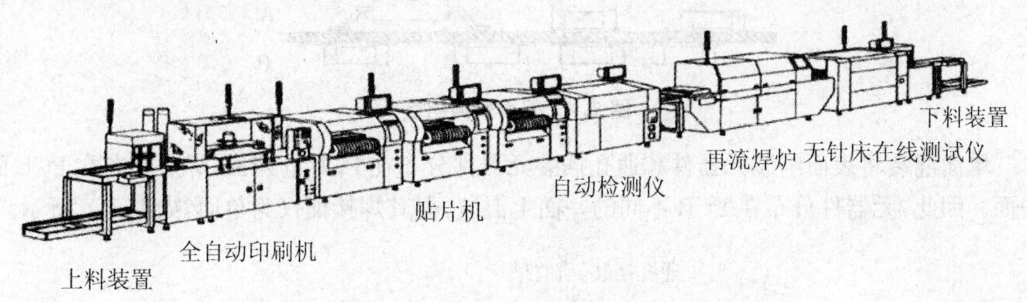

图1.2 SMT单生产线的基本组成

采用不同的分类方法，SMT生产线的分类如表1.2所示。

表1.2 SMT生产线的分类

分类方法	类　型
按焊接工艺	波峰焊、回流焊
按产品区别	单生产线、双生产线
按生产规模	小型、中型、大型
按生产方式	半自动、全自动
按使用目的	研究试验、小批量多品种生产、大批量少品种生产、变量变种生产
按贴装速度	低速、中速、高速
按贴装精度	低精度、高精度

电子产品的单板组装方式不同采用的生产线也不同。如果印制电路板上仅贴有表面组装元器件，那么采用SMT生产线即可；如果是表面组装元器件和插装元器件混合组装，还需在SMT生产线的基础上附加插装件组装线和相应设备；当采用的是非免清洗组装工艺时，

还需附加焊接后的清洗设备。

2. SMT 工艺流程

工艺流程是指导操作人员操作和用于生产、工艺管理等的规范，是制造产品的技术依据。表面组装工艺流程的设计合理与否，直接影响组装质量、生产效率和制造成本。在实际生产中，工艺人员应根据所用元器件和生产设备的类型以及产品的需求，设计合适的工艺流程，以满足不同产品生产的需要。

3. SMA 的组装方式

表面组装组件(Surface Mount Assembly，SMA)的组装方式不同，生产过程中所采用的工艺流程也有所不同，因此这里首先介绍 SMA 的基本组装方式。SMA 的基本组装方式有单面表面组装、双面表面组装、单面混装和双面混装四种。

单面表面组装是指采用单面 PCB，而且全部采用表面组装元器件，如图 1.3 所示。

图 1.3　单面表面组装

双面表面组装是指采用双面 PCB，而且双面全部采用表面组装元器件，如图 1.4 所示。

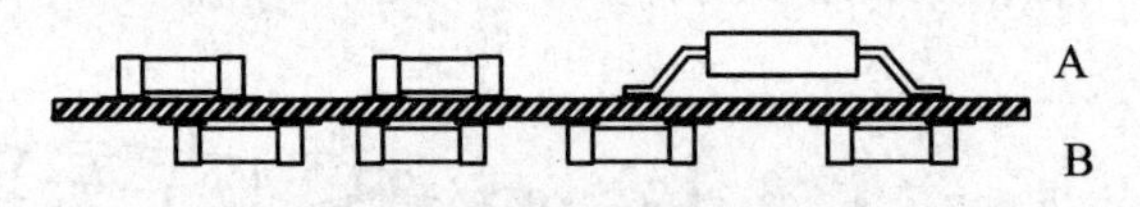

图 1.4　双面表面组装

单面混装将表面组装元器件和通孔插装元器件分布在 PCB 的两面，焊点分布在 PCB 的一面。因此，元器件分布在 PCB 不同的一面上混装，但其焊接面仅为单面，如图 1.5 所示。

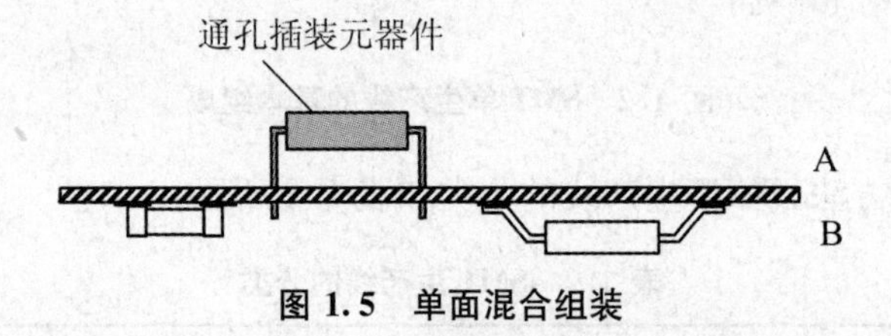

图 1.5　单面混合组装

双面混装是指表面组装元器件和通孔插装元器件混合分布在 PCB 的同一面，如图 1.6(a)所示，同时表面组装元件和表面组装器件可分布在 PCB 的两面，如图 1.6(b)所示，焊点分布在 PCB 的两面。更为复杂的双面混装则是 PCB 两面都是既有表面组装元器件，又有通孔插装元器件，这种类型比较少用，因此未列出来。

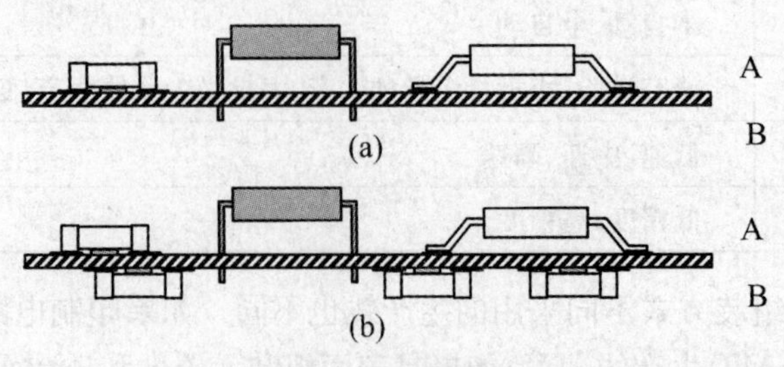

图 1.6　双面混合组装

常见表面组装组件的组装方式基本都是上述四种组装方式中的一种。

4. 基本工艺流程

SMT 组装工艺有两条基本的工艺流程，即锡膏-回流焊工艺和贴片胶-波峰焊工艺，SMT 的所有工艺流程基本都是在这两条流程的基础上变化而来的。

锡膏-回流焊工艺如图 1.7 所示，就是先在印制电路板焊盘上印刷适量的锡膏，再将片式元器件贴放到印制电路板的规定位置上，最后将贴装好元器件的印制电路板通过回流炉完成焊接过程。其特点是简单、快捷，有利于产品体积的减小。这种工艺流程主要适用于只有表面组装元器件的组装。

图 1.7　锡膏-回流焊工艺

贴片胶-波峰焊工艺如图 1.8 所示，就是先在印制电路板焊盘间点涂适量的贴片胶，再将表面组装元器件贴放到印制电路板的规定位置上，然后将贴装好元器件的印制电路板进行胶水的固化，之后插装元器件，最后将插装元器件与表面组装元器件同时进行波峰焊接。其特点是利用双面板空间，电子产品体积可以进一步减小，并部分使用通孔元件，价格低廉。这种工艺流程适用于表面组装元器件和插装元器件的混合组装。

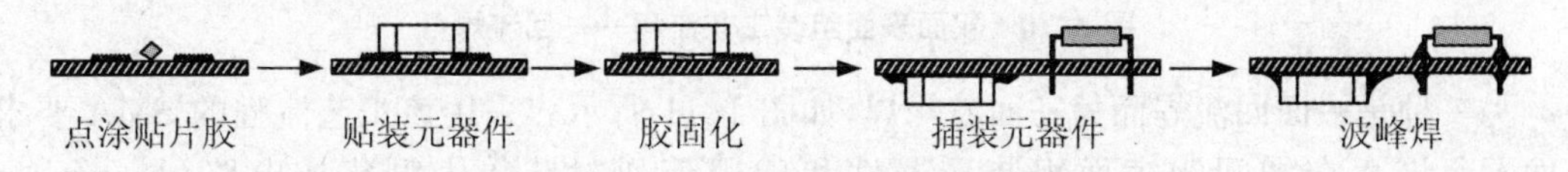

图 1.8　贴片胶-波峰焊工艺

5. SMT 工艺流程设计原则

工艺流程设计合理与否，直接关系到产品组装质量、生产效率和制造成本。工艺员在设计工艺流程时应在考虑印制电路板的组装密度和本单位 SMT 生产线设备的前提下，遵循以下原则：

① 选择最简单、质量最优秀的工艺；

② 选择自动化程度最高、劳动强度最小的工艺；

③ 选择加工成本最低的工艺；

④ 选择工艺流程路线最短的工艺；

⑤ 选择使用工艺材料的种类最少的工艺。

任务三　SMT 工艺流程

现代电子产品往往不仅仅只贴表面组装元器件，还有通孔插装元器件，因此采用 SMT 工艺组装各种产品时，所用流程均应以基本工艺流程——锡膏-回流焊工艺和贴片胶-波峰焊工艺为基础，两者单独使用或者重复混合使用，以满足不同产品生产的需要。下面介绍各种组装方式的常规工艺流程。

1. 单面表面组装工艺流程

单面表面组装全部采用表面组装元器件，在印制电路板上单面贴装、单面回流焊，其工艺流程如图1.9所示。在印制电路板尺寸允许时，应尽量采用这种方式，以减少焊接次数。

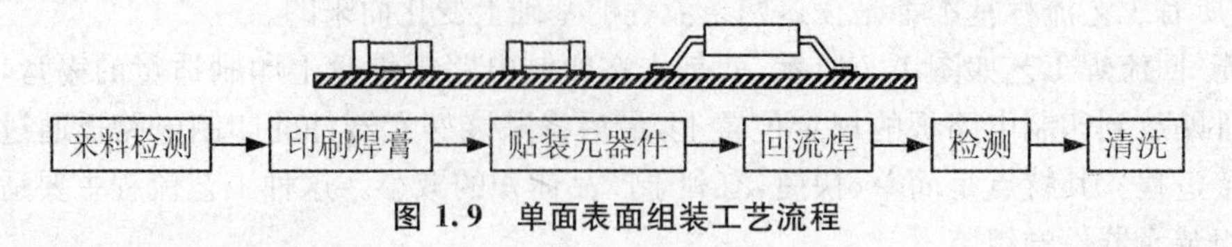

图1.9　单面表面组装工艺流程

2. 双面表面组装工艺流程

双面表面组装的表面组装元器件分布在PCB的两面，组装密度高，其工艺流程有两种，一种是回流焊，如图1.10所示。

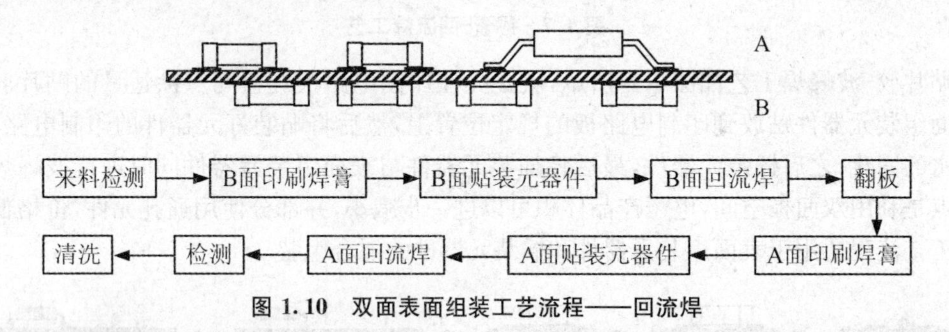

图1.10　双面表面组装工艺流程——回流焊

另一种是一面回流焊而另一面波峰焊，如图1.11所示。采用该工艺流程的SMA要求B面不允许存在细间距表面组装元器件和球栅阵列封装等大型集成电路（Integrated Circuit，IC）器件。

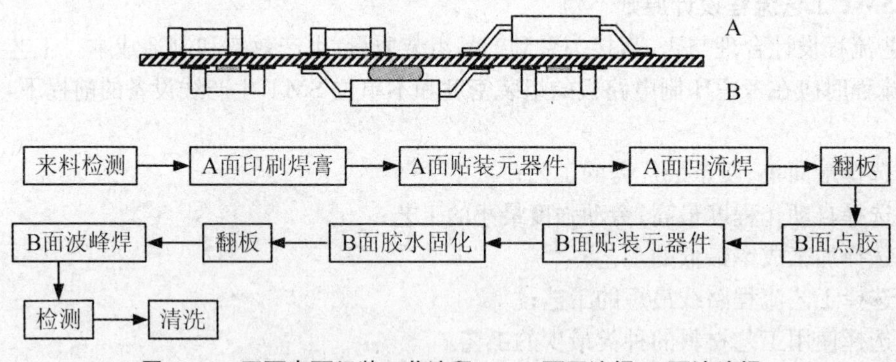

图1.11　双面表面组装工艺流程——A面回流焊，B面波峰焊

3. 单面混装工艺流程

单面混装是多数消费类电子产品采用的组装方式，它的工艺流程有两类：先贴法和后贴法。先贴法适用于贴装元器件数量大于插装元器件数量的场合，后贴法适用于贴装元器件数量少于插装元器件数量的场合。但不管采用先贴法还是后贴法，印制电路板B面都不允许存在细间距表面组装元器件、球栅阵列封装等大型IC器件。其具体工艺流程如图1.12所示。

4. 双面混装工艺流程

双面混装可以充分利用PCB的双面空间，是实现组装面积最小化的方法之一，而且仍保留通孔元器件价廉的优点。双面混装工艺流程Ⅰ如图1.13所示。双面混装工艺流程Ⅱ如图1.14所示，有两种情况：先A、B两面回流焊，再B面选择性波峰焊；或先A面回流焊，再B面波峰焊。采用先A面回流焊，再B面波峰焊的工艺，要求印制电路板B面不允许存在细间距表面组装元器件和球栅阵列封装等大型IC器件。

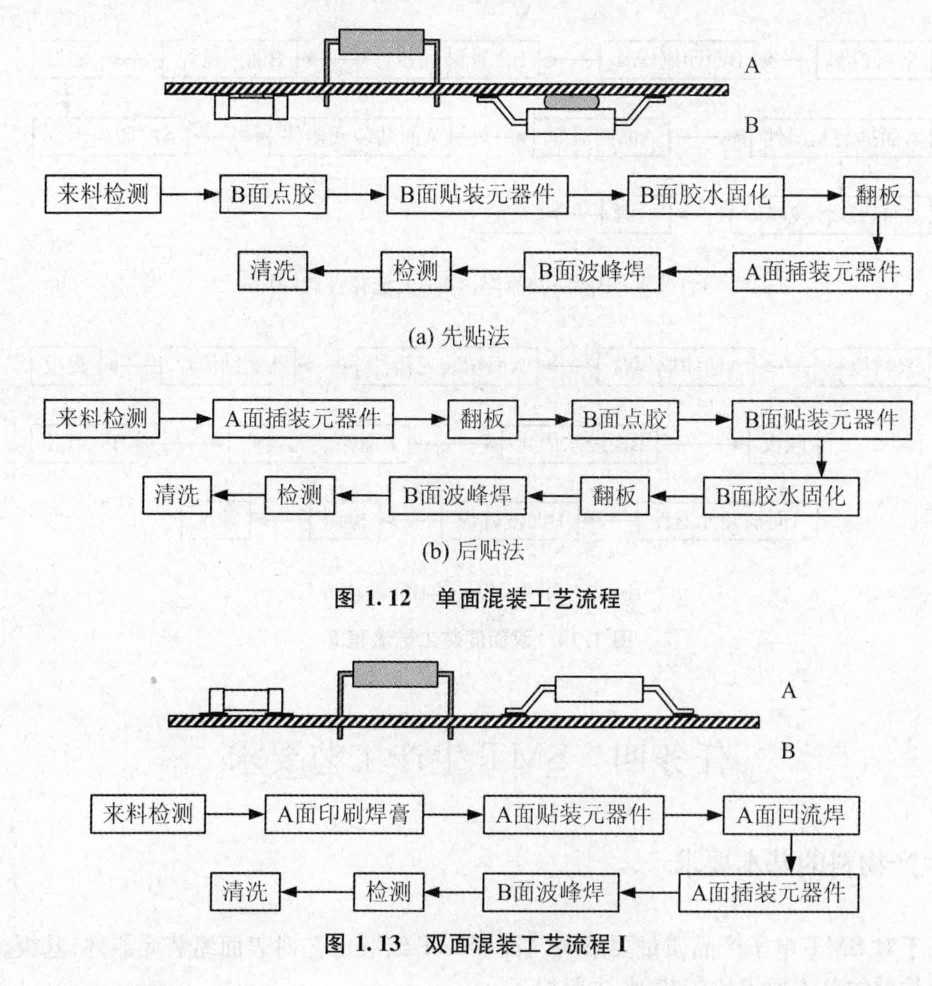

图1.12　单面混装工艺流程

图1.13　双面混装工艺流程Ⅰ

5. 生产环境要求

SMT是一项复杂的综合性系统工程技术，涉及基板、元器件、工艺材料、组装技术、高度自动化的组装、检测设备等多方面因素。其中，SMT生产设备是高精度的机电一体化设备，SMT工艺材料中的锡膏和贴片胶都属于触变性流体，它们对环境的清洁度、湿度、温度都有一定的要求。为了保证设备正常运行，保证产品的组装质量，对SMT生产环境有以下要求：

(1) 工作间保持清洁卫生，无尘土，无腐蚀性气体。空气清洁度为100 000级(BGJ 73-84)。

(2) 环境温度以(23±2) ℃为最佳，一般为17～28 ℃，极限温度为15～35 ℃。

(3) 空气相对湿度过高，易导致焊接后出现锡珠和焊料飞溅等缺陷；相对湿度过低，则会导致助焊剂中溶剂挥发，而且容易产生静电，造成一系列缺陷。因此，相对湿度应控制在45%～70%范围内。

鉴于对SMT生产环境有以上要求，一般生产车间都应配备空调，而且要求有一定的新风量，以保证人体健康。

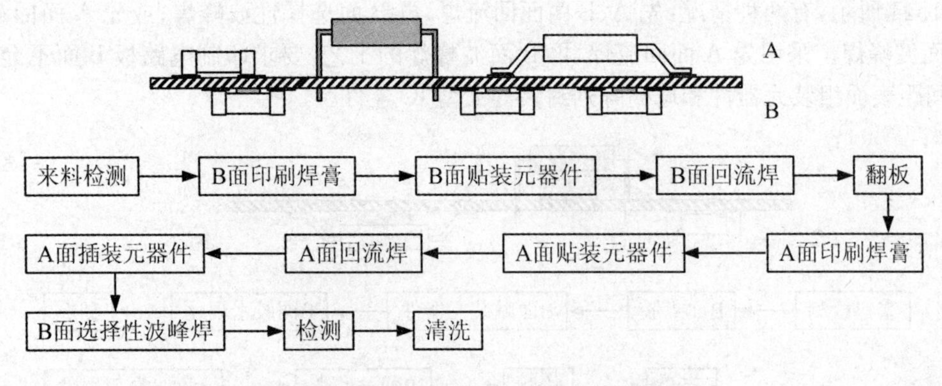

(a) 先A、B两面回流焊，再B面选择性波峰焊

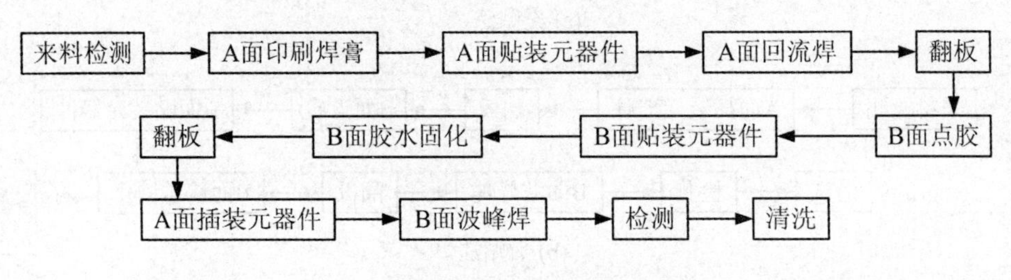

(b) 先A面回流焊，再B面波峰焊

图 1.14　双面混装工艺流程Ⅱ

任务四　SMT 生产工艺要求

一、生产物料的基本要求

由于对 SMT 电子产品质量要求高，所以 SMT 组装工艺对表面组装元器件、基板、工艺材料等物料的基本要求比较苛刻，主要如下：

1. 表面组装元器件

(1) 可焊性应符合 SJ/T 10669 中附录 A 中的要求。

(2) 其他要求如下：

① 元器件应有良好的引脚共面性；

② 元器件引脚或焊端的焊料涂镀层厚度应满足工艺要求；

③ 元器件的尺寸公差应符合有关标准规定，并能满足焊盘设计、贴装、焊接等工序的要求；

④ 元器件必须能在 260 ℃下承受至少 10 个焊接周期为 60 s 的加热；

⑤ 元器件应在大约 40 ℃的温度下进行耐溶剂的清洗。在超声波中清洗的条件是能在频率为 40 kHz、功率为 20 W 的超声波中停留至少 1 min，标记不脱落且不影响元器件的性能和可靠性。

2. 基板

(1) 基板质量评估对象

基板质量评估时,应考虑基板材料的玻璃化转变温度 T_g、热膨胀系数(Coefficient of Thermal Expansion,CTE)、热传导性、抗张模数、介电常数、体积电阻率、表面电阻率、吸湿性等因素。

(2) 定位孔及其标志

① 沿 PCB 的长边相对应角或对角的位置应至少各有一个定位孔;定位孔的尺寸公差应在±0.075 mm 范围内;以定位孔作为施加锡膏和元器件贴装的原始基准时,孔的中心相对于底图的精度要求必须予以保证。

② 需要有用于整块 PCB 光学定位的一组图形(基准标志)和用于单个器件光学定位的一组图形(局部基准标志)。

(3) 焊盘

焊盘应能满足所组装的 SMA 的条件、元器件情况、工艺要求和制造的要求。

(4) PCB 翘曲度

PCB 翘曲度应能满足设备和元器件在涂敷和贴装时对 PCB 翘曲度的要求。

3. 工艺材料

(1) 焊料应符合 GB 3131 中的有关规定。

(2) 锡膏的金属组分、物态范围、性质、黏度、助焊剂类型、粒度应符合焊接 SMA 时的要求。

(3) 贴片胶应满足下列要求:

① 有一定的黏度,滴胶时不拉丝,涂敷后能保持轮廓和高度,不漫溢;

② 固化后的焊接过程中,贴片胶无收缩,在焊接过程中无释放气体现象;

③ 固化后有一定的黏接强度,能经受 PCB 的移动、翘曲和助焊剂、清洗剂的作用,当承受波峰焊高温时,元器件不允许掉落;

④ 应与后续工艺过程中的化学制品相容,不发生化学反应;对清洗溶剂要保持惰性;在任何情况下具有绝缘性;防潮和抗腐蚀能力强;应有颜色。

(4) 清洗剂应满足以下基本要求:

① 化学和热稳定性好;

② 在存储和使用期间不发生分解;

③ 不与其他物质发生化学反应;

④ 对接触材料无腐蚀;

⑤ 具有不燃性和低毒性;

⑥ 操作安全;

⑦ 清洗操作过程中损耗小;

⑧ 必须能在给定温度及时间内进行有效清洗。

二、生产工艺的基本要求

为保证产品的制造质量,SMT 组装工艺对涂敷、贴装、焊接、检测、返修等各生产工艺的基本要求如下。

1. 锡膏涂敷工艺的基本要求

锡膏涂敷工艺是在涂敷设备的操作下，将锡膏通过涂敷模板涂敷到 PCB 指定位置上的工艺。

SMT 组装工艺中的锡膏涂敷工艺对产品质量至关重要，应符合以下要求：

① 应充分注意锡膏对温度的敏感性；

② 准备工作要充分；

③ 锡膏回温应符合锡膏特性要求；

④ 锡膏黏度应符合涂敷要求；

⑤ 模板应符合锡膏涂敷所规定的要求；

⑥ 锡膏涂敷量应符合焊接要求；

⑦ 锡膏涂敷后，应无塌落，边缘整齐；

⑧ 锡膏涂敷后，错位应在规定范围内；

⑨ 基板不允许被锡膏污染；

⑩ 工艺参数的设置应符合涂敷和焊接的要求。

2. 贴片胶涂敷和滴涂工艺的基本要求

贴片胶涂敷工艺是在涂敷设备的操作下，将贴片胶通过涂敷模板涂敷到 PCB 指定位置上的工艺。

贴片胶滴涂工艺是在滴涂设备的操作下，将贴片胶滴涂到 PCB 指定位置上的工艺。

SMT 波峰焊工艺中的贴片胶涂敷和滴涂工艺对产品质量至关重要，应符合以下要求：

① 应充分注意贴片胶对温度的敏感性；

② 贴片胶回温应符合贴片胶特性要求；

③ 贴片胶黏度应符合涂敷和滴涂要求；

④ 模板应符合贴片胶涂敷和滴涂所规定的要求；

⑤ 贴片胶印刷量或滴涂量应符合固化要求；

⑥ 贴片胶涂敷后，应无漫溢，边缘整齐；

⑦ 贴片胶滴涂后，应无拉丝，边缘整齐；

⑧ 贴片胶印刷或滴涂后，错位应在规定范围内；

⑨ 基板不允许被贴片胶污染；

⑩ 工艺参数的设置应符合涂敷、滴涂和焊接的要求。

3. 贴装工艺的基本要求

贴装工艺是在贴装设备的操作下，将元器件贴装到 PCB 指定位置上的工艺。SMT 工艺中的贴装工艺对产品的组装质量至关重要，应符合以下要求：

(1) 元器件的贴装位置应满足的要求

① 元器件焊端要求全部位于焊盘上，元器件贴装偏差应在规定范围内；

② 保证引脚的脚跟形成弯月面，元器件引脚贴装偏差应在规定范围内。

(2) 贴装压力应符合贴装工艺、焊接或固化的要求

(3) 贴装时应防止锡膏被挤出

4. 固化工艺的基本要求

固化工艺是将完成贴片胶涂敷和元器件贴装的 PCB 在焊接设备的操作下，将元器件固化到 PCB 指定位置上的工艺。

SMT 波峰焊工艺中的固化工艺对产品的组装质量至关重要，应符合以下要求：

① 根据贴片胶的不同类型，选择相应的固化温度曲线；

② 应对固化温度、升温速率、固化时间等工艺参数予以严格控制；

③ 应通过实时测量经过回流焊机的规定样品的温度曲线来调整工艺参数；

④ 应检测固化后的黏接强度。

5. 焊接工艺的基本要求

(1) 回流焊工艺的基本要求

回流焊工艺是将完成元器件贴装的 PCB 在回流焊接设备的操作下，用锡膏将元器件引脚焊接到 PCB 焊盘上的工艺。

SMT 工艺中的回流焊工艺对产品的形成质量至关重要，应符合以下要求：

① 根据锡膏的不同类型，选择相应的回流焊焊接温度曲线；

② 应对焊接温度、升温速率、焊接时间、冷却速率等工艺参数予以严格控制；

③ 应通过实时测量经过回流焊机的规定样品的温度曲线来调整工艺参数；

④ 应检测焊接后的焊接强度；

⑤ 回流焊后，不允许基板和元器件有变色现象。

(2) 波峰焊工艺的基本要求

波峰焊工艺是将完成元器件贴装和固化的 PCB 在波峰焊接设备的操作下，用焊料将元器件引脚焊接到 PCB 焊盘上的工艺。

SMT 工艺中的波峰焊工艺对产品的形成质量至关重要，应符合以下要求：

① 根据焊料的不同类型，选择相应的波峰焊焊接温度曲线；

② 应对焊接温度、升温速率、焊接时间、冷却速率等工艺参数予以严格控制；

③ 应通过实时测量经过波峰焊机的规定样品的温度曲线来调整工艺参数；

④ 应最大限度地克服焊料遮蔽效应，避免不均匀焊点或脱焊出现；

⑤ 应检测焊接后的焊接强度和焊接质量；

⑥ 波峰焊后，不允许基板和元器件有变色现象。

(3) 烙铁焊接工艺的基本要求

烙铁焊接是手工用电烙铁将元器件焊接到 PCB 上和对有焊接缺陷的焊点进行修理的工序。

SMT 工艺中的烙铁焊接工艺对产品的修理质量至关重要，应符合以下要求：

① 根据焊料的不同类型，选择相应的烙铁焊接温度；

② 应对焊接温度、焊接时间等工艺参数予以严格控制；

③ 焊接时，不允许烙铁加热焊端和引线的脚跟以上部位；

④ 应检测焊接后的焊接强度和焊接质量；

⑤ 焊接后，不允许基板和元器件有变色现象。

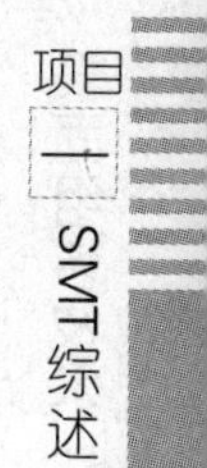

6. 清洗工艺的基本要求

组装完成后的 SMA，需要对 PCB 表面的污渍残留部分进行清洗，清洗时应按推荐的清洗工艺进行。

SMT 工艺中的清洗工艺对产品的验收质量至关重要，应符合以下要求：

① 尽量采用免清洗焊剂，这样焊接后就不需要清洗；

② 清洗时注意操作安全；

③ 清洗操作过程中要做到对 SMA 无损害；

④ 必须能在给定温度及时间内进行有效清洗；

⑤ 清洗后应及时干燥；

⑥ SMA 上有集成电路时，建议不采用超声清洗。

7. 返修工艺的基本要求

返修工艺是对焊接到 PCB 上有焊接缺陷的元器件的焊点进行修理的工艺。SMT 工艺中的返修工艺对产品的修理质量至关重要，返修工艺应符合以下要求：

① 根据返修器件的不同类型，选择相应的返修工具；

② 根据焊料的不同类型，选择相应的拆卸和焊接温度；

③ 应对拆卸和焊接温度、拆卸和焊接时间等工艺参数予以严格控制；

④ 焊接时，不允许烙铁加热焊端和引线的脚跟以上部位；

⑤ 应检测焊接后的焊接强度和焊接质量；

⑥ 焊接后，不允许基板和元器件有变色现象；

⑦ 应选择合适的助焊剂；

⑧ 应选择合适的清洗剂做清洁处理，也可采用其他方法做清洁处理。

项目练习

1. 什么叫表面组装技术？SMT 的特点有哪些？
2. SMT 的技术体系包括哪些内容？
3. 描述 SMT 的基本设备组成。
4. 典型的表面组装方式有哪些？
5. 简述 SMT 工艺流程的设计原则。
6. 简述 SMT 的工艺流程。

表面组装元器件

学习目标

知识目标

① 掌握常见表面组装元器件的特点；
② 能够识别常见SMD和SMC的名称、外形、尺寸、标注及主要包装形式；
③ 掌握常见表面组装元器件的储存和使用方法；
④ 掌握湿度敏感器件的保管与使用方法。

任务一　表面组装元器件概述

一、表面组装元器件的定义

表面组装元器件亦称片式元器件，记为SMC或SMD，它无引线或引线很短，是适于表面安装的微型电子元器件。它一经问世，就表现出强大的生命力，这些元器件与传统的通孔元件相比，体积明显减小、高频特性得到提高、耐振动、安装紧凑，这些优点使得电子产品向多功能、高性能、微型化、低成本的方向快速发展。

随着表面组装技术和片式元器件的飞速发展，片式元器件的种类和数量显著增加，成为电子元器件的主流产品。

表面组装元器件俗称无引脚元器件。习惯上，人们把表面组装无源元件称为SMC，如片式电阻、电容、电感；而将有源器件称为SMD，如小外形晶体管(SOT)及四方扁平组件(QFP)。表面组装元器件外形如图2.1(a)、(b)、(c)和(d)所示。

二、表面组装元器件特点

(1) 提高了安装密度，有利于电子产品的小型化、薄型化和轻量化

片式元器件的尺寸很小，重量很轻，无引线或引线很短，可节省引线所占的安装空间，组装时还可双面贴装，故印制电路板的表面可以得到充分利用，基板面积一般可缩小60%～70%，

装配密度可提高 5 倍。由于片式元器件本身很薄，组装时又是平贴在印制电路板上，所以整块电路板可以做得很薄。以收音机为例，采用 SMC、SMD 的薄型收音机厚度仅有 5 mm，与采用传统元件的收音机相比，重量约为后者的 1/2，体积仅为 1/8。

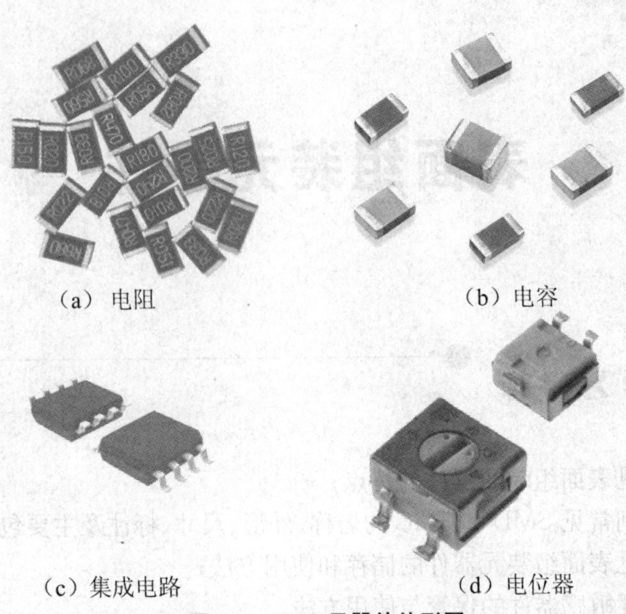

（a）电阻　（b）电容

（c）集成电路　（d）电位器

图 2.1　SMD 元器件外形图

(2) 有助于提高产品性能和可靠性

由于 SMC、SMD 没有引线或引线很短，寄生电感和分布电容大大减小了，因而可获得很好的频率特性和很强的抗干扰能力。传统元件在组装时要把引线插入印制电路板上的插孔，在插入过程中细引线往往会受到损坏或弯曲。SMC、SMD 无需插装，降低了失效率，它们所组成的电路板是面结合的，因此结实、抗振、抗冲击，使产品的可靠性大大提高了。

(3) 生产高度自动化，有助于提高经济效益

用于 SMT 的自动化表面组装设备目前已商品化，这类用电脑控制的自动组装设备可自动进给，自动对元件分选定位，大大缩短了装配时间，而且装配精确，产品合格率高。同时，由于组装密度的提高，SMC、SMD 组装后几乎不需要调整，节省了成本。SMC、SMD 无引线，不仅省铜，而且基板面积也可缩小，节约了材料费用和能源消耗。这些都有助于降低产品的成本，获得良好的综合经济效益。

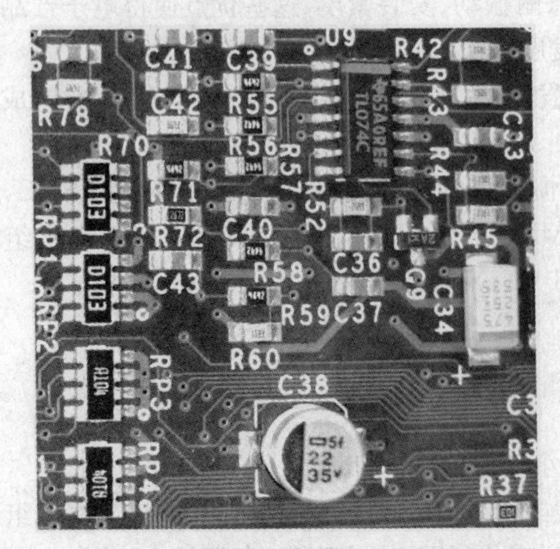

图 2.2　表面组装元器件实物图

表面组装的元器件实物如图 2.2 所示。

(4) 元器件种类不齐全，技术要求高

对于表面组装元器件，目前尚无统一的国家标准，使得其品种不全，价格较高，给生产和使用带来了一定困难。同时，元器件本身的生产和安装要求高，如吸湿后

容易引起装配时元器件裂损，结构件热膨胀系数差异可导致焊接开裂，组装密度大使得散热问题难以解决等等。这些均使得生产设备复杂，涉及技术面宽，费用昂贵。

三、表面组装元器件的种类

(1) 按外形分类可分为薄片矩形、圆柱形和扁平异形

① 矩形片式元件包括薄片矩形元件，如片式薄厚膜电阻器、热敏电阻器、独石电阻器、叠层电阻器等；扁平分装元件，如片式有机薄膜电容器、钽电解电容器、电阻网络复合元件等。

② 圆柱形片式元件又称金属电极无引脚端面(Metal Electrode Leadless Face，MELF)元件。它包括碳膜电容器、金属膜电阻器、热敏电容器、MELF陶瓷电容器、电解电容器和二极管等。

③ 异形片式元件是指形状不规则的各种片式元件，如半固定电阻器、电位器、铝电解电容器、微调电容器、线绕电感器、晶体振荡器、滤波器、钮子开关、继电器和薄型微电机等。

(2) 按功能分类可分为无源元件SMC、有源器件SMD和机电元件

如表2.1所示。

表2.1 表面组装元器件按功能分类

类别	器件类型	种类
无源元件SMC	电阻器	厚膜电阻器、薄膜电阻器、热敏电阻器、电位器等
	电容器	多层陶瓷电容器、有机薄膜电容器、云母电容器等
	电感器	多层电感器、线绕电感器、片式变压器等
	复合元件	电阻网络、电容网络、滤波器等
有源器件SMD	分立组件	二极管、晶体管、晶体振荡器等
	集成电路	片式集成电路、大规模集成电路等
机电元件	开关、继电器	钮子开关、轻触开关、簧片继电器等
	连接器	片式跨接线、圆柱形跨接线、接插件连接器等

(3) 按有无引线分类可分为无引线和短引线两类

无引线片式元件以无源元件为主，短引线片式元件则以有源器件、集成电路和片式机电元件为主。引线结构有翼形和钩形两种，它们各有特点。翼形引线容易检查和更换，但引线容易损坏，所占面积也较大；钩形引线容易清洗，能够插入插座或进行焊接，所占面积较小，而且用贴装机也较方便，但不易检查焊接情况。

任务二　表面组装电阻器

电阻器通常称为电阻。它分为固定电阻器和可变电阻器，在电路分析中起分压、分流、限流、缓冲等作用，是一种应用非常广泛的电子元件。

一、SMC固定电阻器

1. 矩形片式电阻器

(1) 结构

矩形片式电阻器的外观是一个矩形,如图 2.3 所示,其结构如图 2.4 所示。

图 2.3 矩形片式电阻外形图

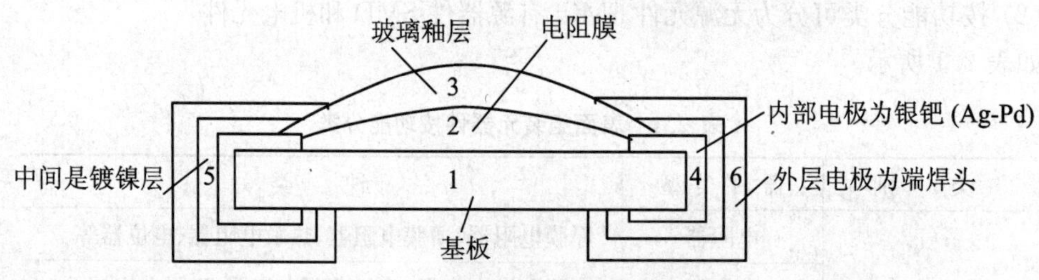

图 2.4 矩形片式电阻器结构示意图

矩形电阻的基体为高纯度的 Al 203 基板,具有良好的电绝缘性,基板平整,划线准确、标准,充分保证电阻、电极浆料印刷到位。在其基体上,采用两种不同的制造工艺涂覆电阻膜。根据该阶段制造工艺的不同,矩形电阻可分为两种类型,即厚膜型(RN 型)和薄膜型(RK 型)。厚膜型是在扁平的高纯度 Al 203 基板上印一层二氧化钌基浆料,烧结后经光刻而成,制作工艺简单,价格便宜;薄膜型电阻是在基体上喷射一层镍铬合金而成,性能稳定,阻值精度高,但价格较贵。然后在电阻膜上涂覆特殊的玻璃釉涂层,一方面起机械保护作用,另一方面使电阻体表面具有绝缘性。

矩形电阻焊端有三层端电极。最内层为连接电阻体的内部电极,一般为银钯(Ag-Pd)合金,厚约 0.5 mil(1 mil=0.0254 mm),它与陶瓷基板有良好的结合力。中间为镀镍层,又称镍阻挡层,厚约 2~3 mil,它能有效防止在焊接期间银层的浸析,向外扩散与锡形成合金,同时提高电阻器在焊接时的耐热性。最外层为端焊头,又称可焊层,其成分一般与所用焊料相似,使电极具有良好的可焊性,并可延长电极的保存期,不同国家采用不同的材料,日本通常采用 Sn-Pb 合金,厚度为 1 mil,美国则采用 Ag 或 Ag-Pd 合金。三层电极结构,保证了矩形电阻器具有良好的可焊性和可靠性。

(2) 精度

根据 IEC 63 标准《电阻器和电容器的优选值及其公差》的规定,电阻值允许偏差±20%,称为 E6 系列;电阻值允许偏差±10%,称为 E12 系列;电阻值允许偏差±5%,称为 E24 系列;电阻值允许偏差±2%,称为 E48 系列;电阻值允许偏差±1%,称为 E96 系列。在实际生产中，人们常用字母来表示电阻值的允许偏差，如表 2.2 所示。

表 2.2 电阻值允许偏差对照表

电阻值允许偏差(精度)	IEC 标准	精度代号
±1%	E96 系列	F
±2%	E48 系列	G
±5%	E24 系列	J
±10%	E12 系列	K
±20%	E6 系列	M

(3) 外形尺寸

片式电阻常以它们外形尺寸的长宽命名来标志它们的大小。现在有两种表示方法：英制系列和公制系列，欧美产品大多采用英制系列，日本产品大多采用公制系列，我国产品这两种系列均可以使用。但不管哪种系列，系列型号的前两位数字表示元件的长度，后两位数字表示元件的宽度。例如，公制系列 3216(英制 1206)矩形片式电阻，长 L=3.2 mm(0.12 in)，宽 W=1.6 mm(0.06 in)。图 2.5 所示为片状 SMC 的外形尺寸示意图。系列型号的发展变化也反映了 SMC 元件的小型化进程。典型的 SMC 系列的外形尺寸的公英制对照如表 2.3 所示。

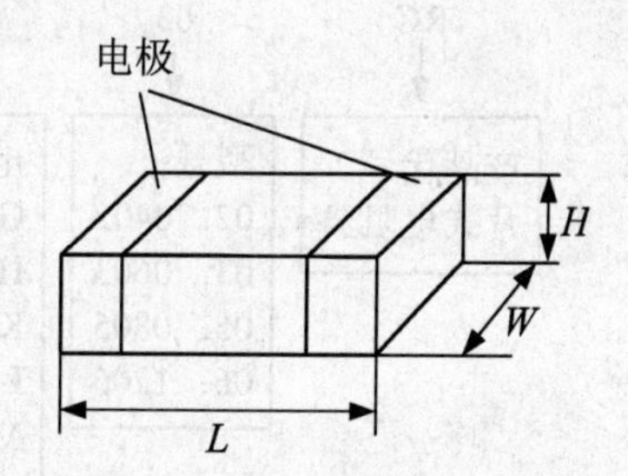

图 2.5 SMC 的外形尺寸示意图

表 2.3 典型的 SMC 系列的外形尺寸的公英制对照

公制 SI/mm	英制 In/in
0402	01005
0603	0201
1005	0402
1608	0603
2012	0805
2520	1008
3216	1206
3225	1210
4532	1812
5750	2220

(4) 标注

① 电阻器阻值的标注。当片式电阻阻值精度为±5%时，阻值采用 3 个数字表示。阻

值小于 10 Ω 时，在小数点处加“R”，如 4.8 Ω 记为 4R8，0.47 Ω 记为 R47。阻值为 10 Ω 及以上的，前面两位数字为有效数字，最后一个数字表示增加的零的个数，如 15 Ω 记为 150，108 则表示阻值为 1 000 MΩ。当采用 3 个数字表示时，阻值一般标在元件上，但 0603、0402 系列元件的表面积太小，相关参数则标记在料盘上。

当片式电阻阻值精度为±1%时，阻值采用 4 个数字表示。阻值小于 10 Ω 时，在小数点处加“R”，不足 4 位的在末尾加 0，如 4.8 Ω 记为 4R80。阻值介于 10～100 Ω 时，在小数点处加“R”，如 15.5 Ω 记为 15R5。若电阻阻值大于或等于 100 Ω，则前 3 个数字代表电阻的有效数字，第 4 位表示后面增加的零的个数，如 2002 表示 20 kΩ。当采用 4 个数字表示时，一般阻值不在元件上进行标注，只标注在料盘上。另外，对于特殊电阻，如跨接线，即电阻为 0 Ω 的片状电阻，无论精度为 F 还是 J，均记为 000。

② 料盘上的标注。到目前为止，料盘上的标注还没有一个统一的标准，不同生产厂家的电阻器标注不同。如某个电子厂家片式电阻器标识含义如图 2.6 所示。

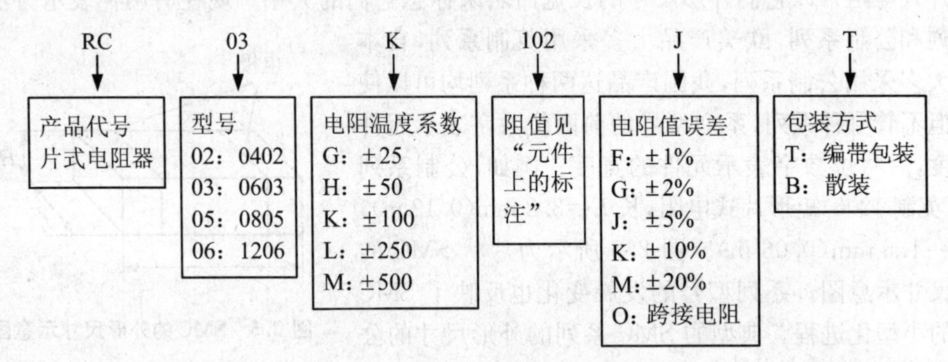

图 2.6　电子片式电阻器料盘标注

2. 圆柱形片式电阻器

圆柱形片式电阻器的外形如图 2.7 所示。圆柱形表面组装(MELF)电阻器主要有碳膜(ERD)型、高性能金属膜(ERO)型及跨接用 0 Ω 电阻三种。圆柱形片式电阻器的结构形状和制造方法基本上与带引脚电阻器相同，即在高铝陶瓷基柱表面溅射镍铬合金膜或者碳膜，在膜上刻槽调整电阻值，两端压上金属焊端并涂覆耐热漆形成保护层，最后印上色环标志。

MELF 电阻器与矩形片式电阻相比，无方向性和正反面性，包装使用方便，装配密度高，固定到印制板上有较高的抗弯能力，常用于高档音响电器产品中。

MELF 圆柱形电阻器的结构如图 2.8 所示，由电阻膜、色环、陶瓷基体、螺纹槽、端电极等组成。

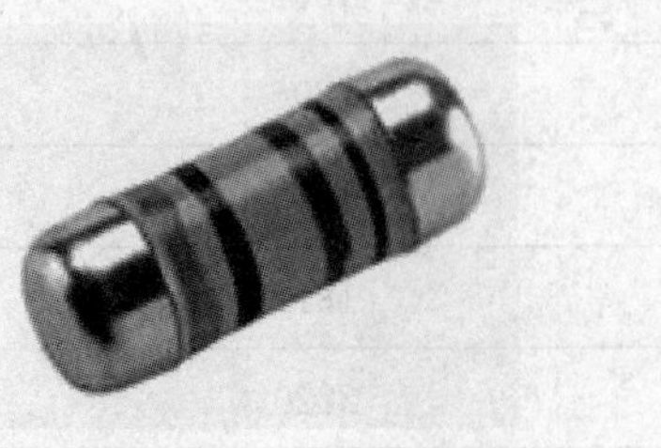

图 2.7　圆柱形电阻器外形

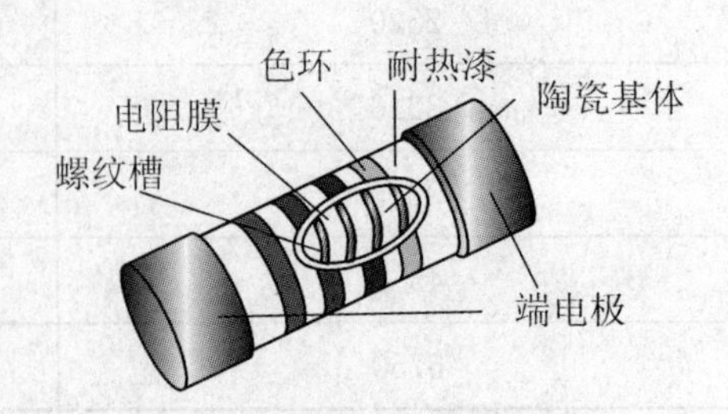

图 2.8　圆柱形电阻器的结构

MELF 电阻器用三位、四位或五位色环表示其标称阻值的大小，每位色环所代表的意义与通孔插装色环电阻完全一样，如图 2.9 所示。

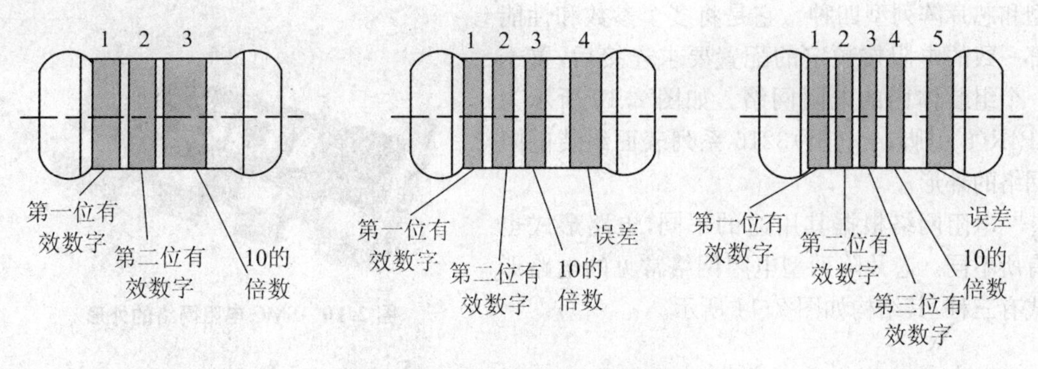

图 2.9 MELF 电阻器色环标志

(1) 精度

碳膜型电阻器标称阻值公差即精度为 J(±5%)，金属膜型电阻器精度为 G(±2%)或 F(±1%)，如表 2.4 所示。

表 2.4 电阻值允许偏差对照表

分类	碳膜型	金属膜型	
精度	±5%	±2%	±1%
精度代号	J	G	F
IEC 标准	E24 系列	E48 系列	E96 系列

(2) 标注

标称阻值系列可参见 GB 2691-81。

碳膜型电阻器用三色环表示，从左至右第一、二条色环表示有效数字，第三条色环表示有效数字后面零的个数。金属膜型电阻器用四色环或五色环表示，最后一条色环表示阻值允许偏差，倒数第二条色环表示有效数字后面零的个数，前面几环即表示有效数字。MELF 电阻器色环标记如图 2.9 所示，各色环代表的含义如表 2.5 所示。

表 2.5 MELF 电阻器色环说明

颜色	棕	红	橙	黄	绿	蓝	紫	灰	白	黑	金	银	无色
有效数字	1	2	3	4	5	6	7	8	9	0			
10 的指数	1	2	3	4	5	6	7	8	9	0	−1	−2	
允许偏差(%)	±1	±2			±0.5	±0.25	±0.1		±50		±5	±10	±20

例如，五位色环电阻器的色环从左至右第一位色环是棕色，其有效值为 1；第二位色环为绿色，其有效值为 5；第三位色环是黑色，其有效值为 0；第四位色环为棕色，其乘数为 10；第五位色环为棕色，其允许偏差为±1%。则该电阻的阻值为 1.5 kΩ，允许偏差为±1%。

二、SMC 电阻排(电阻网络)

电阻排也称为电阻网络或集成电阻。电阻网络可分为厚膜电阻网络和薄膜片式电阻网络两大类。电阻网络根据结构的不同可分为小型扁平封装(SOP)型、芯片功率型、芯片载体型和芯片阵列型四种。它是将多个参数和性能都一致的电阻按预定的配置要求连接后,置于一个组装体内的电阻网络。如图 2.10 所示为 8P4R(8 引脚、4 电阻)3216 系列表面组装电阻网络的外形。

图 2.10　SMC 电阻网络的外形

电阻网络根据其用途的不同,电路形式也有所不同。芯片阵列型电阻网络常见的电路形式有三种,其结构如图 2.11 所示。

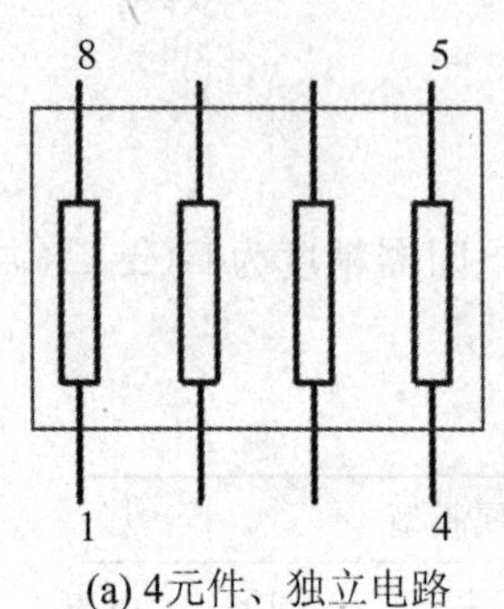

(a) 4元件、独立电路

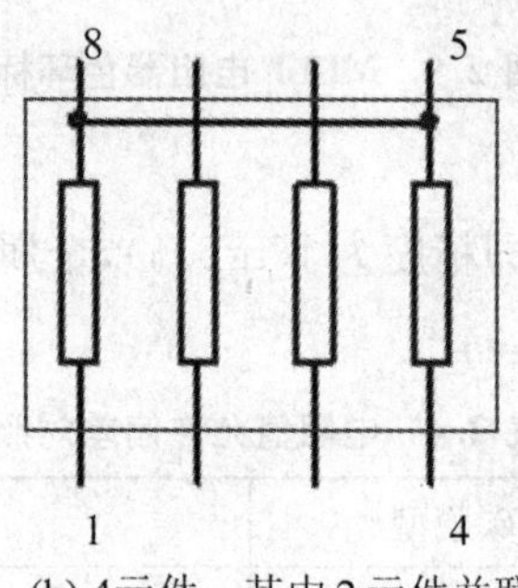

(b) 4元件、其中 2 元件并联

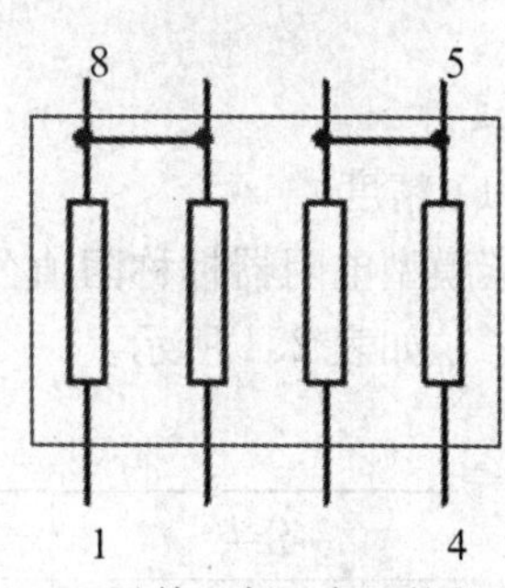

(c) 4元件、每 2 个元件并联

图 2.11　芯片阵列型电阻网络的常见电路形式

三、SMC 电位器

表面组装电位器又称为片式电位器(Chip Potentiometer),是一种可连续调节阻值的可变电阻器,其形状有片状和圆柱状、扁平矩形等。它在电路中起到调节分电路电压和分电路电阻的作用。

片式电位器有敞开式、防尘式、微调式、全密封式四种不同的外形结构。

(1) 敞开式结构。其外形和结构如图 2.12 所示。敞开式结构的电位器有直接驱动弹簧片结构和绝缘轴驱动弹簧片结构两种。从它的外形来看,这种电位器没有外壳保护,灰尘和潮气很容易进入其中,这样会对器件的性能有一定影响,但价格较低。需要注意的是,对于敞开式的片式电位器而言,仅适合用锡膏-回流焊工艺,不适合用贴片胶-波峰焊工艺。

(a) 外形

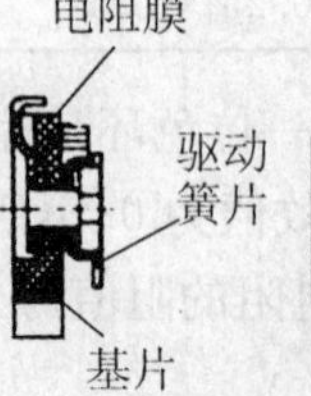
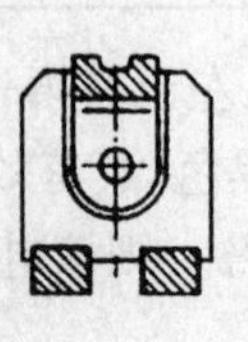

(b) 直接驱动弹簧片结构

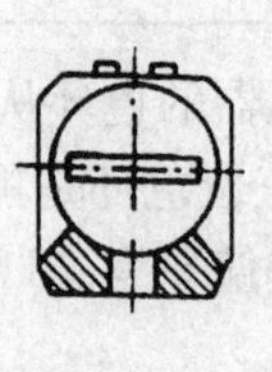
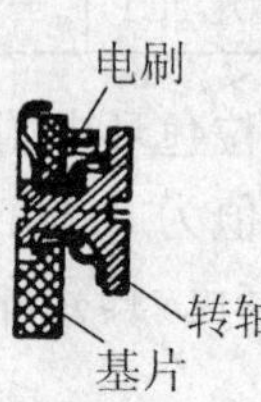
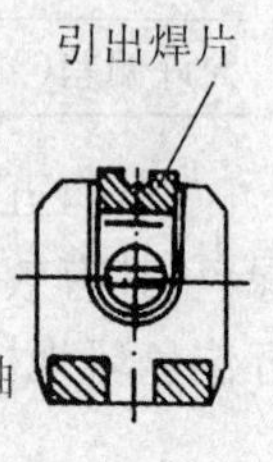

(c) 绝缘轴驱动弹簧片结构

图 2.12　敞开式电位器外形和结构

(2) 防尘式结构。其外形和结构如图 2.13 所示。这种外形结构的电位器有外壳或护罩的保护，灰尘和潮气不易进入其中，故性能优良，常用于投资类电子整机和高档消费类电子产品中。

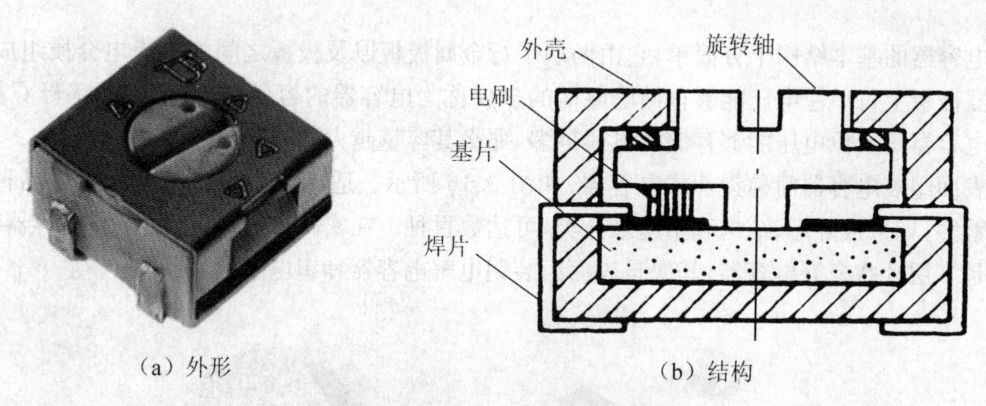

(a) 外形　　(b) 结构

图 2.13　防尘式电位器外形和结构

(3) 微调式结构。其外形和结构如图 2.14 所示。这类电位器可对其阻值进行精细调节，故性能优良，但价格较高，常用于投资类电子整机电子产品中。

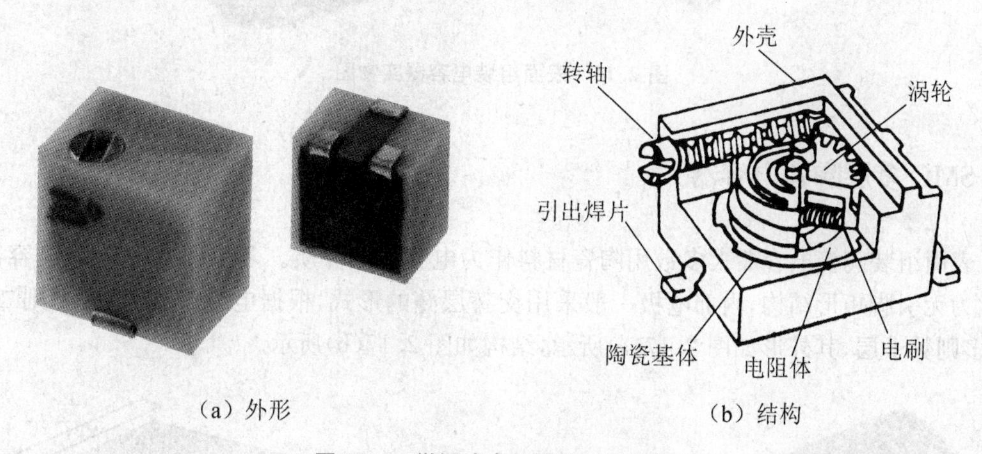

(a) 外形　　(b) 结构

图 2.14　微调式电位器外形和结构

(4) 全密封式结构。全密封式电位器的特点是性能可靠、调节方便、寿命长。其结构有圆柱结构和扁平结构两种，而圆柱形电位器的结构又分为顶调和侧调两种，如图 2.15 所示。

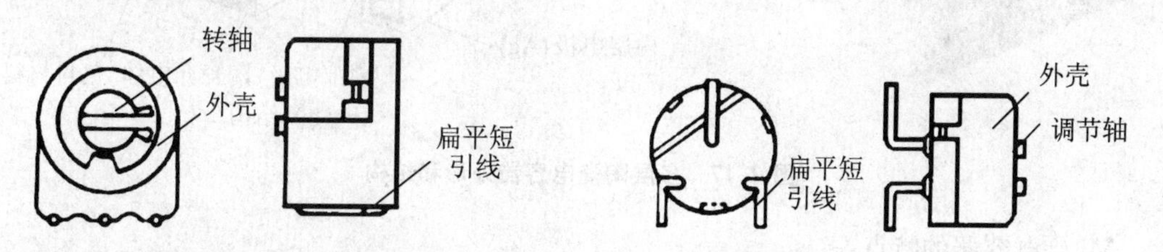

(a) 圆柱形顶调电位器的结构　　(b) 圆柱形侧调电位器的结构

图 2.15　圆柱形电位器的结构

任务三　表面组装电容器

电容器的基本结构十分简单，它由两块平行金属极板以及极板之间的绝缘电介质组成。电容器极板上每单位电压能够存储的电荷的多少称为电容器的容量，通常用大写字母 C 标示。电容器每单位电压能够存储的电荷越多，那么其容量越大，即 $C=Q/V$。

表面组装电容器简称为片式电容器，如图 2.16 所示。适用于表面组装的电容器品种、系列繁多，如果按外形、结构和用途来分类，可达数百种。在实际应用中，表面组装电容器有 80％是多层片状瓷介电容器，其次是表面组装铝电解电容器和钽电解电容器。

图 2.16　表面组装电容器实物图

一、SMC 多层陶瓷电容器

表面组装陶瓷电容器大多数用陶瓷材料作为电容器的介质。多层陶瓷（MLC）电容器，通常为无引脚矩形结构，内部电极一般采用交替层叠的形式，根据电容量的需要，少则二三层，多则数十层，其外形如图 2.17(a)所示，结构如图 2.17(b)所示。

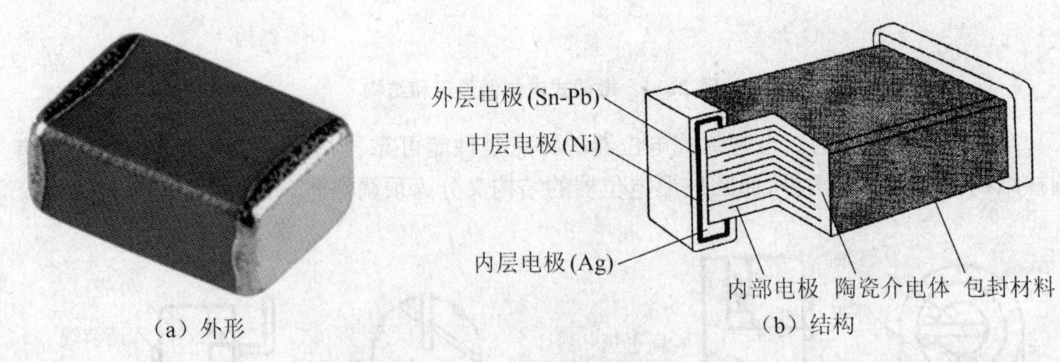

图 2.17　多层陶瓷电容器外形和结构

MLC 电容器的特点：

① 由于电容器的介质材料为陶瓷，所以耐热性能良好，不容易老化；

② 瓷介电容器能耐酸碱及盐类的腐蚀，抗腐蚀性好；

③ 低频陶瓷材料的介电常数大，因而低频瓷介电容器的体积小容量大；

④ 陶瓷的绝缘性能好，可制成高压电容器；

⑤ 高频陶瓷材料的损耗角正切值与频率的关系很小，因而在高频电路中可选用高频瓷介电容器；

⑥ 陶瓷的价格便宜，原材料丰富，适宜大批量生产；

⑦ 瓷介电容器的电容量较小，机械强度较低。

二、SMC 电解电容器

常见的 SMC 电解电容器有铝电解电容器和钽电解电容器两种。

1. SMC 铝电解电容器

因 SMC 铝电解电容器的容量和额定工作电压的范围比较大，把这类电容器做成贴片形式比较困难，故一般都是异形。由于 SMC 铝电解电容器价格低廉，所以经常被应用于各种消费类电子产品中。根据其外形和封装材料的不同，铝电解电容器可分为矩形（树脂封装）和圆柱形（金属封装）两类，如图 2.18 所示，通常以圆柱形为主。

图 2.18　SMC 铝电解电容器示意图

SMC 铝电解电容器的电容值及耐压值在其外壳上均有标注，外壳上的深色标记代表负极，如图 2.19 所示。

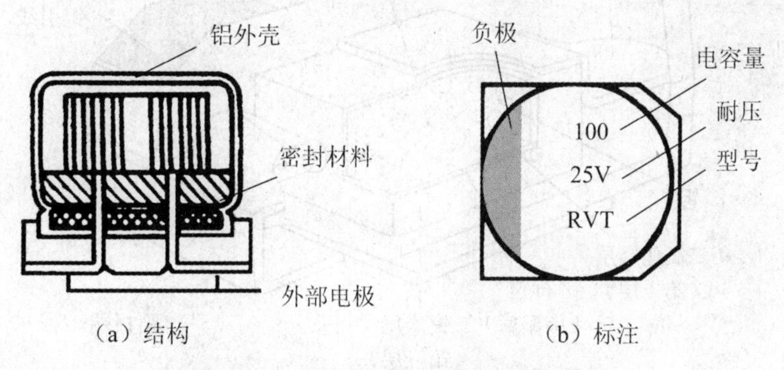

图 2.19　SMC 铝电解电容器结构和标注

SMC 铝电解电容器是由铝圆筒作为负极，内部装有液体电解质，再插入一片弯曲的铝带作为正极制成。其特点是容量大，但是漏电大、稳定性差、有正负极性，故适用于电源滤波或低频电路中，注意在使用时正、负极不能接反。

2. SMC 钽电解电容器

SMC 钽电解电容器以金属钽作为电容介质，可靠性很高，单位体积容量大。容量超过 0.33 μF 的表面组装元件，大都采用钽电解电容器。固体钽电解电容器的性能优异，是所有电容器中体积小而又能达到较大电容量的产品，因此容易制成适于表面贴装的小型和片式元件，如图 2.20 所示。

图 2.20　贴装于 PCB 上的钽电解电容器

目前生产的钽电解电容器主要有烧结型固体、箔形卷绕固体和烧结型液体三种，其中烧结型固体约占目前生产总量的 95%以上，它又以非金属密封型的树脂封装式为主。图 2.21 为烧结型固体电解质片状钽电容器的内部结构图。

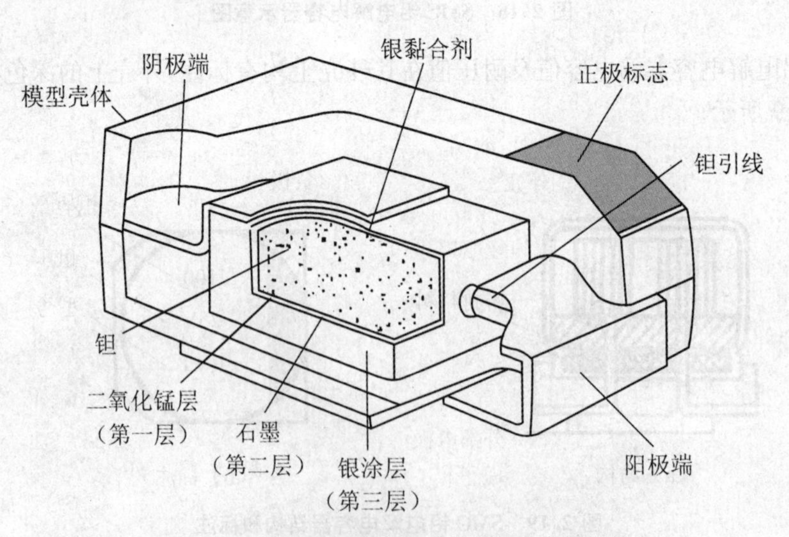

图 2.21　烧结型固体电解质片状钽电容器结构

SMC 钽电解电容器的外形都是片状矩形结构，按照其封装形式的不同，可分为裸片型、模塑型和端帽型，如图 2.22 所示。

表面组装技术

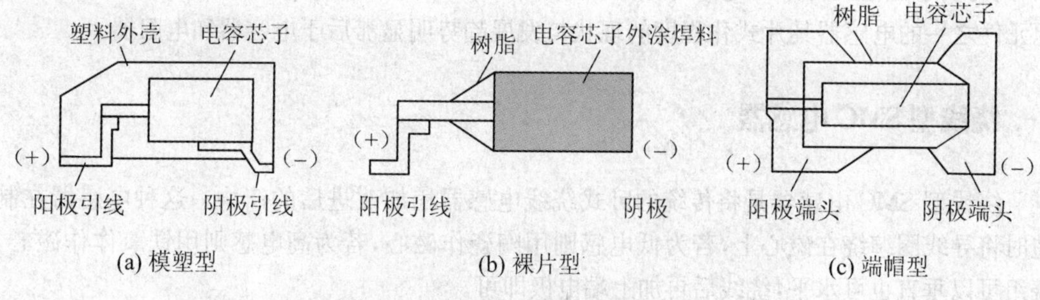

(a) 模塑型　(b) 裸片型　(c) 端帽型

图 2.22　SMC 钽电解电容器的类型

三、SMC 片状云母电容器

片状云母电容器其形状多为矩形，云母电容器采用天然云母作为电极间的介质，其耐压性能好。云母电容由于受介质材料的影响，容量不能做得太大，一般在 10～10 000 pF 之间，而且造价相对其他电容器高。与多层片状瓷介电容器相比，其体积略大，但有耐热性好、损耗小、易制成小电容量、稳定性高、Q 值高、精度高的特点，适宜高频电路使用。其外形和内部结构如图 2.23 所示。

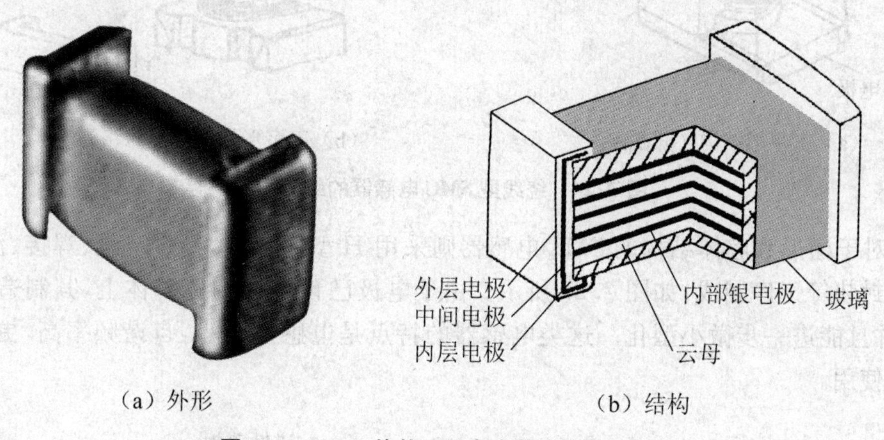

（a）外形　（b）结构

图 2.23　SMC 片状云母电容器外形和结构

任务四　表面组装电感器

表面组装电感器亦称片式电感器，它与其他片式元器件（SMC，SMD）一样，是适用于表面组装技术的新一代无引线或短引线微型电子元件。其引出端的焊接面在同一平面上。

从制造工艺来分，片式电感器主要有四种类型，即绕线型、多层型、编织型和薄膜片式电感器。常用的是绕线型和多层型两种类型。其中，绕线型是传统绕线电感器小型化的产物，多层型则采用多层印刷技术和叠层生产工艺制作，体积比绕线型片式电感器还要小，是电感元件领域重点开发的产品。由于微型电感器要达到足够的电感量和品质因数（Q）比较困难，同时由于磁性元件中的电路与磁路交织在一起，制作工艺比较复杂，故作为三大基础无源元件之一的电感器其片式化程度的现状与发展趋势明显滞后于电容器和电阻器。

一、绕线型 SMC 电感器

绕线型 SMC 电感器是将传统的卧式绕线电感器稍加改进后的产物。这种电感器在制造时将导线圈缠绕在磁心上，若为低电感则用陶瓷作磁心，若为高电感则用铁氧体作磁心，绕组可以垂直也可水平，绕线后再加上端电极即可。

绕线型 SMC 电感器根据所用磁芯的不同可分为工字形结构(开磁路、闭磁路)、槽形结构、棒形结构和腔体结构。

其中，工字形结构的 SMC 电感器通常采用微小工字型磁芯，经绕线、焊接、电极成型、塑封等工序制成，如图 2.24 所示。这种类型的片式电感器的特点是生产工艺简单，电性能优良，适合大电流通过，可靠性好。

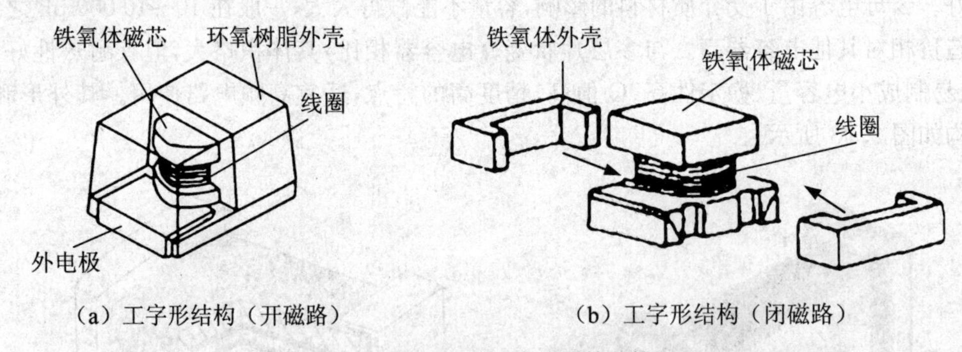

图 2.24 绕线型 SMC 电感器的结构(一)

而对于槽形和腔体结构的 SMC 电感器则采用 H 型陶瓷芯，经过绕线、焊接、涂覆、环氧树脂封装等工序制成，如图 2.25 所示。由于电极已预制在陶瓷芯体上，其制造工艺更简单，并且能进一步微小型化。这类电感器的特点是电感值较小，自谐频率高，更适合在高频时使用。

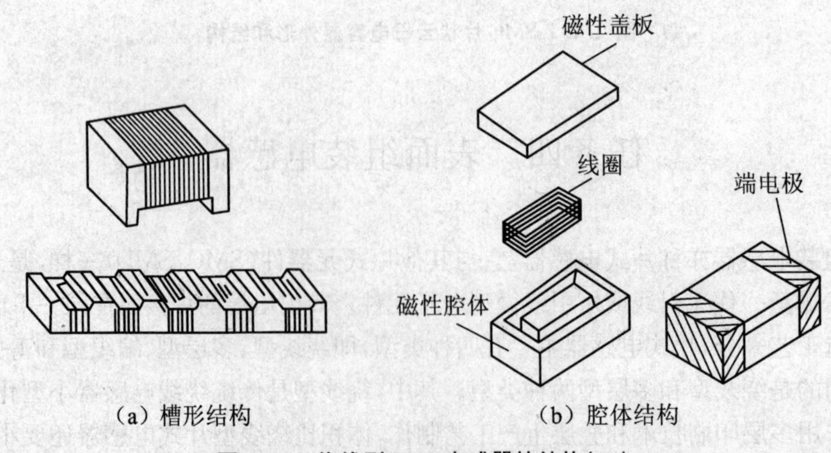

图 2.25 绕线型 SMC 电感器的结构(二)

二、多层型 SMC 电感器

多层型 SMC 电感器由铁氧体浆料和导电浆料相间形成多层的叠层结构,然后经烧结而成。其特点是具有闭路磁路结构,没有漏磁,耐热性好,可靠性高,与线绕型相比尺寸要小得多,适用于高密度表面组装,但电感量较小,Q 值较低。它可广泛应用于高清晰数字电视、高频头、计算机板卡等领域。其外形和内部结构如图 2.26 所示。

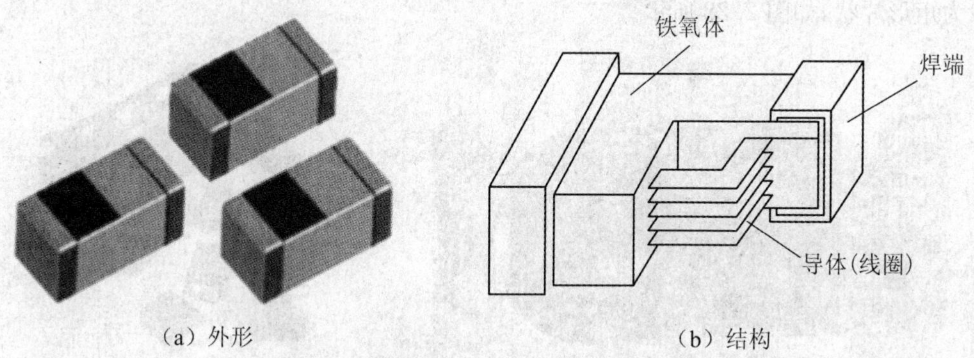

图 2.26　多层型 SMC 电感器外形和结构

任务五　表面组装晶体管

大多数表面组装分立组件都是塑料封装,功耗在几瓦以下的器件的封装外形已经标准化。目前常用的分立组件包括二极管、三极管、小外形晶体管和片式振荡器等。

一、SMD 分立器件的外形

常用的 SMD 分立器件的外形如图 2.27 所示。电极引脚数一般为 2～6 个,其中二极管为 2 端或 3 端封装;小功率晶体管为 3 端或 4 端封装;4～6 端 SMD 内大多封装两支晶体管或场效应管。

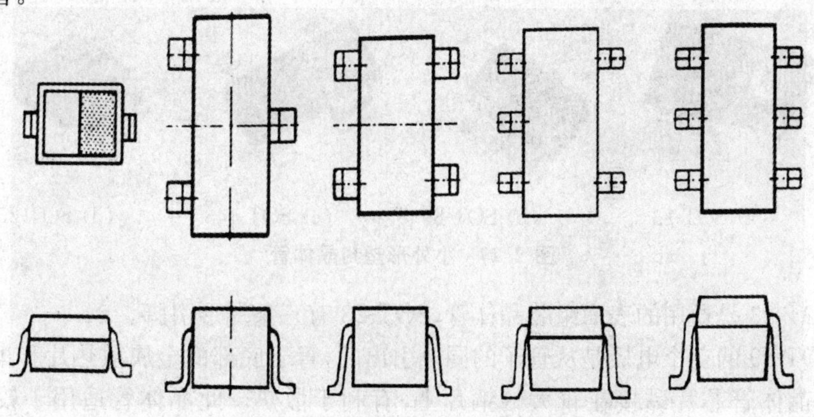

图 2.27　典型 SMD 分立器件外形

二、SMD二极管

二级管是一种单向导电性组件。所谓单向导电性就是指:当电流从它的正向流过时,它的电阻极小;当电流从它的负极流过时,它的电阻很大,因而二极管是一种有极性的组件。

SMD二极管常见的封装外形有无引线柱形玻璃封装和片状塑料封装两种。其中,无引线柱形玻璃封装二极管通常有稳压二极管、开关二极管和通用二极管,片状塑料封装二极管一般为矩形片状,如图2.28所示。

(a) 圆柱形二极管　　(b) 塑料封装二极管

图2.28　SMD二极管外形

三、SMD晶体管

晶体三极管是半导体基本元器件之一,具有电流放大作用,是电子电路的核心组件。三极管是在一块半导体基板上制作两个相距很近的PN结,两个PN结把整块半导体分成三个部分,中间部分是基区,两侧部分是发射区和集电区,排列方式有PNP和NPN两种。

小外形塑封晶体管(Small Out-line Transistor,SOT)又称作微型片式晶体管,它作为最先问世的表面组装有源器件之一,通常是一种三端或四端器件,主要用于混合式集成电路中,被组装在陶瓷基板上。SOT可分为SOT-23、SOT-89、SOT-143、SOT-252几种尺寸结构,产品有小功率管、大功率管、场效应管和高频管几个系列,如图2.29所示。

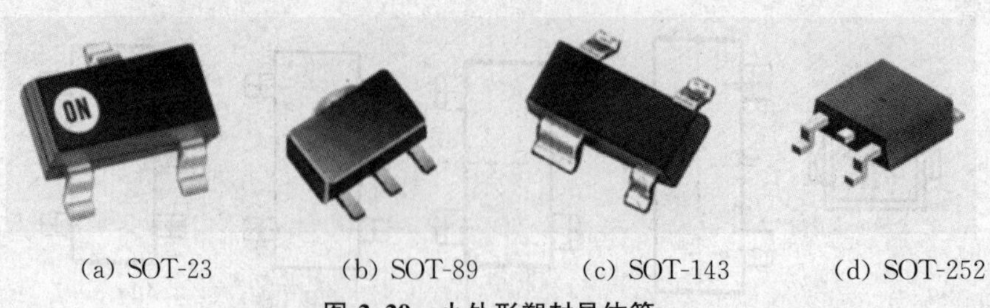

(a) SOT-23　　(b) SOT-89　　(c) SOT-143　　(d) SOT-252

图2.29　小外形塑封晶体管

(1) SOT-23是通用的表面组装晶体管,SOT-23有三条翼形引脚。

(2) SOT-89的三个电极是从管子的同侧引出的,管子底部的金属散热片和集电极连在一起,同时晶体管芯片黏接在较大的铜片上,有利于散热。此晶体管适用于较高功率的场合。

(3) SOT-143 有四条翼形短引脚对称分布在长边的两侧，引脚中宽度偏大一点的是集电极，这类封装常见于双栅场效应管及高频晶体管。

(4) SOT-252 封装的功耗可达 2～50 W，有两条连在一起的引脚，与散热片连接的引脚是集电极。

如今，SMD 分立器件封装类型和产品数已经达到三千多种。由于每个厂商生产的产品中，其电极引出方式略有不同，大家在选用时必须先查阅相关手册资料。

任务六　表面组装集成电路

SMD 集成电路包括各种数字电路和模拟电路。由于封装技术的进步，SMD 集成电路的电气性能指标比 THT 集成电路更好。

一、SMD 集成电路封装综述

集成电路封装不仅起到集成电路芯片内键合点与外部进行电气连接的作用，也为集成电路芯片提供了一个稳定可靠的工作环境，对集成电路芯片起到机械和环境保护的作用，从而使得集成电路芯片能发挥正常的功能。总之，集成电路封装质量的好坏，与集成电路总体的性能优劣关系很大。因此，封装应具有较强的力学性能，良好的电气性能、散热性能和化学稳定性。

1. 电极形式

表面组装器件 SMD 的 I/O 电极形式有无引脚和有引脚两种形式。常用无引脚形式的表面组装器件有 LCCC、PQFN 等，有引脚形式的器件中引脚形状有翼形、钩形(J 形)和球形三种。翼形引脚一般用于 SOT、SOP、QFP 封装，钩形(J 形)引脚一般用于 SOJ、PLCC 封装，球形引脚一般用于 BGA、CSP、Flip Chip 封装。如图 2.30 所示，为 SMD 引脚形状示意图。

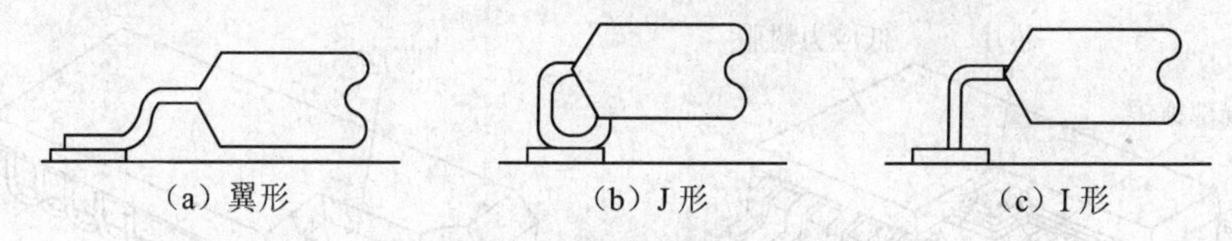

图 2.30　SMD 引脚形状示意图

2. 封装材料

SMD 集成电路的封装材料通常有金属封装、陶瓷封装、金属-陶瓷封装和塑料封装。其中，金属封装中的金属材料可以冲压，有封装精度高、尺寸严格、便于大量生产和价格低廉等特点；陶瓷封装中的陶瓷材料电气性能优良，适用于高密度封装；金属-陶瓷封装则兼有金属封装和陶瓷封装的优点；塑料封装中塑料的可塑性强，成本低廉，工艺简单，适合大批量生产。

3. 芯片的基板类型

基板的主要作用是搭载和固定裸芯片，同时还具有绝缘、导热、隔离和保护作用，人们通常把它称为芯片内外电路连接的“桥梁”。芯片的基板类型按材料分类有有机和无机之分，从结构上分类有单层的、双层的、多层的和复合的。

4. 封装比

评价集成电路封装技术的好坏有一个非常重要的指标是封装比。封装比的公式如下：

封装比＝芯片面积/封装面积

此值越接近 1 越好。

二、SMD 集成电路的封装形式

1. SO 封装

引线比较少的小规模集成电路大多采用这种小型封装。SO(Short Out-line)封装即小外形集成电路封装可以分为以下几种：

(1) SOP 封装：芯片宽度小于 0.15 in，电极引脚数一般在 8～40 个。

(2) SOL 封装：芯片宽度在 0.25 in 以上，电极引脚数一般在 44 个以上。

(3) SOW 封装：芯片宽度在 0.6 in 以上，电极引脚数一般在 44 个以上。

(4) SOP 封装中部分采用了小型化或者薄型化封装的分别叫做 SSOP 封装和 TSOP 封装。

对于大多数 SO 封装而言，其引脚都采用翼形电极，但也有一些存储器采用 J 形电极(称为 SOJ)，如图 2.31 所示。

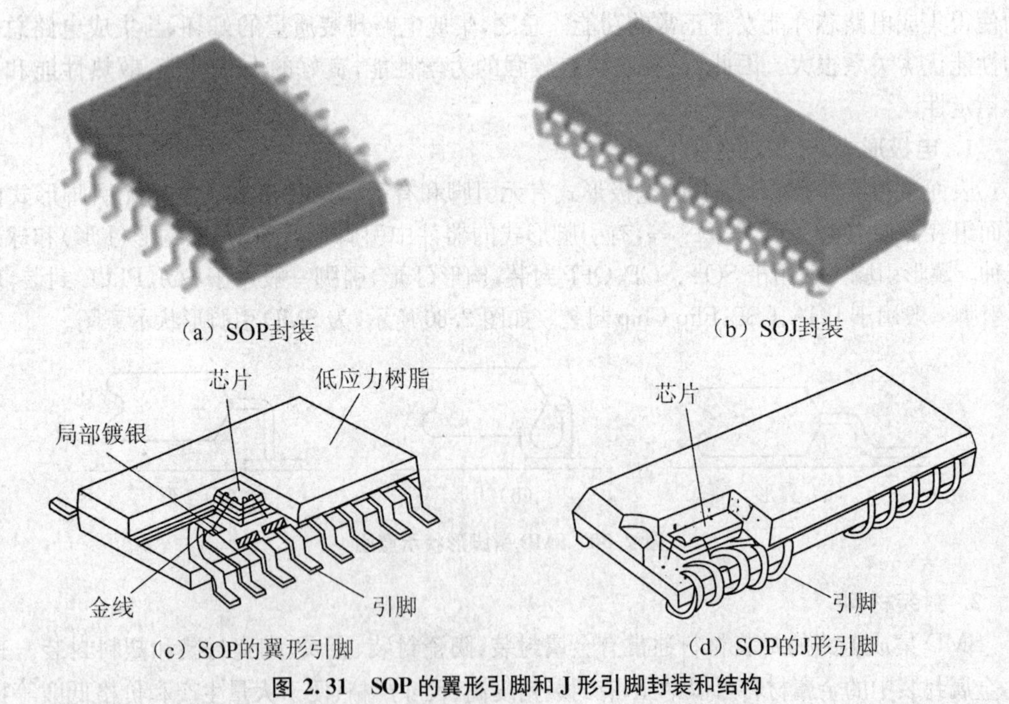

图 2.31 SOP 的翼形引脚和 J 形引脚封装和结构

2. LCCC 封装

LCCC(Leadless Ceramic Chip Carrier)封装即无引脚陶瓷芯片载体封装是陶瓷芯片载体封装的 SMD 集成电路中没有引脚的一种封装形式，如图 2.32 所示。芯片被封装在陶瓷载体上，无引线的电极焊端排列在封装底面上的四边，外形有正方形和矩形两种。

LCCC 的特点是无引线，引出端是陶瓷外壳，四侧为镀金凹槽，凹槽的中心距有 1.0 mm 和 1.27 mm 两种。它能提供较短的信号通路，电感和电容的损耗都比较低，通常用于高频电路中。陶瓷芯片载体封装的芯片是全密封的，具有很好的环境保护作用，一般用于军工产品中。

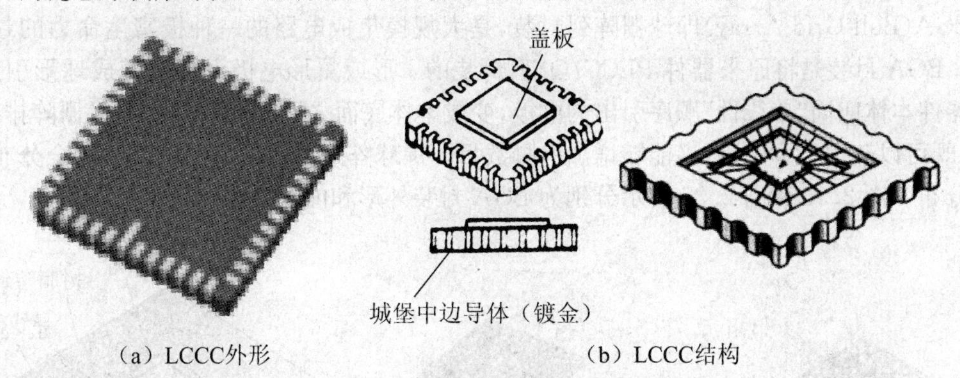

（a）LCCC外形　　（b）LCCC结构

图 2.32　LCCC 封装的集成电路外形与结构

3. PLCC 封装

PLCC(Plastic Leaded Chip Carrier)封装即塑封有引脚芯片载体封装，它是集成电路的有引脚塑封芯片载体封装，其引脚采用钩形引脚，故称作钩形(J 形)电极，电极引脚数目通常为 16～84 个，其外观与封装结构如图 2.33 所示。PLCC 封装的集成电路大多用于可编程的存储器。20 世纪 80 年代前后，塑封器件以其优异的性价比在 SMT 市场上占有绝对优势，得到广泛应用。

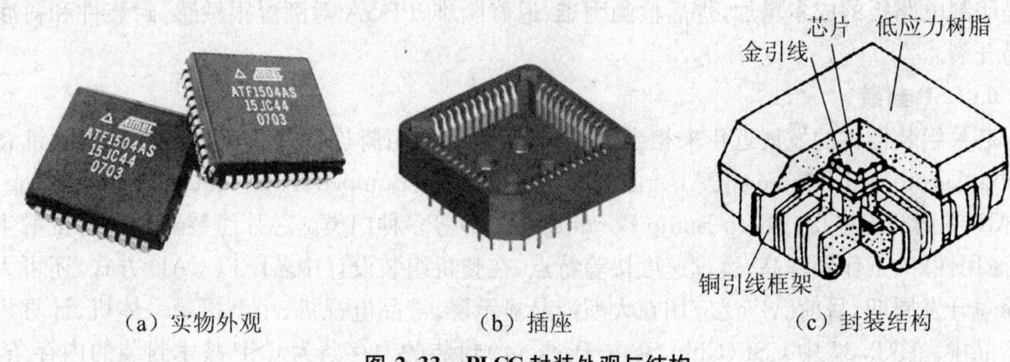

（a）实物外观　　（b）插座　　（c）封装结构

图 2.33　PLCC 封装外观与结构

4. QFP 封装

QFP(Quad Flat Package)封装即方形扁平封装为四侧引脚扁平封装，其引脚从四个侧面引出呈翼(L)型，如图 2.34 所示。封装材料有陶瓷、金属和塑料三种，其中塑料封装占绝大部分。QFP 这种封装的集成电路引脚较多，多用于高频电路、中频电路、音频电路、微处理器、电源电路等，目前已被广泛使用。

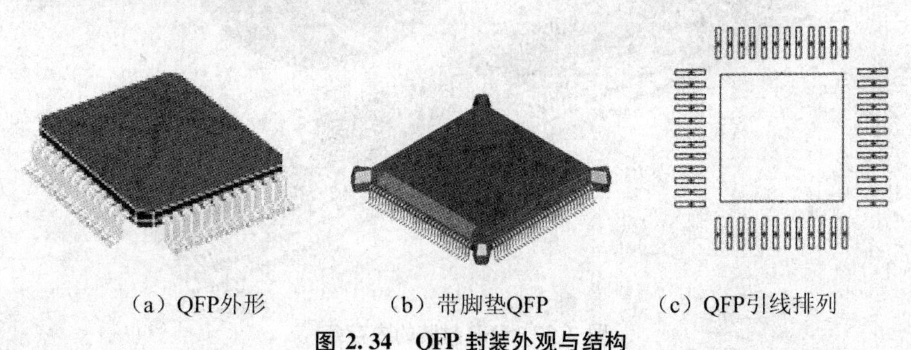

（a）QFP外形　　（b）带脚垫QFP　　（c）QFP引线排列

图 2.34　QFP 封装外观与结构

5. BGA 封装

BGA(Bull Grid Array)即球栅阵列封装，是大规模集成电路的一种极富生命力的封装方法。BGA 封装是将原来器件 PLCC/QFP 封装的 J 形或翼形电极引脚改变成球形引脚；把从器件本体四周“单线性”顺序引出的电极，变成本体底面之下“全平面”式的格栅阵排列。这样，既可以疏散引脚间距，又能够增加引脚数目。焊球阵列在器件底面可以呈完全分布或部分分布。图 2.35 和图 2.36 所示分别为 BGA 封装外形和内部结构。

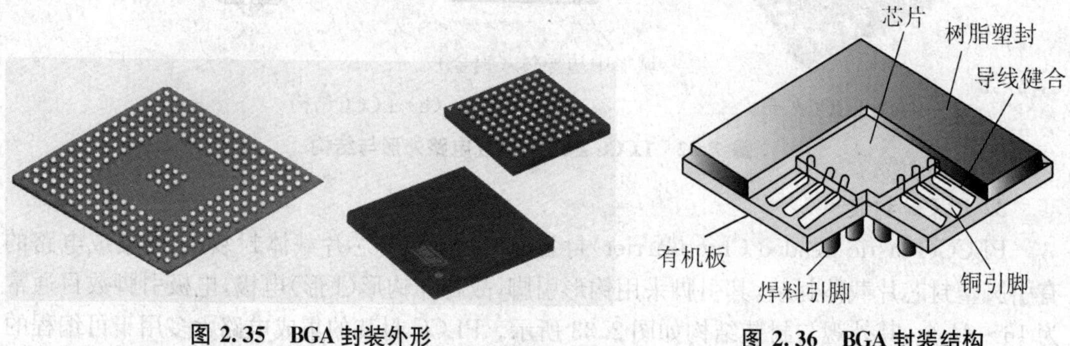

图 2.35 BGA 封装外形　　图 2.36 BGA 封装结构

球栅阵列封装具有体积小、I/O 多、电气性能优越(适合高频电路)、散热好等优点。缺点是印制电路板的成本增加，焊后检测困难、返修困难，PBGA 对潮湿很敏感，封装件和衬底容易开裂。

6. CSP 封装

芯片组装器件的发展近年来相当迅速，已由常规的引脚连接组装器件形成带自动键合(Tape Automated Bonding，TAB)、凸点载带自动键合(Bumped Tape Automated Bonding，BTAB)和微凸点连接(Micro-Bump Bonding，MBB)等多种门类。芯片组装器件具有批量生产、通用性好、工作频率高、运算速度快等特点，在整机组装设计中若配以 CAD 方式，还可大大缩短开发周期，目前已广泛应用在大型液晶显示屏、液晶电视机、小型摄录一体机、计算机等产品中。图 2.37 中 CSP(Chip Scale Package)封装的内存条为 CSP 技术封装的内存条。

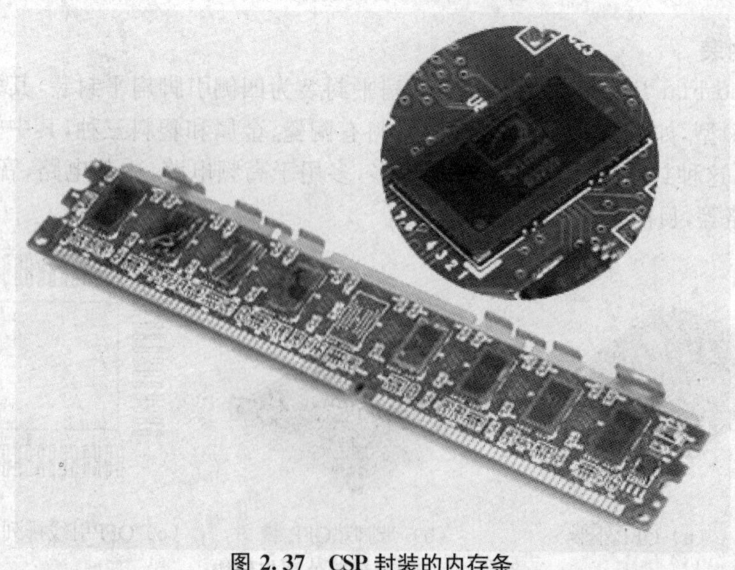

图 2.37 CSP 封装的内存条

可以看出，采用CSP技术后，内存颗粒所占用的PCB面积大大减小。

表面组装技术的发展，使电子组装技术中的集成电路固态技术和厚/薄膜混合组装技术同时得到了发展，这个结果促进了半导体器件-芯片的组装与应用，给芯片组装器件的实用化创造了良好的条件。

CSP是BGA进一步微型化的产物，问世于20世纪90年代中期，它的含义是封装尺寸与裸芯片相同或封装尺寸比裸芯片稍大（通常封装尺寸与裸芯片之比定义为1.2∶1）。CSP外部端子间距大于0.5 mm，并能适应再流焊组装。CSP封装的基本结构如图2.38所示。

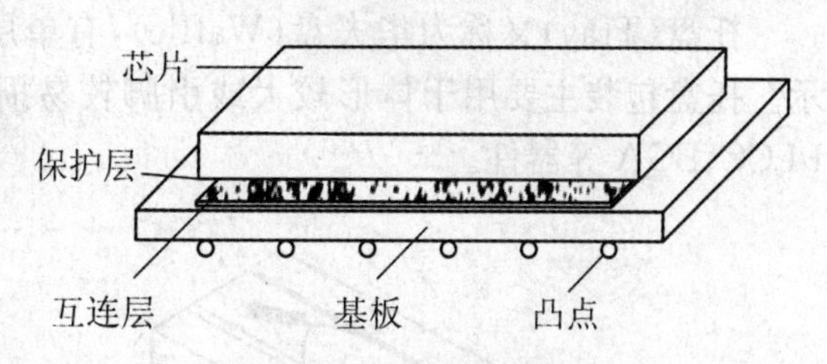

图2.38　CSP基本结构

如图2.39所示为柔性基板封装CSP结构、图2.40所示为刚性基板封装CSP结构。无论是柔性基板还是刚性基板，CSP封装均是将芯片直接放在凸点上，然后由凸点连接引线，完成电路的连接。

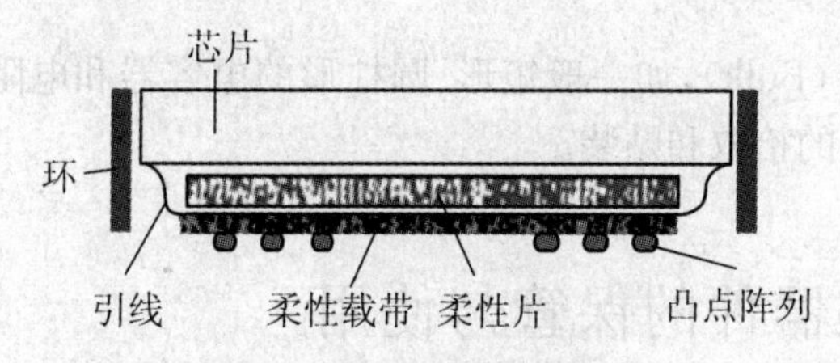

图2.39　柔性基板封装CSP结构

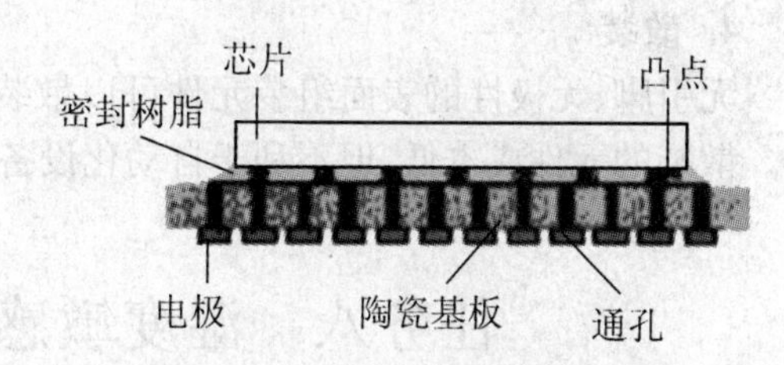

图2.40　刚性基板封装CSP结构

任务七　表面组装元器件的包装

表面组装元器件可以用四种包装形式提供给用户：编带包装、棒式包装、托盘包装和散装。

1. 编带包装

编带（Tape and Reel）包装是应用最广泛、应用时间最久、适应性强、贴装效率高的一种包装形式，已经标准化，如图2.41所示。除QFP、LCCC、BGA等大型器件外，其余元器件均可采用这种包装形式。所用编带主要有纸质编带、塑料编带和黏接式编带三种。

图2.41　纸质编带包装规格图

2. 棒式包装

棒式（Stick）包装有时又称为管式（Tube）包装，如图2.42所示。主要用于包装矩形、片式元件和小型 SMD 以及某些异形元件，如 SOP、SOJ、PLCC 等集成电路，适合于品种多、批量小的产品。棒式包装的形状为一根长管，内腔为矩形用来包装矩形元件；内腔为异型的，用于异形元件的包装。

3. 托盘包装

托盘(Tray)又称为华夫盘(Waffle)，有单层的，层数最多可达一百多层，如图 2.43 所示。托盘包装主要用于体形较大或引脚较易损坏的元器件的包装，如 QFP、窄间距 SOP、PLCC、BGA 等器件。

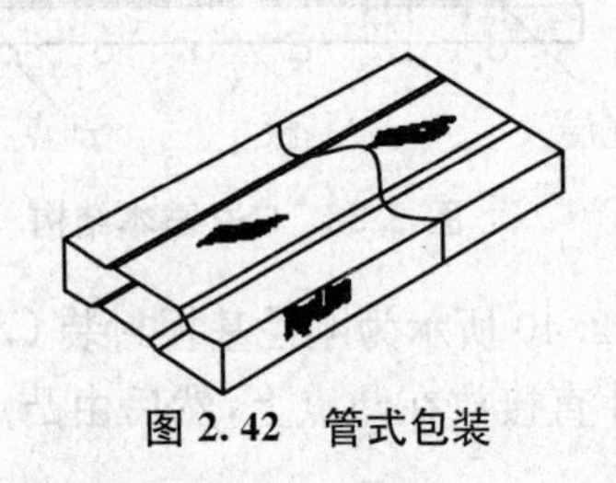

图 2.42 管式包装

图 2.43 华夫盘

4. 散装

无引脚、无极性的表面组装元件可以散装(Bulk)，如一般矩形、圆柱形的电容器和电阻器。散装的元件成本低，但不利于自动化设备的拾取和贴装。

任务八　湿度敏感器件的保管与使用

由于塑封元器件能大批量生产并降低成本，所以绝大多数电子产品中所用 IC 均为塑封器件。塑封器件具有一定的吸湿性，因此塑封器件 SOP、PLCC、QFP、PBGA 等都属于湿度敏感器件(Moisture Sensitive Devices，MSD)

回流焊和波峰焊都是瞬时对整个 SMD 加热，当焊接过程中的高温施加到已吸湿的塑封器件壳体上时，所产生的热应力会使封装外壳与引脚连接处产生裂纹，裂纹会引起壳体渗漏并使芯片受潮慢慢地失效，还会使引脚松动而造成早期失效。

1. 湿度敏感器件的存储

(1) 湿度敏感器件存放的环境条件

① 环境温度：库存温度＜40 ℃；

② 生产场地温度＜30 ℃；

③ 环境相对湿度 RH＜ 60%；

④ 环境气氛：库存及使用环境中不得有影响焊接性能的硫、磷、酸等有毒气体；

⑤ 防静电措施：要满足表面组装元器件对防静电的要求；

⑥ 元器件的存放周期：从元器件厂家的生产日期算起，库存时间不得超过 2 年；整机厂用户购买后的库存时间一般不超过 1 年；假如是自然环境比较潮湿的整机厂，购入表面组装元器件以后应在 3 个月内使用，并在存放地及元器件包装中应采取适当的防潮措施。

(2) 不贴装时不开封塑封

SMD 出厂时，都被封装在带湿度指示卡(Humidity Indicator Card，HIC)和干燥剂的防潮湿包装袋(Moisture Barrier Bag，MBB)内，并注明其防潮有效期为 1 年，不用时不开封。

不要因为清点数量或其他一些原因将SMD零星存放在一般管子或口袋内，以免造成SMD塑封壳大量吸湿。

2. 湿度敏感器件的开封使用

(1) 开封

开封时应先观察包装袋内附带的湿度指示卡，湿度指示卡有许多品种，最常见的是三圈式和六圈式。六圈式的可显示的湿度为10%、20%、30%、40%、50%和60%，三圈式的只有30%、40%和50%。未吸湿时，所有的圈均为蓝色，吸湿了就会变成粉红色，其所指示的相对湿度是介于粉红色圈与蓝色圈之间的淡紫色圈所对应的百分比。例如：20%的圈变成粉红色，40%的圈仍显示蓝色，则蓝色与粉红色之间显示淡紫色的圈旁的30%即为相对湿度值。

(2) 包装袋开封后的操作

SMD的包装袋开封后，应遵循下列要求从速取用。生产场地的环境为：室温低于30℃、相对湿度小于60%。若不能用完，应存放在RH为20%的干燥箱内。

(3) 剩余SMD的保存方法

开封后的元器件如果不能在规定的时间内使用完毕，应采用以下方法加以保存：

① 将开封后暂时不用的SMD连同供料器一同存放在专用低温低湿存储箱内，但费用较高；

② 只要原有防潮包装袋未破损，且内装的干燥剂良好，湿度指示卡上所有圈均为蓝色，则仍可以将未用完的SMD重新装入该袋中，然后密封好存放。

3. 已吸湿SMD的烘干

所有塑封SMD当开封时发现湿度指示卡的湿度为30%以上或开封后SMD未在规定的时间内装焊完毕，以及超期存储SMD等情形时，在贴装前一定要进行驱湿烘干。烘干方法分为低温烘干法和高温烘干法两种。

(1) 低温烘干法

烘箱温度：(40±2) ℃；相对湿度：<5%；烘干时间：192 h。

(2) 高温烘干法

烘箱温度：(125±5) ℃；烘干时间：5～48 h。

项目练习

1. 表面组装元器件与通孔插装元器件相比有哪些优点？
2. 列举出表面组装元件的六种英制尺寸和对应的公制尺寸。
3. 表面组装器件有哪些引脚形式，并叙述各种引脚优缺点。
4. 表面组装元器件有几种包装类型？各种包装适用于哪些元器件？
5. 湿敏器件主要指哪些器件？如何对其进行保管？

锡膏的搅拌、储存及印刷

学习目标

1. 知识目标

① 掌握锡膏的成分及性能；

② 掌握锡膏的搅拌及储存知识；

③ 掌握锡膏的印刷原理。

2. 能力目标

① 会锡膏的手动搅拌及储存；

② 会用锡膏搅拌机搅拌锡膏；

③ 会锡膏的手动印刷；

④ 会用锡膏印刷机印刷锡膏。

3. 安全规范

① 锡膏手动搅拌时，不要用手指去搅拌；

② 手动印刷锡膏时，必须先检查钢模板是否干净，若有残留物质，应将钢模板上的杂物清洗干净；

③ 用全自动锡膏搅拌机搅拌锡膏时，在设备没有完全停止时，不能打开上盖；

④ 用全自动锡膏印刷机印刷锡膏时，网框必须安装牢固；

⑤ 设备使用完后，必须清洗干净。

任务一　锡膏的手动搅拌及储存

任 务 描 述

现场提供锡膏 1 罐，搅拌器 1 个，锡膏专用冰箱 1 台。请在认识锡膏的基础上完成下面各项内容：

① 用搅拌器手动搅拌一罐锡膏；

② 设置锡膏专用冰箱的参数，正确储存锡膏。

实 际 操 作

一、锡膏的回温

从锡膏专用冰箱 Create-ETK 100 里取出锡膏，在不开启瓶盖的前提下，放置于室温中自然解冻，如图 3.1 所示。

图 3.1 回温的锡膏实物图

回温时间：4 小时左右。

注意：

① 未经充足的回温，千万不要打开瓶盖；

② 不要用加热的方式缩短回温时间。

二、锡膏的手动搅拌

(1) 取出锡膏

用如图 3.2 所示的方式取出锡膏。

(2) 锡膏的手动搅拌

锡膏经回温后在使用前要充分搅拌。

手工搅拌方式：完全、轻轻地搅拌锡膏，以相同方向每分钟 80～90 转的速度搅拌。

手工搅拌时间：4 分钟左右。

图 3.2 取出锡膏实物图

三、锡膏的储存

锡膏通常要用冰箱冷藏，冷藏温度以 2～10 ℃为佳，不允许冰冻。

现用 Create-ETK 100 锡膏专用冰箱进行锡膏储存练习，Create-ETK 100 锡膏专用冰箱结构如图 3.3 所示，锡膏储存时应将锡膏专用冰箱温度调整在 5～10 ℃。

注意：

① 采购回来的锡膏应放置在锡膏专用冰箱里，用时再取出来回温；

② 工作结束时，罐中有剩余没有用过的焊锡膏，应盖上内、外盖，保存在锡膏专用冰箱内，不可暴露在空气中，以免吸潮和氧化；

③ 将钢网上剩余的焊锡膏装入一个空罐内保存在锡膏专用冰箱内，留到下次使用，切不可将用过的焊锡膏放到没用过的焊锡膏罐内，因为用过的焊锡膏已受到污染，它会殃及新鲜的焊锡膏使其变质。

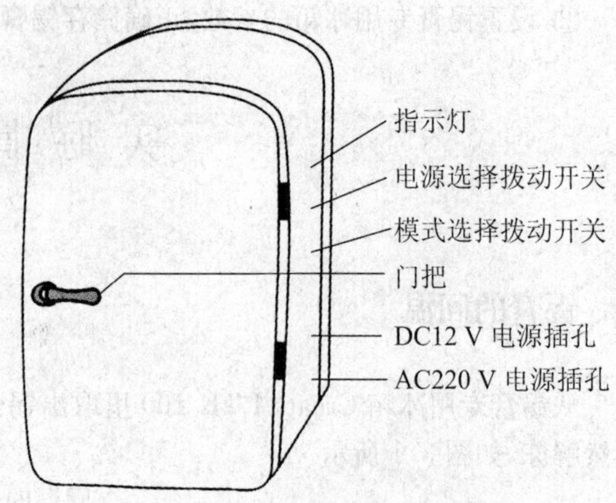

图 3.3 Create-ETK 100 锡膏专用冰箱结构图

想 一 想

锡膏为什么要搅拌和冷藏？

考 核 评 价

序号	项目	配分	评价要点	自评	互评	教师评价	平均分
1	手动搅拌锡膏	70 分	搅拌时间合理 20 分 搅拌充分和均匀 30 分 搅拌速度合适 20 分				
2	锡膏储存	30 分	锡膏专用冰箱温度设置合适 20 分 存放位置合理 10 分				
材料、工具、仪表			每损坏或者丢失一样扣 10 分 材料、工具、仪表没有放整齐扣 10 分				
环保节能意识			视情况扣 10～20 分				
安全文明操作			违反安全文明操作（视其情况进行扣分）				
额定时间			每超过 5 分钟扣 5 分				

开始时间		结束时间		实际时间		综合成绩	
综合评议意见（教师）							
评议教师				日期			
自评学生				互评学生			

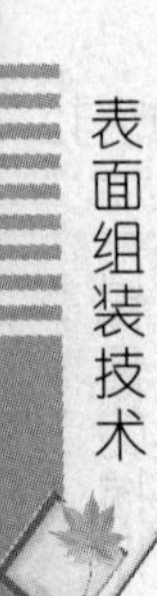

一、锡膏的常识

1. 锡膏应用原理

在常温下,锡膏可将电子元器件粘在既定位置,当被加热到一定温度时,随着溶剂和部分添加剂的挥发、合金粉的熔化,使被焊元器件和焊盘连在一起,冷却后形成永久连接的焊点。对锡膏的要求是具有多种涂布方式,特别具有良好的印刷性能和再流焊性能,并在贮存时具有稳定性。

2. 锡膏的定义

英文名称为 SOLDER PASTE,锡膏(焊膏)是一种将均匀的焊料合金粉末和稳定的助焊剂按一定的比例均匀混合而成的膏状体。在焊接时,可以使表面组装元器件的引线或端点与印制板上的焊盘形成合金性连接。这种物质极适合表面贴装的自动化生产的可靠性焊接,是现代电子工业高科技的产物。

3. 锡膏的组成

锡膏=锡粉(METAL)+助焊剂(FLUX)

锡粉通常是由氮气雾化或转碟法制造,后经丝网筛选而成。助焊剂由黏结剂(树脂)、溶剂、活性剂、触变剂及其他添加剂组成,它对锡膏从印刷到焊接的整个过程起着至关重要的作用。

一般情况下,锡粉和助焊剂的重量比是:90%锡粉和10%助焊剂,如图 3.4 所示。

一般情况下,锡粉和助焊剂的体积比是:50%锡粉和50%助焊剂,如图 3.5 所示。

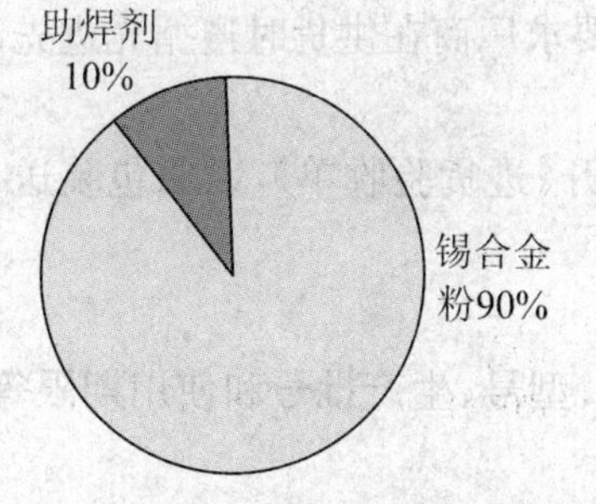

图 3.4 锡粉和助焊剂的重量比分配图

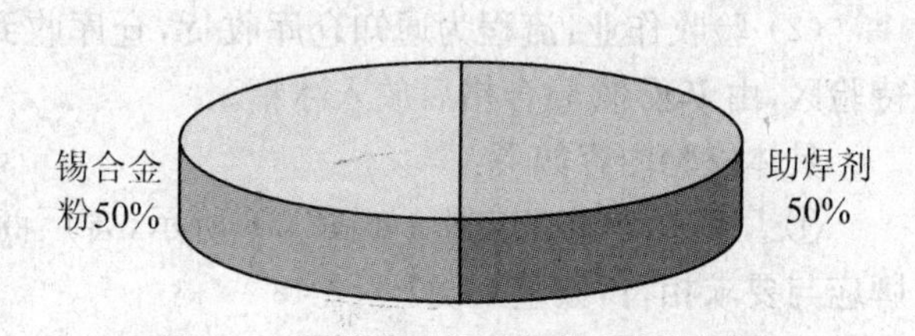

图 3.5 锡粉和助焊剂的体积比分配图

4. 锡膏的重要特性

锡膏有流动性、脱板性、连续印刷和稳定性等重要特性。

锡膏是一种流体,具有流动性。材料的流动性可分为理想的、塑性的、伪塑性的、膨胀的和触变的,锡膏属触变流体。剪切应力对剪切率的比值定义为锡膏的黏度,其单位为 Pa·s,锡膏合金百分含量、粉末颗粒大小、温度、焊剂量和触变剂的润滑性是影响锡膏黏度的主要因素。在实际应用中,一般根据锡膏印刷技术的类型和印到 PCB 上的厚度确定最佳的黏度。

5. 锡膏的分类

(1) 按回焊温度

① 高温锡膏；

② 常温锡膏；

③ 低温锡膏。

(2) 按所含金属成份

① 含银锡膏(Sn62/Pb36/Ag2)；

② 非含银锡膏(Sn63/Pb37)；

③ 含铋锡膏(Bi14/Sn43/Pb43)；

④ 无铅锡膏(Sn96.5/Ag3.0/Cu0.5)。

(3) 按助焊剂成份

① 免洗型(NC)；

② 水溶型(WS或OA)；

③ 松香型(RMA、RA)。

(4) 按清洗方式

① 有机溶剂清洗型；

② 水清洗型；

③ 半水清洗型；

④ 免清洗型。

常用的为免清洗型锡膏，在要求比较高的产品中可以使用需清洗型的锡膏。

二、锡膏的进料和储存管理

1. 锡膏的进料作业

(1) 采购作业：采购单位应依据产品生产需求，适时适量购入锡膏。调用本地的锡膏库存量一般以一周为限，需进口通关之库存量不超过两周，要求厂商在供货时遵循先进先出之原则，并做标签管制。

(2) 验收作业：流程为通知仓库收货，仓库收到货后开《进货验收单》，以原包装送IQC待验区，由IQC检验合格后放入冰箱。

具体检验内容如下：

① 厂商标示清楚完整，如图3.6所示，含厂商、品牌、型号、生产批号和使用期限等；品牌应与要求相符，数量正确。

② 检验厂商出货检验报告，报告中所有性能应符合规格，并对锡膏黏度做检验。

③ 锡膏包装、标签是否完好，清洁密闭，无破损泄漏，包装箱内是否清洁、无积水。

④ 检查锡膏包装箱内是否采用冰袋(干冰)保证箱内温度，观察温度计温度指示是否符合2～25 ℃。

2. 锡膏的存放

锡膏购买到货后，应登记到达时间、保质期、型号，并为每罐锡膏编号。

锡膏应以密封形式保存在恒温、恒湿的专用冷藏柜内，有铅与无铅锡膏应分开储存。其存储温度须与锡膏进出管制卡上所标明之温度相符。

温度应为2～10 ℃，温度过高，焊剂与合金焊料粉起化学反应，使黏度上升影响其印刷性;温度过低(低于 0 ℃),焊剂中的松香会产生结晶现象,使锡膏形状恶化。这样在解冻上会危及锡膏的流变特征。

一般保存时间自生产日期起,免洗型锡膏最长为 6 个月,水洗型锡膏最长为 3 个月。

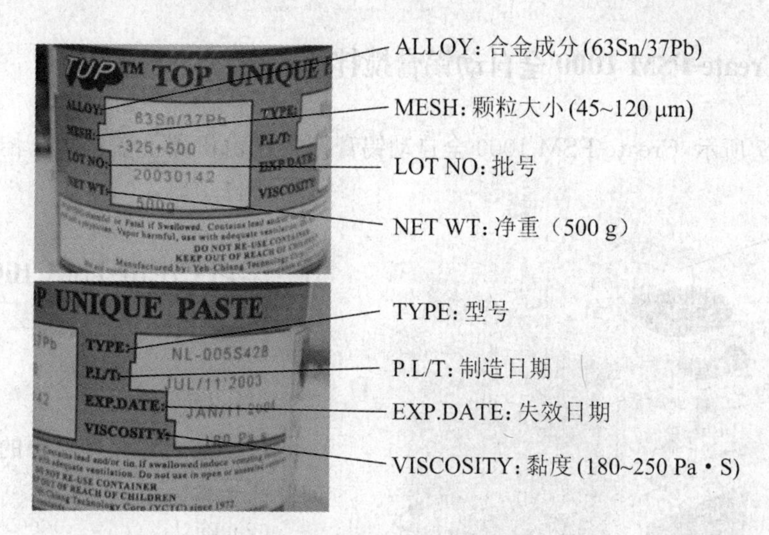

图 3.6　锡膏的产品标示说明

3. 锡膏的储存管理

(1) 颜色管理:入库标志,颜色代表失效日期。

(2) 先进先出:各瓶编号,专人管理,进出记录。

(3) 环境管理:冰箱内置温度计记录温度,绘制温管图。

(4) 标示管理:合格品有灯点、合格标签、IQC 盖章。

(5) 时间管理:有专用标签来记录回温时间、开封时间和报废时间。

(6) 区隔管理:合格品与不合格品必须分别放置在不同冰箱内,不可混淆;有铅和无铅锡膏也要分开放置。

(7) 专人领用,IPQC 监督,并对记录进行稽核。

(8) 过期报废的锡膏及空瓶必须送库房回收。

任务二　用锡膏搅拌机搅拌锡膏

任 务 描 述

现场提供好的锡膏 2 罐,废旧锡膏 1 罐,Create-PSM 1000 全自动锡膏搅拌机 1 台。请在学习全自动锡膏搅拌机操作的基础上完成以下操作:

① 正确安装和设置全自动锡膏搅拌机;

② 用全自动锡膏搅拌机搅拌一罐锡膏;

③ 用全自动锡膏搅拌机同时搅拌两罐锡膏。

实际操作

一、认识 Create-PSM 1000 全自动锡膏搅拌机

如图 3.7 所示，Create-PSM 1000 全自动锡膏搅拌机由机器上盖、门锁、控制面板、电源线等部件组成。

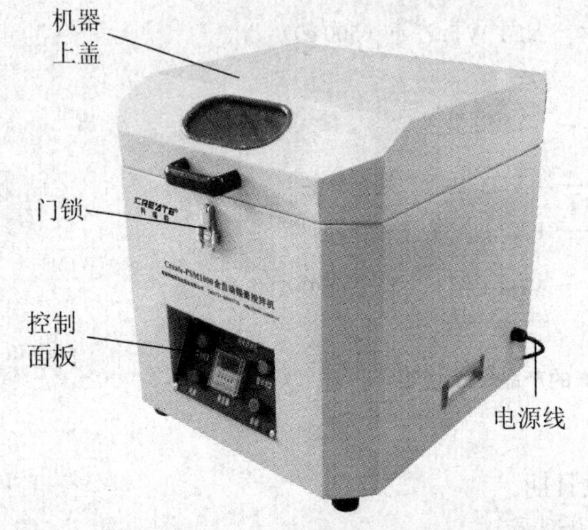

图 3.7　Create-PSM 1000 全自动锡膏搅拌机外观图

二、学习 Create-PSM 1000 全自动锡膏搅拌机的操作

(1) 安放

机器摆放在靠近电源的地方，要求地面坚实平稳。

(2) 确认

确认电源正确及电源开关处于 OFF(关)的位置，插入电源连接线。

(3) 开启

打开门锁，掀开机器上盖。

(4) 放置锡膏罐

① 取出需要搅拌的锡膏，将内盖去掉并重新将罐盖旋紧。

② 如果需要每次同时搅拌两罐锡膏，请确认其重量大致相等，差异不可超过 50 克。

③ 如果只需要每次搅拌一罐锡膏，请取一罐报废的锡膏或在一个空的锡膏罐中装入适量的报废锡膏作平稳砝码用。

④ 用手轻轻旋转仿行星运行装置，当两个锡膏罐夹具开口相对时，取放锡膏最方便。

⑤ 如果使用 500 克包装的锡膏，应将锡膏罐沉入适配器后一起放入锡膏夹具。

⑥ 务必锁紧上两侧锡膏夹具的锁扣，并再次确认。

⑦ 务必确认没有工具、手套等其他物品遗漏在机器内。

(5) 关闭

合上上盖，锁上门锁，接近开关闭合。

(6) 参数设置

打开电源开关，LED 显示上次设定的运行时间。如需调整运行时间，请按上/下时间调整按钮的↑(上)或↓(下)按钮，每按一次，时间增加或减少 0.1 分钟，直至达到理想的搅拌时间，三秒钟后，该设定将被保存。一般设定为 1～3 分钟。

(7) 运行

按启动/停止开关，机器开始运行，电磁铁被吸附，上盖锁住不能打开，运行指示灯亮，马达开始转动。

(8) 完成

设定时间结束，马达停止转动，蜂鸣器发出一声警报，但运行指示灯依然亮，此时仿行星

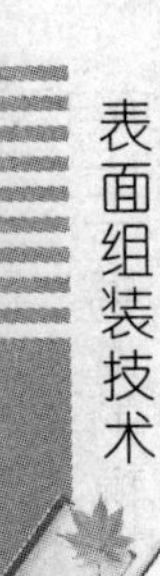

装置因惯性仍在转动，请不要试图打开上盖；一分钟后，仿行星装置完全停止运行，运行指示灯熄灭，蜂鸣器发出三声警报后，电磁铁复位释放，此时可以打开上盖了；取出锡膏罐即可使用了。

(9) 注意事项

① 在机器运行时，也可按启动/停止开关，停止运行。同样需要一分钟延时，才可以打开上盖。

② 如果在机器运行或仿行星装置惯性转动时，强行关闭电源开关，打开上盖，请务必小心，不要接触到正在旋转的部件。

三、用 Create-PSM 1000 全自动锡膏搅拌机搅拌锡膏

(1) 一罐锡膏搅拌练习；

(2) 两罐锡膏同时搅拌练习。

想 一 想

用全自动锡膏搅拌机搅拌一罐锡膏时为什么要加平稳砝码？

考 核 评 价

<table>
<tr><th>序号</th><th>项目</th><th>配分</th><th colspan="2">评价要点</th><th>自评</th><th>互评</th><th>教师评价</th><th>平均分</th></tr>
<tr><td>1</td><td>PSM1000 全自动锡膏搅拌机的操作与设定</td><td>70 分</td><td colspan="2">搅拌机安放正确 20 分
搅拌参数设置正确 30 分
锡膏罐取放规范 20 分</td><td></td><td></td><td></td><td></td></tr>
<tr><td>2</td><td>自动搅拌锡膏</td><td>30 分</td><td colspan="2">一罐锡膏搅拌合格 15 分
两罐锡膏同时搅拌合格 15 分</td><td></td><td></td><td></td><td></td></tr>
<tr><td colspan="3">材料、工具、仪表</td><td colspan="2">每损坏或者丢失一样扣 10 分
材料、工具、仪表没有放整齐扣 10 分</td><td></td><td></td><td></td><td></td></tr>
<tr><td colspan="3">环保节能意识</td><td colspan="2">视情况扣 10～20 分</td><td></td><td></td><td></td><td></td></tr>
<tr><td colspan="3">安全文明操作</td><td colspan="2">违反安全文明操作(视其情况进行扣分)</td><td></td><td></td><td></td><td></td></tr>
<tr><td colspan="3">额定时间</td><td colspan="2">每超过 5 分钟扣 5 分</td><td></td><td></td><td></td><td></td></tr>
<tr><td>开始时间</td><td></td><td>结束时间</td><td></td><td>实际时间</td><td></td><td colspan="2">综合成绩</td><td></td></tr>
<tr><td colspan="2">综合评议意见
(教师)</td><td colspan="7"></td></tr>
<tr><td colspan="2">评议教师</td><td colspan="2"></td><td>日期</td><td colspan="4"></td></tr>
<tr><td colspan="2">自评学生</td><td colspan="2"></td><td>互评学生</td><td colspan="4"></td></tr>
</table>

拓展提升

锡膏的使用知识

1. 锡膏的使用流程

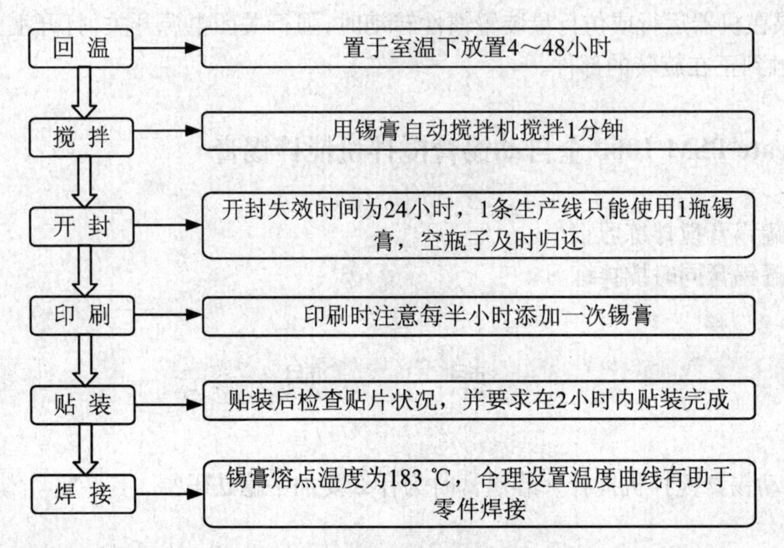

2. 锡膏的使用说明

(1) 锡膏使用应遵循“先进先出”之原则，依照厂商制造日期之先后顺序，逐批使用。

(2) 锡膏依不同批次，自序号较小之瓶先取用，并同时在《锡膏进出管制表》的“领用时间”栏及在《锡膏进出管制卡》的“回温(起始时间)”栏登记。取出的锡膏应回温至指定时间，且不可开封。如在同一存贮区有两个以上批次，应标示出先用及后用之批次。

(3) 回温完成后，打开锡膏，由生产线登记“开封时间”及开封后使用“期限”，并使用刮刀搅动 30 秒钟，添加时应遵循多次少量，添加完毕后，立即加盖密封，避免长期暴露在空气中。

(4) 已开封的锡膏在使用后不得再放入冰箱中冷藏，锡膏开封后超过 24 小时尚未用完的应当作不良品处理。

(5) 作业者在使用锡膏开封前 30 分钟内进行搅拌，搅拌完成后放在特定的暂存区。

3. 锡膏发放管理流程

(1) 锡膏由专人管理发放，并填写《锡膏管制卡》和《锡膏发放记录表》。若所发放的锡膏超过锡膏的使用期限，锡膏管理人员有责任立即追回。

(2) 锡膏领料员需拿已用完锡膏的空瓶去交换新的锡膏。领取锡膏时，需对锡膏的回温时间、搅拌时间进行核对，并核对《锡膏管制卡》上的记录是否与实际时间相符。

(3) 印过锡膏的 PCB 必须在两小时内贴装完成，并进行回焊。

4. 锡膏的使用建议

(1) 环境的温度、湿度。

最佳温度：(25±3) ℃	最佳湿度：45%～65% RH
温度增高，黏度减低	湿度减低，锡膏变干
温度减低，黏度增大	湿度增加，锡膏起化学反应

(2) 保证在各种模式下正确使用锡膏。

① 检查锡膏的类型、合金类型和网目类型；

② 不同的锡膏适用于不同的应用或生产模式。

(3) 锡膏从冰箱拿出解冻到室温最少需要3个小时，在存储期间，锡膏不可低于0 ℃，从而：

① 避免结晶；

② 保证锡膏回温到可使用的条件；

③ 预防锡膏结块。

(4) 在使用之前，要完全、轻轻地搅拌锡膏，以相同方向每分钟80～90转的速度搅拌，搅拌时间通常是1～4分钟，使锡膏均匀。

(5) 在使用的任何时候都要保证只有1瓶锡膏开着，用以确保在生产的所有时间里，使用的是新鲜锡膏。

(6) 对开过盖的和残留下来的锡膏，在不使用时，其内、外盖一定是紧紧盖着的，可预防锡膏变干和氧化，延长在使用过程中锡膏的自身寿命。

(7) 在使用锡膏时，实行"先进先出"的工作程序，可使生产时间内用的锡膏一直处于最佳性能状态。

(8) 确保锡膏在印刷时是"热狗"式滚动，"热狗"的厚度直径为1.5～3.0 cm，从而：

① 监测锡膏黏度；

② 正确的滚动可以确保锡膏漂亮地印刷到钢网的开口处。

(9) 印有锡膏的PCB，为保证锡膏的最佳焊接品质，应在1个小时内流到下一个工序，可防止锡膏变干和黏度减少。

(10) 在锡膏不用超过1个小时的情况下，为保持锡膏最佳状态，锡膏不要留在钢网上，从而可预防锡膏变干和不必要的钢网堵孔。

(11) 尽量不要把新鲜锡膏和用过的锡膏放入同一个瓶子。当要从钢网收取锡膏时，要换另一个空瓶来装。从而：

① 防止新鲜锡膏被旧锡膏污染；

② 对于使用过的锡膏的保存方法，参见前面的"储存"程序。

(12) 建议当新、旧锡膏混合使用时，用1/4的旧锡膏与3/4的新鲜锡膏均匀搅拌在一起，从而可保持新、旧锡膏混合在一起时都处于最佳状态。

5. 锡膏使用注意事项

(1) 锡膏是一种化学产品，混合了多种化学成分，应切记避免多次数、近距离嗅其味，更不可食用。

(2) 接触过程中，锡膏中的助焊剂产生的部分烟雾会对人体的呼吸系统产生刺激，长时间或一再暴露在其废气中可能会产生不适，因此应确保作业现场通风良好，焊接设备必须安装充足的排气装置，将废气排走。

(3) 有必要的防范措施来避免锡膏接触皮肤和眼睛。若不慎接触到皮肤，则应立即用沾有酒精的布将该处擦干净，再用肥皂和清水清洗干净。若不慎让锡膏接触眼睛，则需立即用清水冲洗10分钟以上，并尽快送医院治疗。

(4) 作业过程中不允许饮食、抽烟，作业后应先用肥皂或温水洗手才能进食。

(5) 虽然锡膏的溶剂系统闪点极高，但仍然易燃，应避免接近火源。若不慎着火，可用二氧化碳或化学干粉灭火器进行灭火，千万不可用水灭火。

(6) 废弃的锡膏和清理后沾有锡膏污渍的清洁布不能随意掉弃，应将其装入封密容器中，并按国家和地方的相关法规处置。

任务三　锡膏的手动印刷

任务描述

现场提供 Create-PSP 1000 精密锡膏印刷台 1 台，胶带 1 卷，锡膏 1 罐，刮刀 2 把，PCB 5 块，特制钢模板 1 块。请在学习精密锡膏印刷台操作的基础上完成以下操作：

① 正确安装好锡膏印刷台，调试好锡膏印刷台；

② 用锡膏印刷台在 PCB 上手动印刷锡膏。

实际操作

一、认识 Create-PSP 1000 精密锡膏印刷台和相关配件

Create-PSP 1000 精密锡膏印刷台如图 3.8 所示，它的各部件及其作用是：

① 调节旋钮：用于调节钢模板的高度；

② 固定旋钮：用于固定钢模板；

③ 工作台面：用于放置待刮锡膏的 PCB；

④ 微调旋钮 1：当初步对好位后，用此旋钮对前后方向进行微调；

⑤ 微调旋钮 2：当初步对好位后，用此旋钮对左右方向进行微调；

⑥ 水平固定旋钮：调节钢模板的水平面。

如图 3.9 所示，锡膏印刷台的相关配件及其作用是：

图 3.8　Create-PSP 1000 精密锡膏印刷台结构图

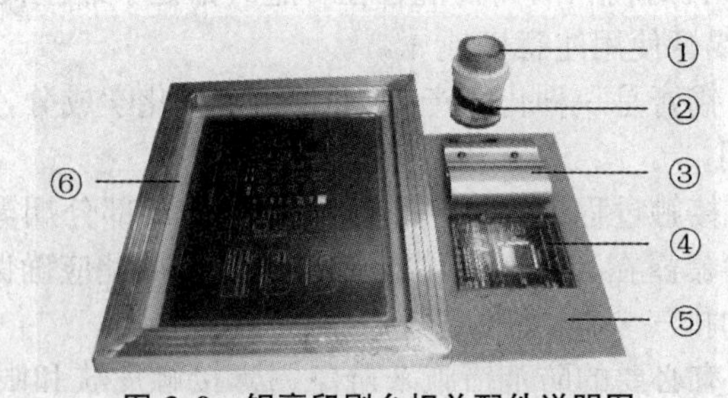

图 3.9　锡膏印刷台相关配件说明图

① 胶带：将 PCB 固定在托板上；

② 锡膏：用于焊接；

③ 刮刀：刮锡膏；

④ PCB：待焊接的电路板；

⑤ 托板：在使用托板时，把 PCB 用透明胶固定在托板上，在初步对位时，可灵活地移动

PCB的位置，达到粗调的目的；

⑥ 钢模板：钢模板上提供了常用贴片元件的封装（用户可根据需要定制钢模板）以及在刮锡膏时用于均匀分配锡膏。

二、锡膏印刷台的安装与调试

（1）安装

将钢模板安装在Create-PSP 1000精密锡膏印刷台上，用固定旋钮把钢模板固定在锡膏印刷台上，用调节旋钮调节钢模板的高度，把钢模板调到合适的位置。

（2）调试

① 检查钢模板是否干净，若有锡膏或其他固体物质残留，应用酒精、毛巾将残留在钢模板上的杂物清洗干净；

② 检查锡膏硬度是否适中。检测方法：在钢模板上选择引脚比较密集的元件，把锡膏刮在测试板（PCB或纸张）上，观察锡膏是否能够全部漏过钢模板且均匀的分配在测试板上，若有漏不过或漏不全现象，则应调节锡膏硬度，直到锡膏硬度适当为止；

③ 调节锡膏的方法：用镊子或片状小板直接拌匀，再往锡膏里加入少许稀释剂，用镊子或片状小板拌匀。

三、锡膏的手动印刷流程

（1）贴板

在钢模板上找到待刮焊锡膏的PCB上的元件封装，考虑托板在钢模板下能够左右灵活移动，将PCB用透明胶固定在托板上；

（2）粗调

将钢模板放平，通过托板前后左右移动，将PCB上的元件封装移到钢模板相应的位置。

（3）细调

通过微调旋钮，将PCB上元件的焊盘与钢模板上相应的元件焊盘调至更精确的位置，使PCB上的焊盘与钢模板上相应元件的焊盘完全重合。

（4）手动印刷焊锡膏

① 放下模版，如图3.10所示；

② 在刮刀上抹锡膏，如图3.11所示；

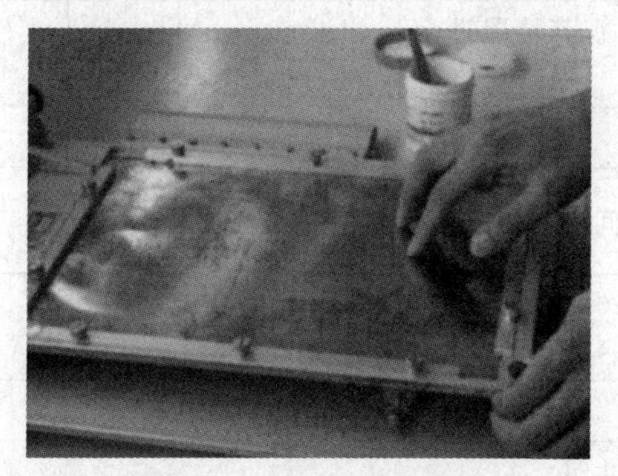

图3.10 放下模版实物图

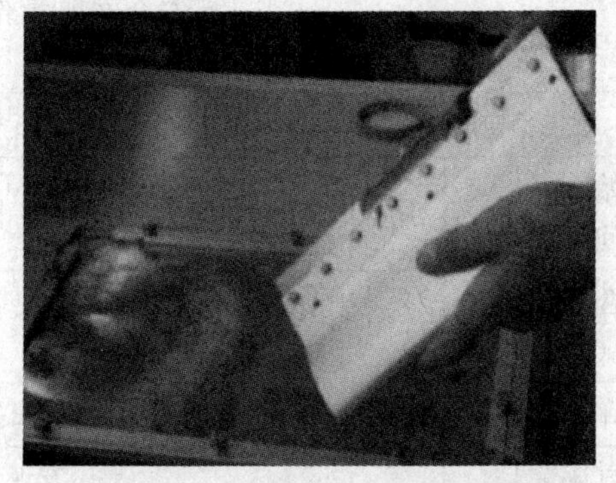

图3.11 刮刀上抹锡膏实物图

③ 在模板上刮锡膏，刮刀与模板之间呈 45°，如图 3.12 所示；

④ 揭起模板，取出印刷了锡膏的 PCB，如图 3.13 所示。

图 3.12　模板上刮锡膏实物图

图 3.13　取印刷了锡膏的 PCB 实物图

想 一 想

锡膏的手动印刷方法是什么？

考 核 评 价

<table>
<tr><td>序号</td><td colspan="2">项目</td><td>配分</td><td colspan="2">评价要点</td><td>自评</td><td>互评</td><td>教师评价</td><td>平均分</td></tr>
<tr><td>1</td><td colspan="2">锡膏印刷台的安装与调试</td><td>40 分</td><td colspan="2">钢模板安装正确 20 分
钢模板调试良好 20 分</td><td></td><td></td><td></td><td></td></tr>
<tr><td>2</td><td colspan="2">锡膏的手动印刷</td><td>60 分</td><td colspan="2">PCB 的固定与调试准确 30 分
PCB 锡膏印刷均匀合适 30 分</td><td></td><td></td><td></td><td></td></tr>
<tr><td colspan="4">材料、工具、仪表</td><td colspan="2">每损坏或者丢失一样扣 10 分
材料、工具、仪表没有放整齐扣 10 分</td><td></td><td></td><td></td><td></td></tr>
<tr><td colspan="4">环保节能意识</td><td colspan="2">视情况扣 10～20 分</td><td></td><td></td><td></td><td></td></tr>
<tr><td colspan="4">安全文明操作</td><td colspan="2">违反安全文明操作（视其情况进行扣分）</td><td></td><td></td><td></td><td></td></tr>
<tr><td colspan="4">额定时间</td><td colspan="2">每超过 5 分钟扣 5 分</td><td></td><td></td><td></td><td></td></tr>
<tr><td>开始时间</td><td></td><td>结束时间</td><td></td><td>实际时间</td><td></td><td colspan="3">综合成绩</td><td></td></tr>
<tr><td colspan="2">综合评议意见（教师）</td><td colspan="8"></td></tr>
<tr><td colspan="2">评议教师</td><td colspan="2"></td><td>日期</td><td colspan="5"></td></tr>
<tr><td colspan="2">自评学生</td><td colspan="2"></td><td>互评学生</td><td colspan="5"></td></tr>
</table>

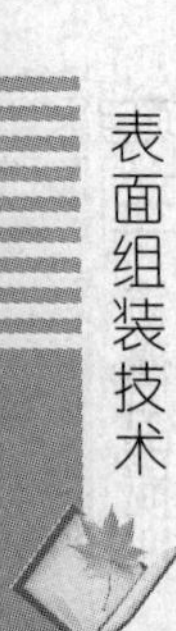

锡膏印刷常识

1. 锡膏印刷作业相关知识

锡膏印刷现在被认为是表面贴装技术中控制最终焊锡节点品质的关键步骤。印刷是一个建立在流体力学下的制程，它可多次重复地保持将定量的物料（锡膏或黏胶）涂覆在PCB的表面。一般来讲，印刷制程是非常简单的，PCB的上表面与丝网或钢板保持一定距离（非接触式）或完全贴住（接触式），锡膏或黏胶在刮刀的作用下流过丝网或钢板的表面，并将其上的切口填满，于是锡膏或黏胶便贴在PCB的表面，最后，丝网或钢板与PCB分离，于是便留下由锡膏或黏胶组成的图像在PCB上。

在印刷锡膏的过程中，基板放在工作台上，机械地或真空地夹紧定位，用定位销或视觉来对准丝网/模板用于锡膏印刷。在手工或半自动印刷机中，锡膏是手工地放在模板/丝网上，这时印刷刮刀处于钢板的另一端；在自动印刷机中，锡膏是自动分配的。在印刷过程中，印刷刮刀向下压在模板上，使模板底面接触到电路板顶面。当刮刀走过所腐蚀的整个图形区域长度时，锡膏通过模板/丝网上的开孔印刷到焊盘上。

在锡膏已经沉积之后，丝网在刮刀离开之后马上脱开，回到原地。这个间隔或脱开距离是设备设计时定下的。脱开距离与刮刀压力是两个要达到良好印刷品质的与设备有关的重要变量。

如果没有脱开，这个过程叫接触印刷。当使用全金属模板（钢板）和刮刀时，使用接触印刷。非接触印刷用于柔性的金属丝网。

2. 锡膏印刷机分类

（1）手工印刷机

手工印刷机（Manual Printers）是最简单而且最便宜的印刷系统，PCB放置及取出均需人工完成，其刮刀可用手把或附在机台上，印刷动作亦需人手工完成，PCB与钢板平行度对准或以板边缘保证位置度，均需依靠作业者的技巧。如此将导致每印一块PCB其印刷的参数均需进行调整变化。

（2）半自动印刷机

半自动印刷机（Semiautomatic Printers）实际上很类似手工印刷机，如图3.14所示，其PCB的放置及取出仍依赖手工操作。与手工印刷机的主要区别是印刷头的发展，它们能够较好地控制印刷速度、刮刀压力、刮刀角度、印刷距离以及非接触间距，其工具孔或PCB边缘仍被用来定位，而钢板系统能够帮助操作人员良好地完成PCB与钢板的平行度调整。

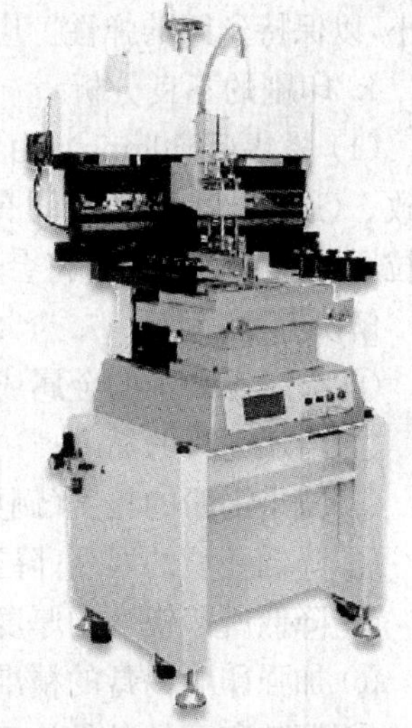

图 3.14　半自动印刷机示意图

（3）全自动印刷机

全自动印刷机（Automatic Printer）如图3.15所示，PCB的置取均是利用边缘承载的输送带完成，制程参数如刮刀速

图 3.15　全自动印刷机示意图

度、刮刀压力、印刷长度、非接触间距均可编程设定，PCB 的定位则是利用定位孔或板边缘，有些设备甚至可利用视觉系统自行将 PCB 与钢板调成平行。当使用该类视觉系统时，便可免除边缘定位带来的误差，且令定位变得容易，故人工的定位确认为视觉系统所取代。

3. 锡膏印刷的刮刀

刮刀的磨损、压力和硬度决定印刷质量，应该仔细监测。对可接受的印刷品质，刮刀边缘应该锋利和呈直线。刮刀压力低造成遗漏和粗糙的边缘，而刮刀压力高或很软的刮刀将引起斑点状的(smeared)印刷，甚至可能损坏刮刀、钢板或丝网。过高的压力也倾向于从宽的开孔中挖出锡膏，引起焊锡圆角不够。

常见有两种刮刀类型：橡胶或聚氨酯(polyurethane)刮刀和金属刮刀，如图 3.16 所示。

刮刀的压力一般为 5～30 磅，其具体大小应依据刮刀类型及材料、非接触间距、丝网还是钢板及锡膏状况而定。

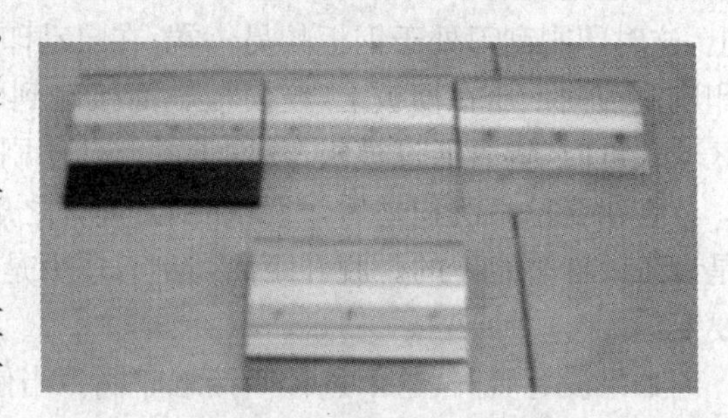

图 3.16　锡膏印刷刮刀图

刮刀的速度，应相对于锡膏的流动状况而定，一般设定为 15～100 mm/s。

刮刀的压力与速度之间的关系是非常重要的，在理论上，对于每一种锡膏成分均应有一个最佳的压力与速度与之对应。但实际上这两个参数是互成负面影响的，对于任何刮刀压力，每增加一点速度均会令刮刀刃上的压力减小，相反地，刮刀速度的减小将令刮刀刃的压力增大。

刮刀宽度的设定应超过 PCB 宽度大约 50 mm(每边大约 25 mm)，这可令钢板受到的力最小，以保持丝网的弹性。应注意的一点是，请不要尝试对刮刀进行维修。

4. 印刷的不良分析

(1) 搭锡(Bridging)：由锡粉量少、黏度低、粒度大、室温高、印膏太厚、放置压力太大等所致。(通常当两焊垫之间有少许印膏黏连的情况下，于高温熔焊时常会被各垫上的主锡体所拉回，一旦无法拉回，将会造成短路或锡球，这对细密间距都很危险。)

解决办法：

① 提高锡膏中的金属成分比例；

② 增加锡膏的黏度；

③ 减小锡粉的粒度(例如由 200 目降到 300 目)；

④ 降低环境的温度(降至 27 ℃以下)；

⑤ 降低所印锡膏的厚度；

⑥ 加强印刷锡膏的精准度；

⑦ 调整印膏的各种施工参数；

⑧ 减轻零件放置所施加的压力；

⑨ 调整预热及熔焊的温度曲线 。

(2) 发生皮层(Cursting):由于锡膏助焊剂中的活化剂太强、环境温度太高及铅量太多时,会造成粒子外层上的氧化层被剥落所致。

解决办法:

① 避免将锡膏暴露于湿气中;

② 降低锡膏中的助焊剂的活性;

③ 降低金属中的铅含量。

(3) 膏量太多(Excessive Paste):原因与“搭桥”相似。

解决办法:

① 减少所印之锡膏厚度;

② 提升印着的精准度;

③ 调整锡膏印刷的参数。

(4) 膏量不足(Insufficient Paste):常在钢板印刷时发生,可能是网布的丝径太粗,板膜太薄等原因。

解决办法:

① 增加印膏厚度,如改变网布或板膜等;

② 提升印着的精准度;

③ 调整锡膏印刷的参数。

(5) 黏着力不足(Poor Tack Retention):环境温度高、风速大造成锡膏中溶剂逸失太多,以及锡粉粒度太大的问题。

解决办法:

① 消除溶剂逸失的条件(如降低室温、减少吹风等);

② 降低金属含量的百分比;

③ 降低锡膏黏度;

④ 降低锡膏粒度;

⑤ 调整锡膏粒度的分配。

(6) 坍塌(Slumping):原因与“搭桥”相似。

解决办法:

① 增加锡膏中的金属含量百分比;

② 增加锡膏黏度;

③ 降低锡膏粒度;

④ 降低环境温度;

⑤ 减少印刷锡膏的厚度;

⑥ 减轻零件放置所施加的压力。

(7) 模糊(Smearing):形成的原因与“搭桥”或“坍塌”很类似,其中以印刷施工不善的原因居多,如压力太大、架空高度不足等。

解决办法:

① 增加金属含量百分比;

② 增加锡膏黏度;

③ 调整环境温度;

④ 调整锡膏印刷的参数。

任务四　锡膏的自动印刷

任务描述

现场提供 Create-MPM 3200 全自动锡膏印刷机 1 台，特制钢模 1 块，锡膏 1 罐，PCB 20 块，请在学习全自动锡膏印刷机操作的基础上完成以下操作：

① 正确使用 Create-MPM 3200 全自动锡膏印刷机操作系统；

② 准确安装钢模板；

③ 正确进行 PCB 的定位调试；

④ 正确进行全自动锡膏印刷机的参数设置；

⑤ 用全自动锡膏印刷机在 PCB 上印刷锡膏。

实际操作

一、认识 Create-MPM 3200 全自动锡膏印刷机

现场参观，对照实物讲解机器结构，如图 3.17 所示，并熟悉各操作按钮。

图 3.17　Create-MPM 3200 全自动锡膏印刷机外观图

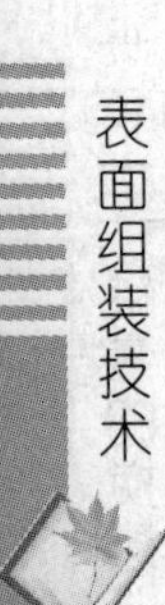

二、开始生产前准备

1. 模板的准备及安装

(1) 选用合格的模板。合格的模板应具有耐磨、孔隙无毛刺无锯齿、孔壁平滑、锡膏渗透性好、网板拉伸小、回弹性好等特点。

(2) 安装网框。根据网框尺寸大小移动网框支承板，将网框前后、左右方向的中心对准印刷机前横梁及左、右支承板上的标尺“0”刻度位置，如图 3.18 所示，居中摆放后，再将网板锁紧。本设备一般选用规格为 650×550 mm 的网框。

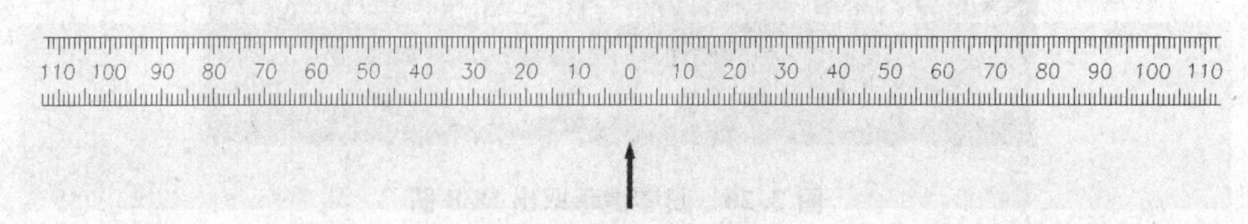

图 3.18　网框中心对准图

2. 锡膏准备

使用时，将搅拌好的锡膏均匀地刮涂在刮刀前面的模板上，且超出模板开口位置，保证刮刀在运动时能将锡膏通过网板开口印到 PCB 的所有焊盘上。

3. PCB 定位调试

(1) 打开机器主电源开关。

(2) 进入印刷机主画面，如图 3.19 所示。

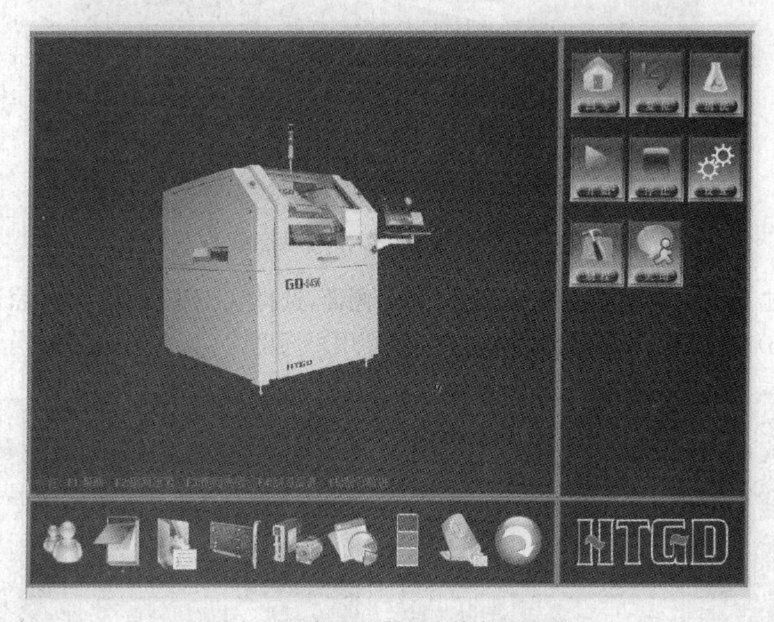

图 3.19　打开机器程序的主界面图

(3) 机器会自动转入归零模式，单击【退出】按钮，机器退出归零模式；单击【开始】按钮，机器转入归零进程，并自动检测机器内部是否存在 PCB，如图 3.20 所示。如机器内有 PCB，请在该提示下状态下取出，并单击【确定】按钮，机器正式开始归零，如图 3.21 所示。

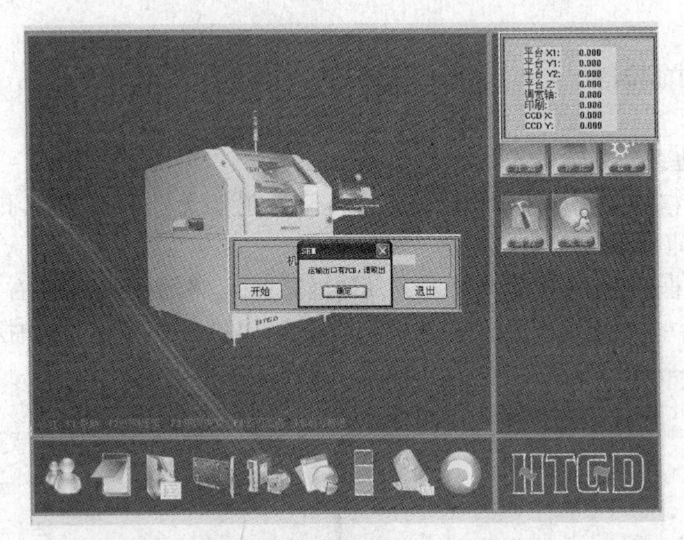

图 3.20　归零提示取出 PCB 图

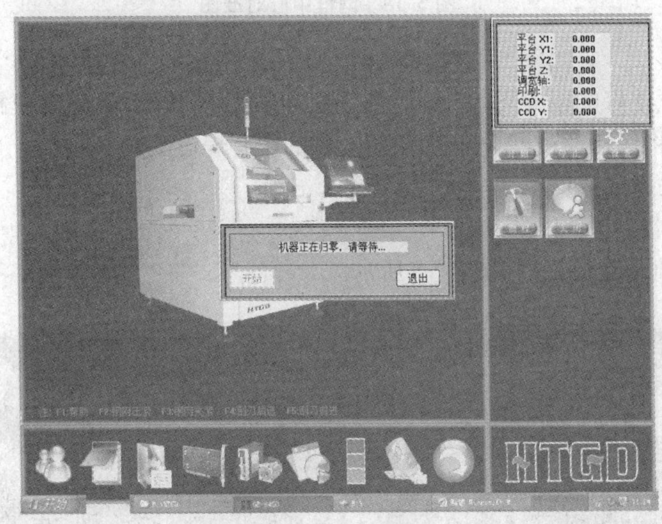

图 3.21　机器进入归零状态图

(4) 单击主菜单栏【 】按钮，出现 3.22(a)画面，选择“USER”用户，输入密码“888888”，如图 3.22(b)所示，点击【登陆】，进入到“USER”用户环境。

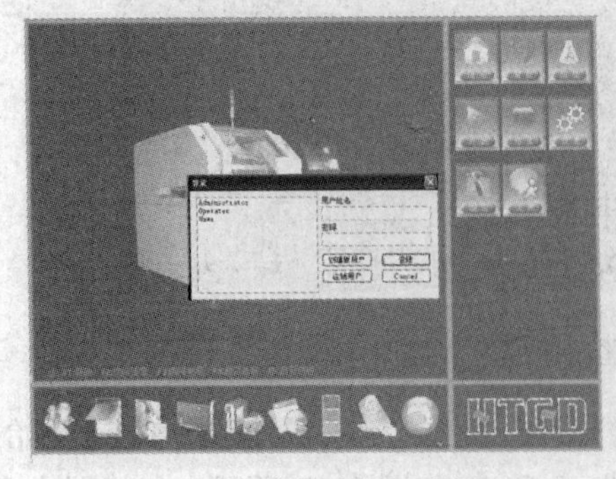

(a) 主菜单选择用户图

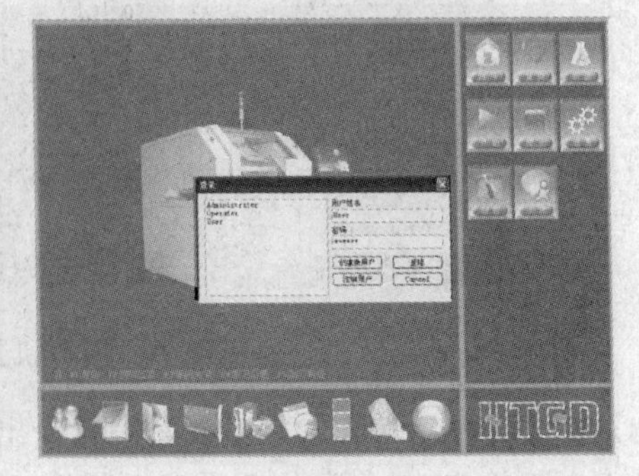

(b) 输入密码图

图 3.22　选择用户并输入对应的用户密码

(5) 单击【】按钮，如图 3.23 所示，新建一个程序，如“htgd-test1”，输完文件名后单击【确定】，进入 htgd-test1 程序的设置，如图 3.24、图 3.25 所示。

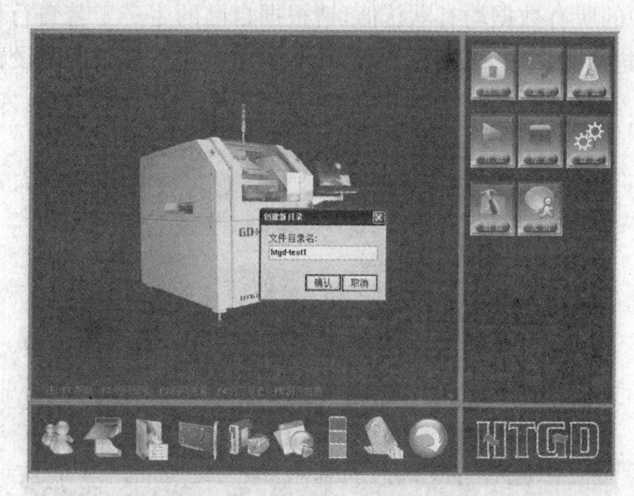

图 3.23　要生产的 PCB 的名字

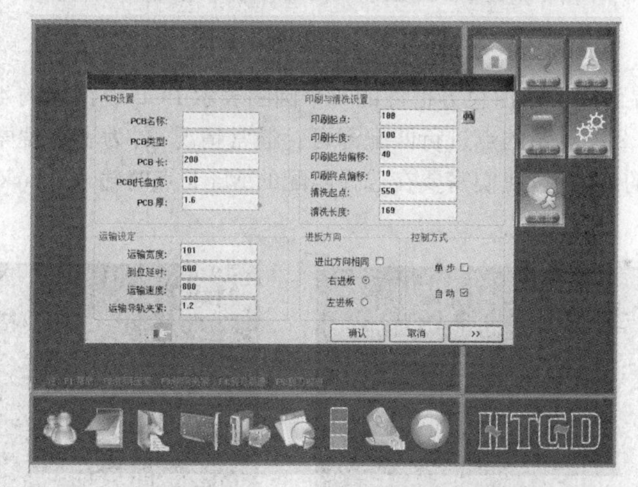

图 3.24　输入 PCB 的几何尺寸图

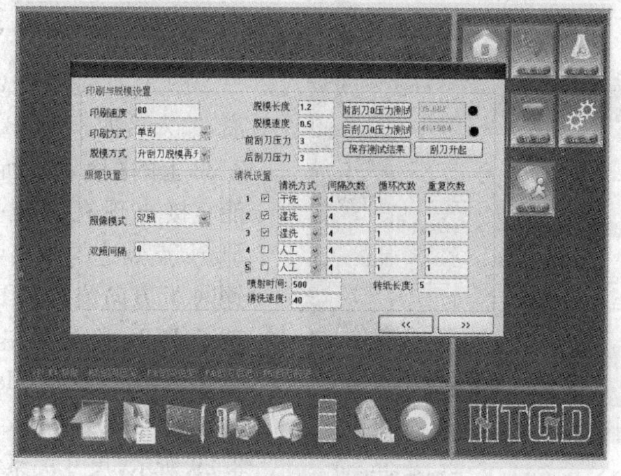

图 3.25　参数默认图

（6）在图 3.24 中的 PCB 设置栏目下，输入 PCB 的长 200、宽 100、厚 1.6 三个参数，单击【 » 】按钮，进入到的图 3.25 所示的界面。

（7）图 3.25 中的所有数据均有默认值，请根据自己的生产工艺自行修改。修改完成后单击【 » 】按钮进入如图 3.26 所示界面，该界面主要进行模板匹配设置。

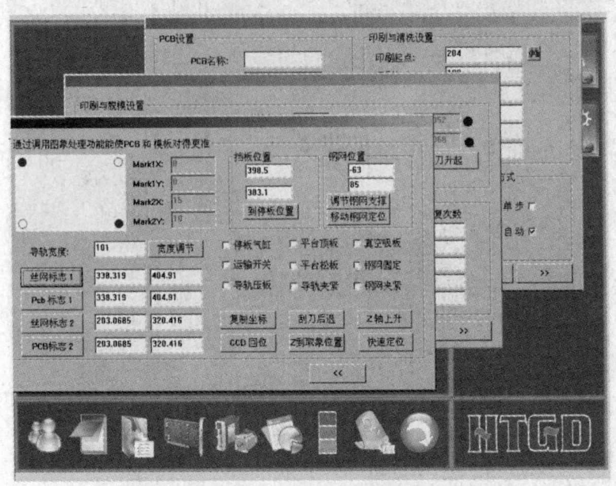

图 3.26　出现 Mark 点图

（8）图 3.26 界面左上角白色方框内的 4 个圆圈表示 PCB 或钢网的 4 个 Mark 点。

一般我们选择 2 个对角的点进行匹配即可。通常情况下，为了在搜索 Mark 点时 Mark 点能出现在 CCD 的视域里，我们需要在选择匹配的 Mark 点时输入 Mark 点到边的距离，如图 3.27、3.28 所示。

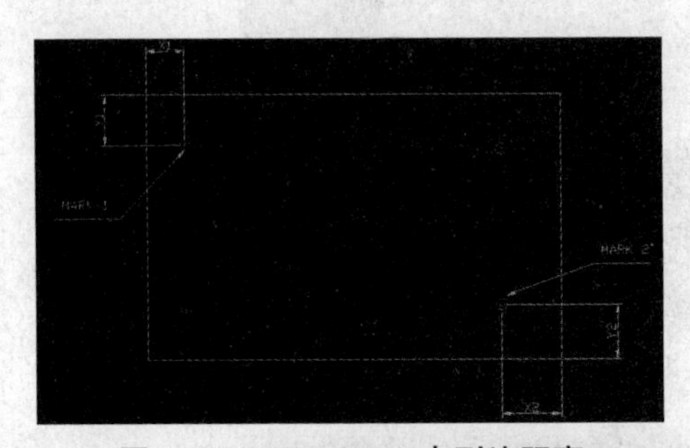

图 3.27　PCB Mark 点到边距离

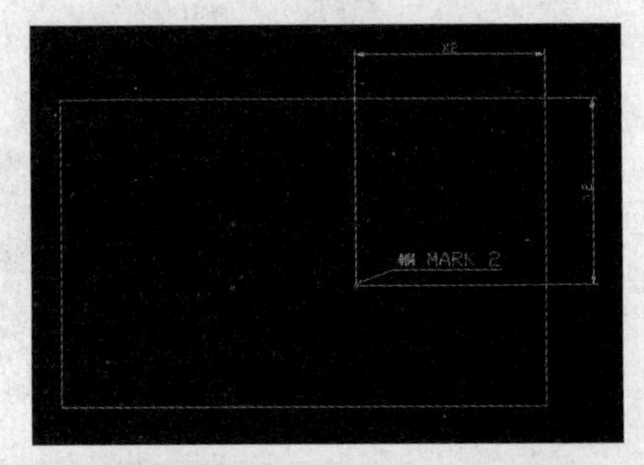

图 3.28　钢网 Mark 点到边距离

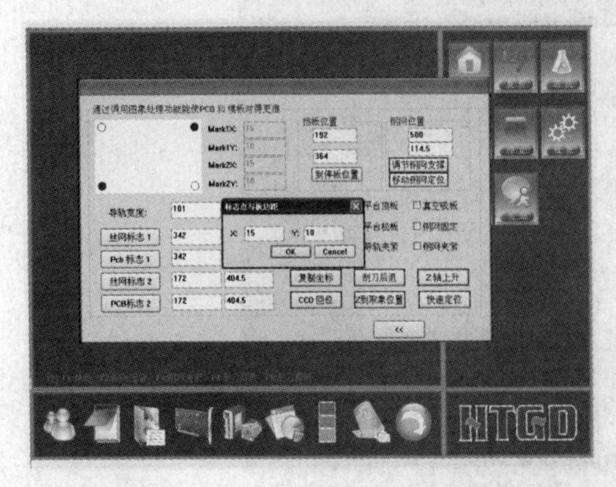

图 3.29　输入 PCB Mark 点到边距离

图 3.27 是 PCB Mark 点到边的距离，输入后搜索 PCB Mark 点时，点击图 3.33 上的【移动】，所选的 PCB Mark 点能直接出现在视域里；图 3.28 为钢网 Mark 点到边的距离，输入后可自动定位钢网 Y 方向位置。图 3.27 和图 3.28 是选了 PCB 和钢网左上角、右下角 Mark 点为例，若选其他 Mark 点，结果类推。

输入 PCB Mark 点到边的距离，如图 3.29 所示，尺寸关系参考图 3.27。

输入钢网 Mark 点到边距离，如图 3.30 所示，只输入一个点，尺寸关系参考图 3.28。

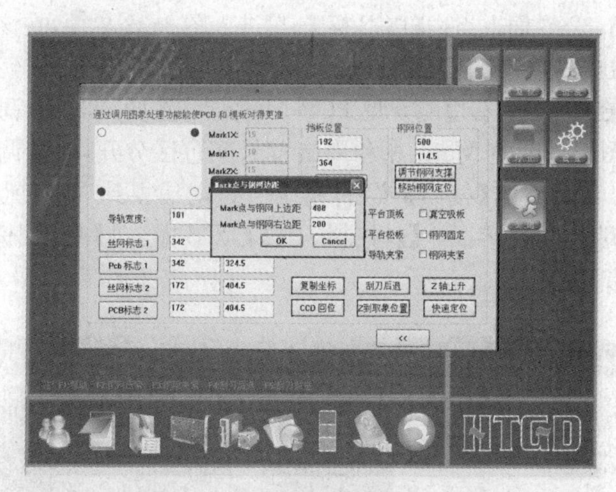

图 3.30　输入钢网 Mark 点到边距离

将钢网放置到位后点【确定】，如图 3.31 所示，钢网将被锁紧，如图 3.22 所示。

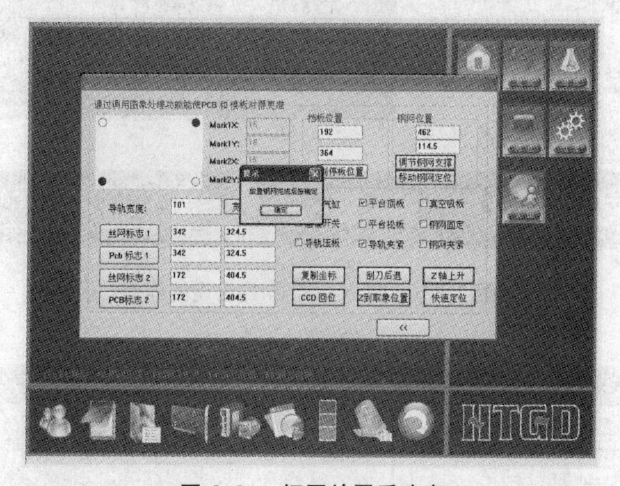

图 3.31　钢网放置后确定

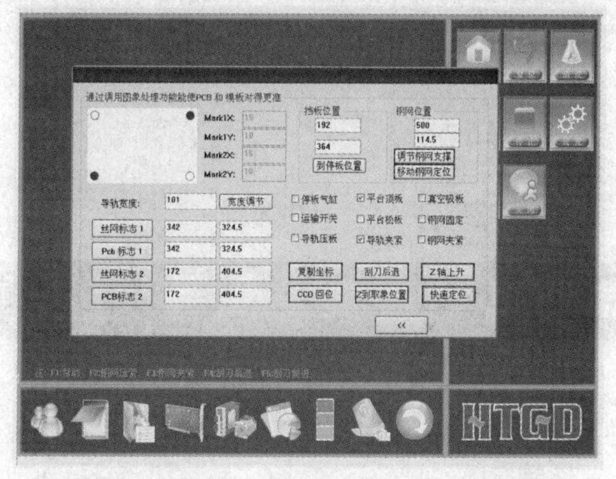

图 3.32　Mark 点设置完和钢网定位完的界面

(9) 钢网和PCB Mark点到边的距离输入完成后，点击【快速定位】，机器对PCB进行自动定位。然后在图3.32界面上点点击【PCB标志1】进入图3.33界面，在该界面上点击【移动】按钮，PCB Mark点出现在视域中，点【搜索】，Mark点捕捉到，如图3.34所示。CCD移动到PCB Mark点上方，在图3.33右边能看见PCB Mark点，在图3.33中调节LED1、LED2的亮度，调节对比度、图像亮度使Mark点和周围背景颜色区分开，一直调到Mark点轮廓清晰、黑白分明方可。然后点击【搜索】按钮，系统会自动捕捉到Mark点，点击【确定】完成Mark点的抓捕，回到图3.32界面。【丝网标志1】【PCB标志2】【丝网标志2】Mark点的捕捉跟【PCB标志1】方法相同。

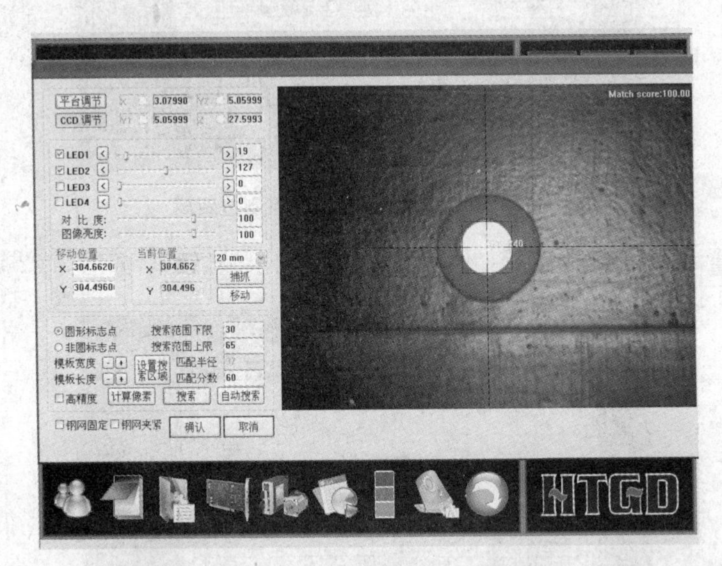

图3.33　点【PCB标志1】出现的界面

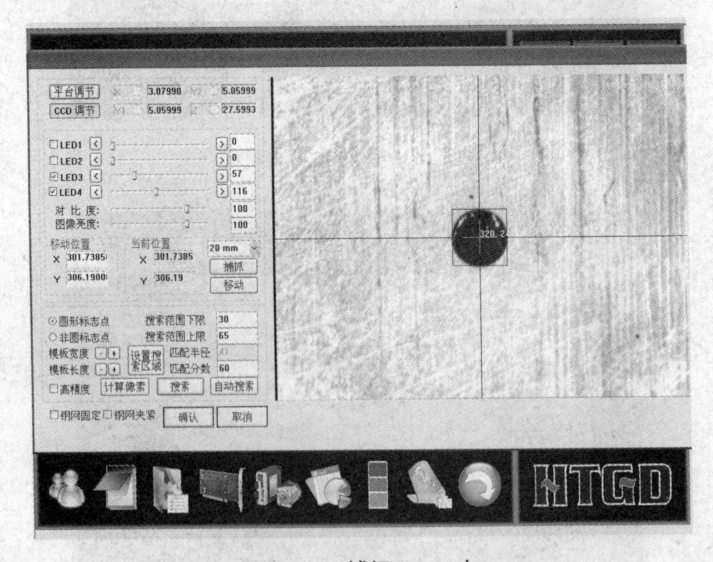

图3.34　捕捉Mark点

(10) 钢网和PCB的Mark点匹配完成后在图3.32界面上点击【 « 】按钮回到图3.25界面，再点击【 « 】按钮回到图3.24界面，然后点击【确定】按钮，至此，完成Mark

点的匹配。

4. 刮刀压力和刮刀速度的选择

刮刀的压力及刮刀速度是钢网印刷中两个重要的工艺参数。

(1) 刮刀速度

其选取的原则是刮刀的速度和锡膏的黏稠度及 PCB 上 SMD 的最小引脚间距有关,选择锡膏的黏稠度大,则刮刀的速度要低,反之亦然。对刮刀速度的选择,一般先从较小压力开始试印,慢慢加大,直到印出好的锡膏为止。速度范围为 15～50 mm/s,在印刷细间距时应适当降低刮刀速度,一般为 15～30 mm/s,以增加锡膏在窗口处的停滞时间,从而增加 PCB 焊盘上的锡膏;印刷宽间距元件时速度一般为 30～50 mm/s。(大于 0.5 mm pitch 为宽间距,小于 0.5 mm pitch 为细间距。)

(2) 刮刀压力

刮刀压力直接影响印刷效果,压力大小的选择以印出的锡膏边缘清晰、表面平整、厚度适宜为准。压力太小,锡膏量不足,产生虚焊;压力太大,导致锡膏连接,会产生桥接。因此刮刀压力一般是设定为 0.5～10 kg。

5. 脱模速度和脱模长度

(1) 脱模速度

指印刷后的基板脱离模板的速度,在锡膏与模板完全脱离之前,分离速度要慢,待完全脱离后,基板可以快速下降。慢速分离有利于锡膏形成清晰边缘,对细间距的印刷尤其重要。一般设定为 3 mm/s,太快易破坏锡膏形状。

(2) PCB 与模板的分离时间

即印刷后的基板以脱板速度离开模板所需要的时间。时间过长,易在模板底面残留锡膏;时间过短,不利于锡膏的站立。因此一般控制在 1 s 左右。本机器用脱模长度来控制此变量,一般设定为 0.5～2 mm。

三、锡膏自动印刷试生产

在以上准备工作做完以后,即可进行 PCB 的试印刷。操作方法是:

(1) 单击软件主界面工具栏中的【】按钮,出现如图 3.35 所示界面,在该界面上勾选【显示调节窗口】,然后点击【确定】按钮回到软件主界面。

(2) 在软件主界面上点击【】按钮,接下来按软件提示操作(添加锡膏等),机器在完成 PCB 运输、定位、取像、Z 轴上升到印刷位置后,出现如图 3.36 所示界面。

(3) 在如图 3.36 所示界面下,检查 PCB 是否和钢网紧贴,要求是 PCB 刚好挨着钢网,否则需调节 Z 轴高度,直到满足要求。检查 PCB 焊盘是否和钢网网孔重合,如不重合,则需要调整平台 X、Y1、Y2,直到重合为止。

(4) 在如图 3.36 所示界面下安装刮刀,并测试刮刀高度。

方法是:点击【刮刀向前】,将装有刮刀片的刮刀压板装到刮刀头上,再点击【点动向前】或【点动向后】将刮刀移动到 PCB 的上方,但不能在锡膏的上方(目测),然后点击【前刮刀 0 压力测试】,并输入密码"1",系统会自动测试前刮刀高度,完成后点击【后刮刀 0 压力测试】,同样输入密码"1"完成后刮刀高度测试,最后点击【保存测试结果】完成刮刀高度的测定。

要注意的是,刮刀片安装前应检查其刀口是否平直,有无缺损。

(5) 以上工作完成后点击【确定】按钮，完成第一块 PCB 的印刷。

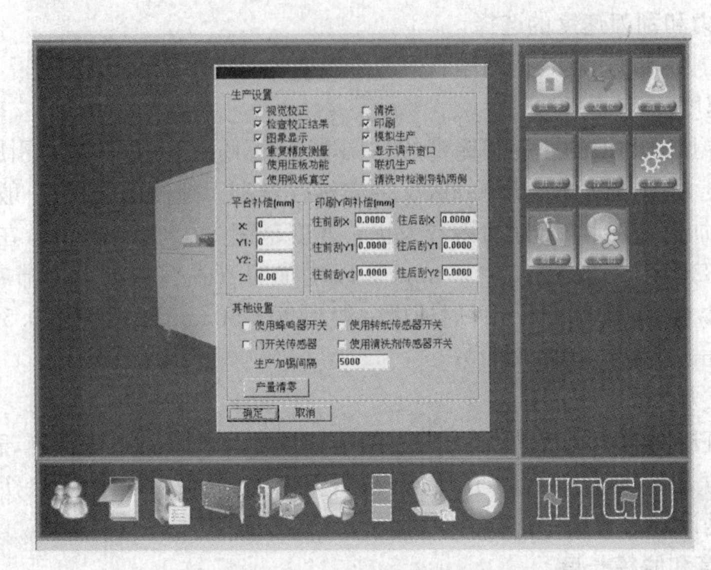

图 3.35　生产设置界面图

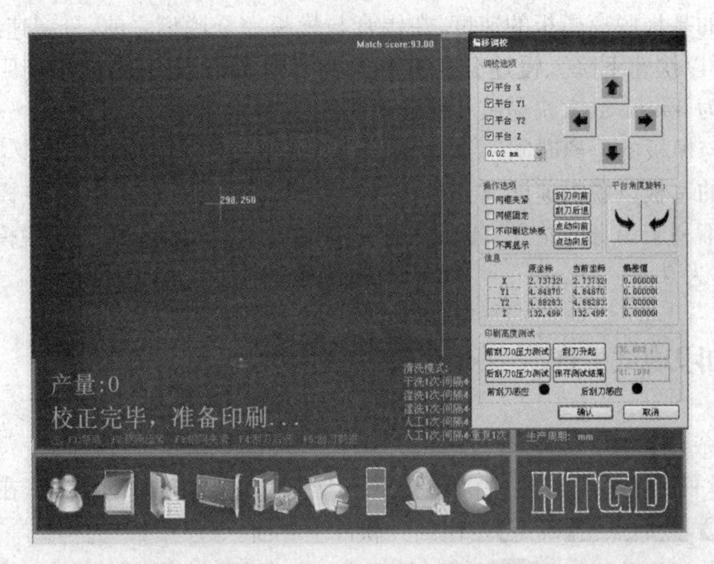

图 3.36　微调窗口界面

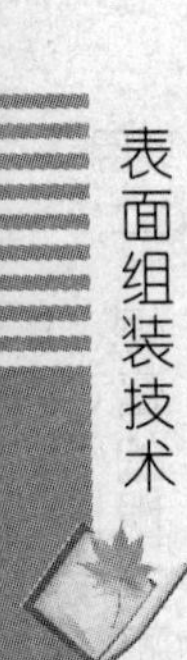

(6) 如印刷结果不符合质量要求，应重新进行参数设置或在主界面上点击【 】按钮进入如图 3.35 所示界面输入平台及印刷误差补偿值，直到印刷结果满足质量要求，方可正式开始生产。

(7) 锡膏印刷质量要求：本机器设定锡膏厚度为 0.1～0.3 mm、锡膏覆盖焊盘的面积在 75%以上即满足质量要求。

四、锡膏自动印刷生产

PCB 锡膏印刷试生产合格后，就可进行 PCB 锡膏的连续自动印刷。

(1) 准备印刷,如图 3.37 所示。

图 3.37 准备印刷示意图

(2) 开始印刷,如图 3.38 所示。

图 3.38 开始印刷示意图

(3) 印刷过程中,如图 3.39 所示。

图 3.39 印刷过程中示意图

(4) 印刷完后的钢网如图 3.40 所示。

图 3.40　印刷过的钢网示意图

想　一　想

用 Create-MPM 3200 全自动锡膏印刷机进行锡膏印刷时,刮刀压力和速度参数如何设置?

考 核 评 价

序号	项目	配分	评价要点	自评	互评	教师评价	平均分
1	安装网框	10 分	网框安装正确 10 分				
2	PCB 定位调试	20 分	PCB 定位调试准确 20 分				
3	刮刀压力设置	10 分	刮刀压力参数设置正确 10 分				
4	刮刀速度设置	10 分	刮刀速度参数设置正确 10 分				
5	脱模速度设置	10 分	脱模速度设置正确 10 分				
6	脱模长度设置	10 分	脱模长度设置正确 10 分				
7	锡膏自动试生产	30 分	锡膏自动试生产合格 30 分				
材料、工具、仪表			每损坏或者丢失一样扣 10 分 材料、工具、仪表没有放整齐扣 10 分				
环保节能意识			视情况扣 10～20 分				
安全文明操作			违反安全文明操作(视其情况进行扣分)				
额定时间			每超过 5 分钟扣 5 分				

开始时间		结束时间		实际时间		综合成绩	
综合评议意见 (教师)							
评议教师				日期			
自评学生				互评学生			

拓展提升

Create-MPM 3200 全自动锡膏印刷机操作系统认识

1. 系统启动

打开机器主电源开关，将自动进入主窗口界面。操作程序如下：

打开总电源开关⟶打开气源开关⟶打开机器主电源开关⟶进入机器主窗口界面（主菜单）

2. 主窗口组成

主窗口组成如图 3.41 所示。

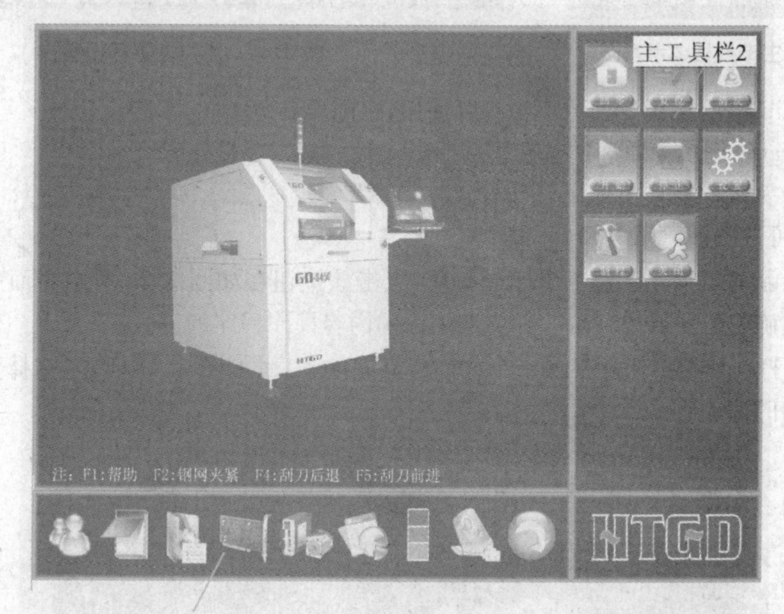

图 3.41　主窗口界面图

主窗口包括两个部分：主工具栏 1 和主工具栏 2，如图 3.42 和图 3.43 所示。

图 3.42　主工具栏 1 示意图

3. 主工具栏 1 功能解释及其操作

(1) ■:用户登录。不同的用户有不同的权限，如图 3.44 所示。

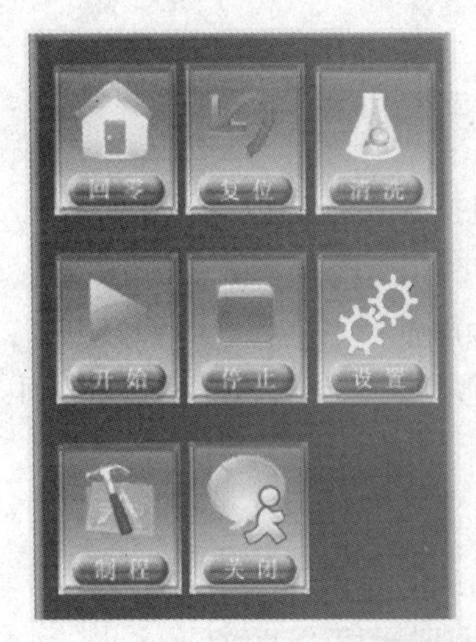

图 3.43　主工具栏 2 示意图

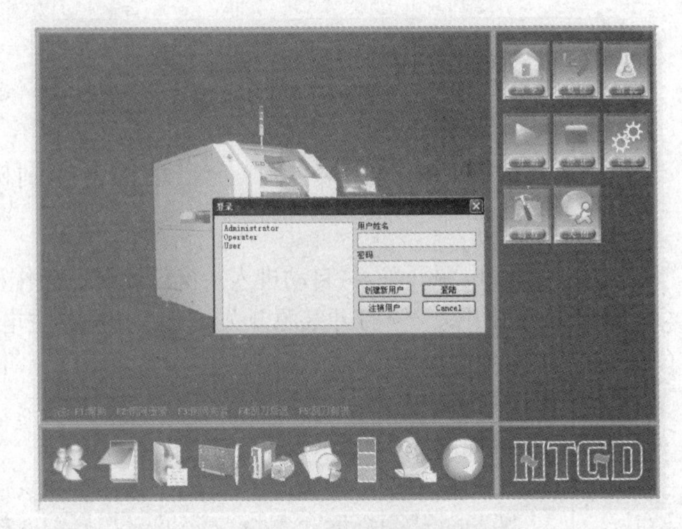

图 3.44　用户设置界面图

① Administrator 用户为原厂工程师使用，权限最高；

② Operator 用户为原厂调试及售后服务人员使用；

③ User 为客户操作员使用，密码为“888888”。

另外还可自己创建用户。

(2) ：新建工程。新建一个印刷程序，点击该按钮在如图 3.23 所示界面上输入工程的代号点击【确定】，然后按项目三任务四中讲的内容操作程序即可。

(3) ：打开工程按钮。打开一个之前建立好的程序，如图 3.45 所示，选择要打开的工程，点击【打开】即可。

图 3.45　打开工程图

(4) ：I/O 检测。点击该按钮出现如图 3.46(a)、(b)所示的界面，该功能主要用来检测机器的 I/O 是否正常。

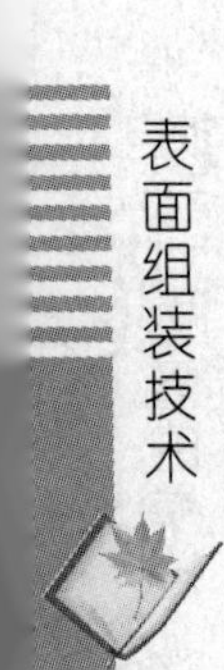

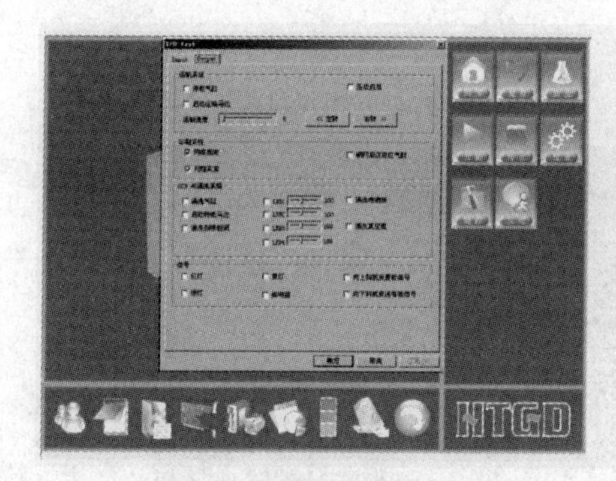

(a) 输入检测图

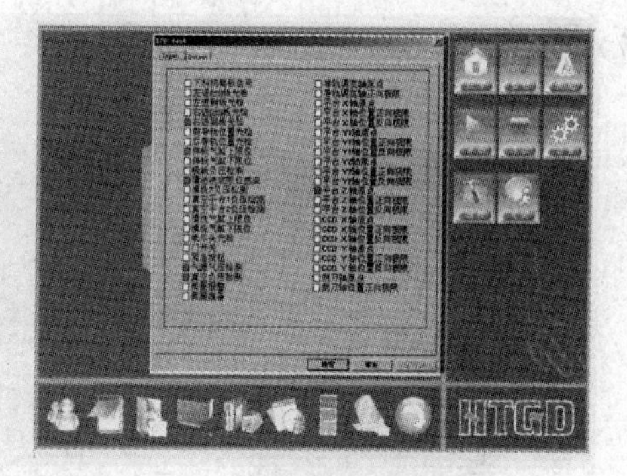

(b) 输出检测图

图 3.46　I/O 检测图

(5) ![]:马达检测。该功能主要用来调试机器或检查机器故障。点击该按钮后出现如图 3.47 所示界面。在该界面对应空白的格子里填上数据,点击右边的【I】按钮,对应的轴就会移动到所设置的数据处。

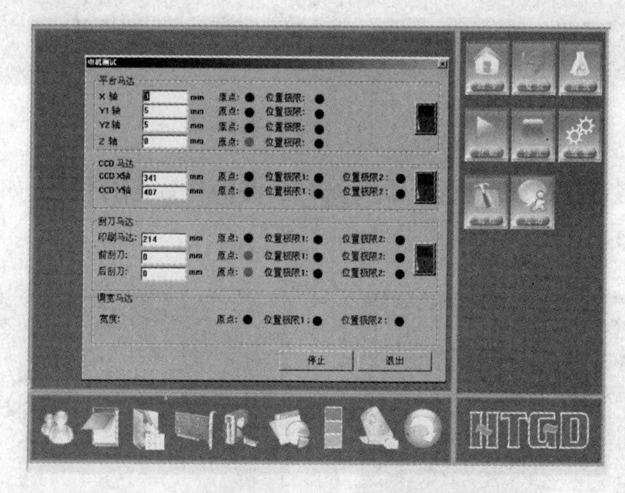

图 3.47　马达检测图

(6) ![]:生产报表。生产的情况报表,如图 3.48 所示。

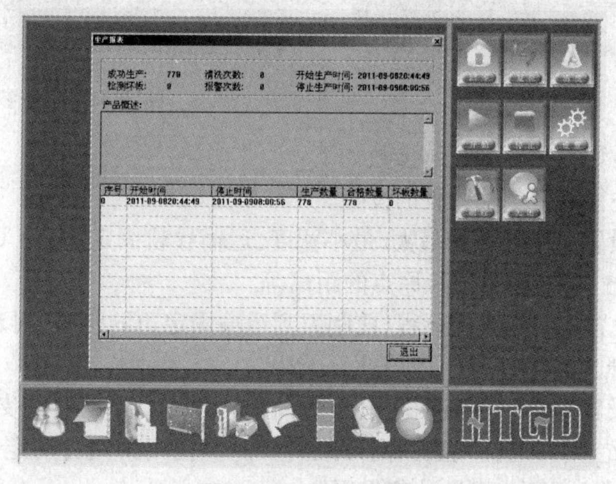

图 3.48　生产报表图

(7) ：报警记录，如图 3.49 所示。

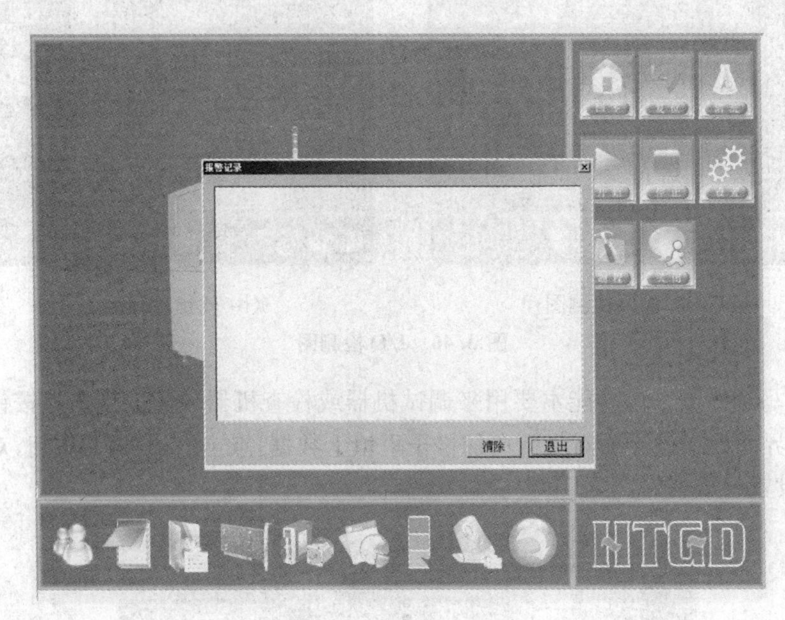

图 3.49　报警记录图

(8) ：机器参数设置。点击该按钮可以对机器的参数进行设置，如图 3.50、图 3.51、图 3.52、图 3.53 所示。

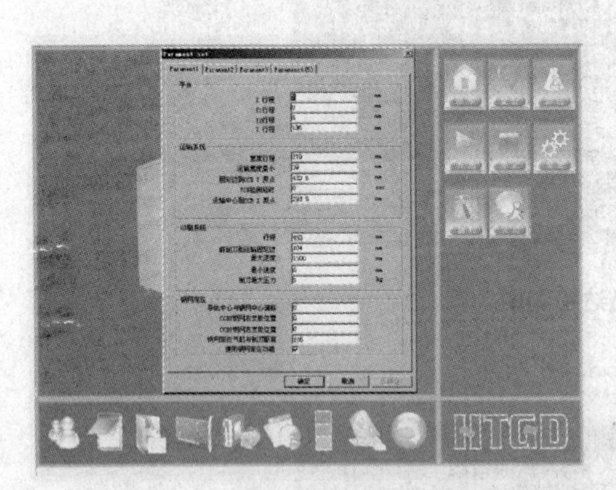

图 3.50　机器参数一图

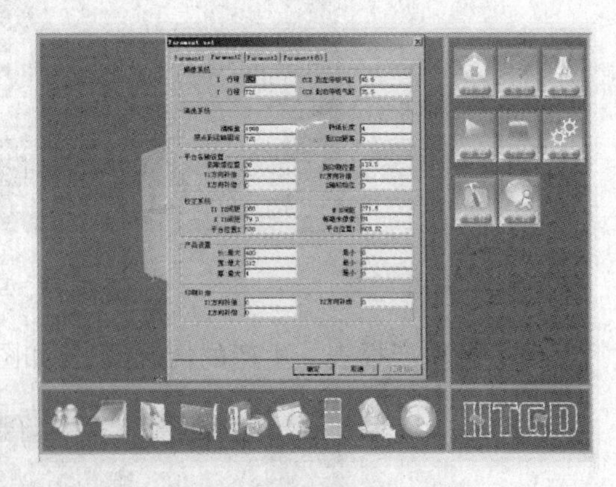

图 3.51　机器参数二图

① 机器参数一：如图 3.50 所示，参数如下：

a. 平台：主要进行平台各轴行程的设置。

b. 运输系统：设置运输导轨的最大/最小宽度、运输导轨固定边到 CCD Y 原点的距离、PCB 检测延时及运输中心到 CCD X 原点的距离等。

c. 印刷系统：设置刮刀横梁的行程、前刮刀到运输固定边的距离、刮刀移动的最大/最小速度及刮刀的最大压力。

d. 钢网定位：设置导轨中心与钢网中心的偏移、CCD X 到钢网右支板的位置、CCD Y 到钢网右支板的位置、钢网定位气缸到刮刀距离及是否使用钢网自动定位功能等。勾选了【使用钢网定位功能】这里面的参数才起作用。

② 机器参数二:如图 3.51 所示,该栏目主要进行摄像系统、清洗系统、平台各轴设置、校正系统、产品设置、印刷补偿等功能的设置。

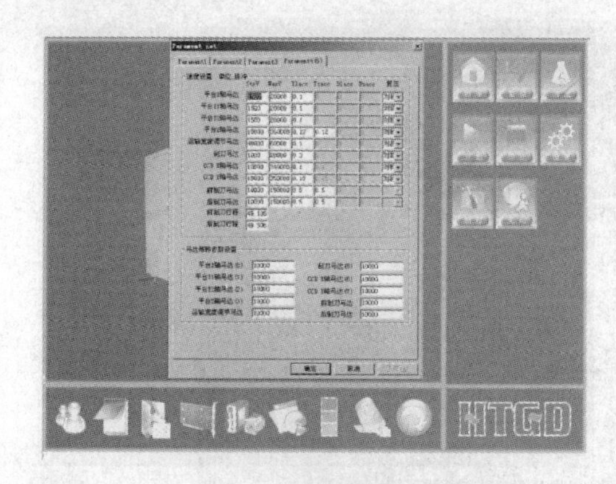

图 3.52　机器参数三图

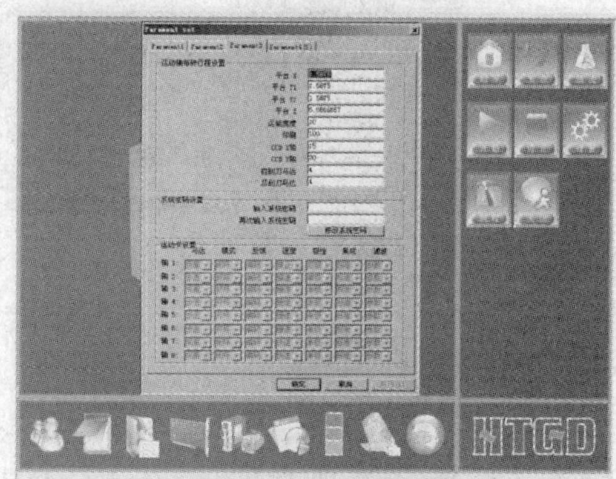

图 3.53　机器参数四图

③ 机器参数三:如图 3.52 所示,该栏目主要进行各轴速度加速度及细分设置。

④ 机器参数四:如图 3.53 所示,该栏目主要进行各轴螺距或导程的设置。

(9) :过板功能。点击该按钮后出现如图 3.54 所示界面,机器只执行过板功能,相当于过板机使用。

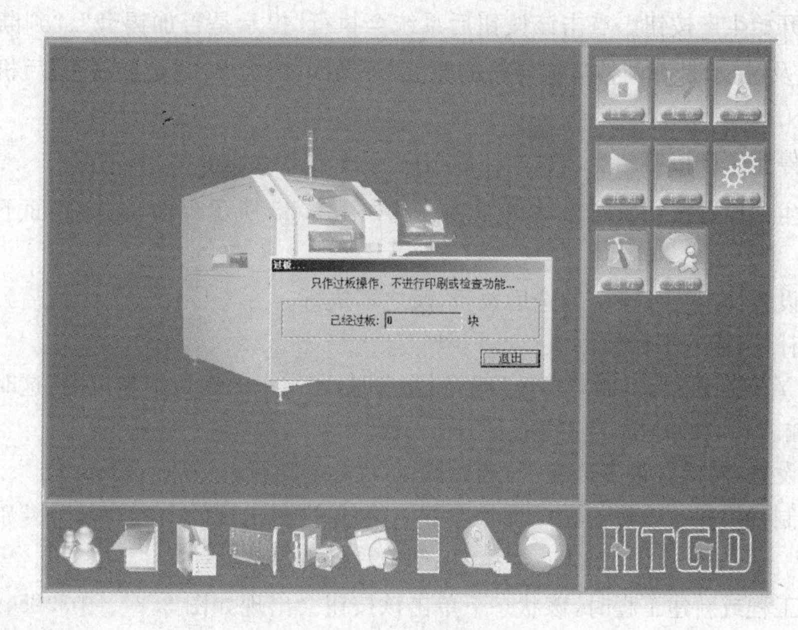

图 3.54　过板功能图

4. 主工具栏 2 功能解释及其操作

(1) :归零按钮。单击该按钮后按软件提示操作,机器将执行归零动作,如图 3.20、图 3.21 所示。

(2) :复位按钮。单击该按钮后机器各信号复位。单击该按钮不会出现任何界面。

(3) :清洗按钮。单击该按钮后机器出现如图 3.55 所示界面。当机器自动清洗不能满足工艺要求的情况下，点击该按钮可对钢网进行人工清洗，洗完后点【退出】回到机器主界面。

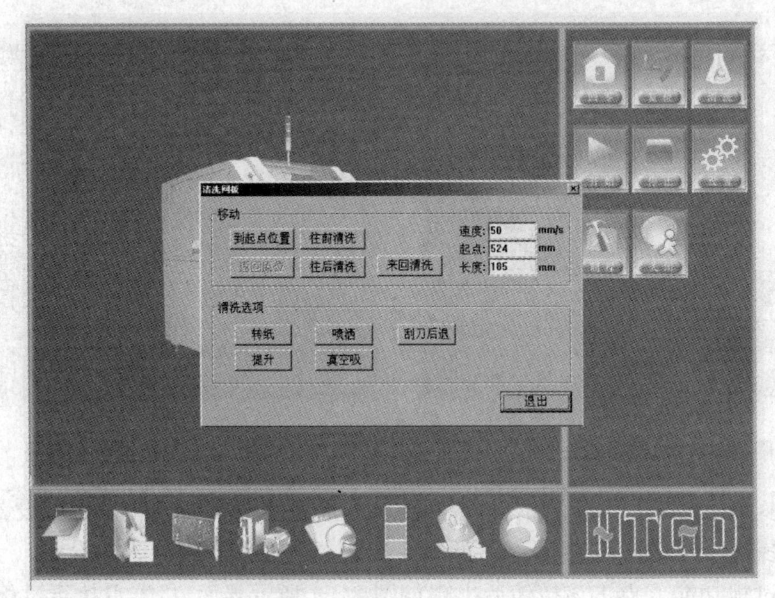

图 3.55　人工清洗钢网界面图

(4) ：开始生产按钮。点击该按钮后系统会执行“提示是否加锡膏”、“判断运输导轨上有 PCB”以及“提示是否调整运输导轨的宽度”等操作，依次点击【是】或【否】后机器将执行印刷操作。

(5) ：停止生产按钮。点击该按钮后按【确认】，机器会停止生产动作。

(6) ：生产设置按钮。点击该按钮后出现如图 3.35 所示界面，在该界面下可设置的项目有：

① 生产设置：有很多选项，勾选后执行，反之不执行。

② 平台补偿：输入平台补偿值。

③ 印刷 Y 向补偿：当机器对位精度达到要求时，印出来的锡膏却是偏的，这时就要根据偏移的数值输入相应的补偿。前后刮刀均不一样。

④ 其他设置：同样有很多选项，勾选后执行，反之不执行。

(7) ：制程按钮。该按钮在两种状态下使用，单击后出现的内容有部分差别。两种状态分别是：

① 打开工程或新建工程时，该状态下单击该按钮会出现如图 3.24、图 3.25、图 3.26 所示的界面。

② 在生产过程中按机器外壳上的【Start/Stop】按钮后，该状态下单击该按钮只出现如图 3.24、图 3.25 所示界面，相关设置请参考前面内容。

(8) ：关闭程序按钮。点击该按钮后按【确定】，软件将退出“”系统。

注意：

机器在生产状态时点击该按钮不起作用。机器正常生产时，如要退出“”系统，请点击【】或按下机器上的【Start/Stop】按钮让机器停止运动，然后单击【】退出系统。

项目练习

1. 在表面贴装技术(SMT)应用中,____________已成为最重要的工艺材料,近年来获得飞速发展。

2. 锡膏涂覆是表面贴装技术一道关键工序,它将直接影响到表面组装件的焊接__________和____________。

3. 工作结束时,罐中剩余没有用过的焊锡膏,应盖上内、外盖,保存在锡膏专用________内,不可暴露在空气中,以免__________和____________。

4. 锡膏在回温后,于使用前要充分搅拌,一般情况下手工搅拌________分钟。

5. 锡膏通常要用冰箱冷藏,冷藏温度为__________℃为佳,不允许冰冻。

6. 锡膏手动印刷时,钢模板安装完成后,检查钢模板是否干净,若有锡膏或其他固体物质残留,应用__________和____________将残留在钢模板上的杂物清洗干净。

7. 手动印刷锡膏,将重锤放下,压住钢模板;________手扶住钢模板,________手拿刮刀,刮刀与钢模板之间呈________°刮下来;将重锤翻过去,__________手揭起钢模板,锡膏就均匀地分配到了PCB的焊盘上。

8. 用Create-MPM 3200全自动锡膏印刷机印刷锡膏,在安装网框时,应根据网框尺寸大小移动网框支承板,将网框前后、左右方向的________对准印刷机前横梁及左、右支承板上的标尺"________"刻度位置,居中摆放后,再将网板锁紧。

9. 用全自动锡膏印刷机印刷锡膏,刮刀速度设置范围为________mm/s。选取的原则是刮刀的速度和锡膏的黏稠度及PCB上SMD的最小____________有关,选择锡膏的黏稠度大,则刮刀的速度要________,反之亦然。

10. 用锡膏印刷机自动印刷锡膏时,压力直接影响印刷效果,压力太小,锡膏量不足,产生____________;压力太大,导致锡膏连接,会产生____________。因此刮刀压力一般是设定为__________kg。

项目四

点 胶

学习目标

1. 知识目标

① 知道点胶的技术要求；

② 掌握点胶的优缺点；

③ 掌握点胶的工艺要求。

2. 能力目标

① 会 Create-ADM 点胶机的安装与调试；

② 会手动点胶；

③ 会用点胶机自动点胶。

3. 安全规范

① 不要把胶水或锡膏涂在皮肤上；

② 手动点胶时，不要让液体倒流至机器内部，以免损坏机器；

③ 手动点胶时，需戴手套，手指套静电环；

④ 在有电、有压缩气状态下和系统正常工作状态下严禁将手放在横梁、点胶头、针嘴等部件的运动范围内；

⑤ 穿适当的衣服，不得敞开拉链或纽扣；

⑥ 设备在移动时必须断电、断气。

任务一 手动点胶

任务描述

现场提供 Create-ADM 点胶机 1 台，锡膏 1 罐，稀释剂 1 瓶，胶水 1 瓶，PCB 5 块。请在学习点胶机使用的基础上完成以下操作：

① 正确安装调试 Create-ADM 点胶机；

② 用点胶机在 PCB 上手动点胶。

实际操作

一、认识点胶机

1. SMT 中的点胶机

点胶，就是在 PCB 上面需要贴片的位置预先点上一种特殊的胶来固定贴片元件，固化后再进行波峰焊。点胶可以手动进行，也可以根据需要用机器自动编程进行。

点胶机，又称涂胶机、滴胶机、打胶机等，是专门对流体进行控制，并将流体点滴、涂覆于产品表面或产品内部的自动化机器。点胶机主要用于产品工艺中的胶水、锡膏、油漆等液体，将它们精确地点、注、涂、点滴到每个产品精确位置，可以用来实现打点、画线、画圆形或弧形等。典型的点胶机有 Create-ADM 点胶机，其结构如图 4.1 所示。

点胶机工作原理：将压缩空气送入胶瓶（注射器），再将胶压进与活塞室相连的进给管中，当活塞处于上冲程时，活塞室中填满胶，当活塞向下推进滴胶针头时，胶从针嘴压出。滴出的胶量由活塞下冲的距离决定，可以手工调节，也可以通过软件进行控制。

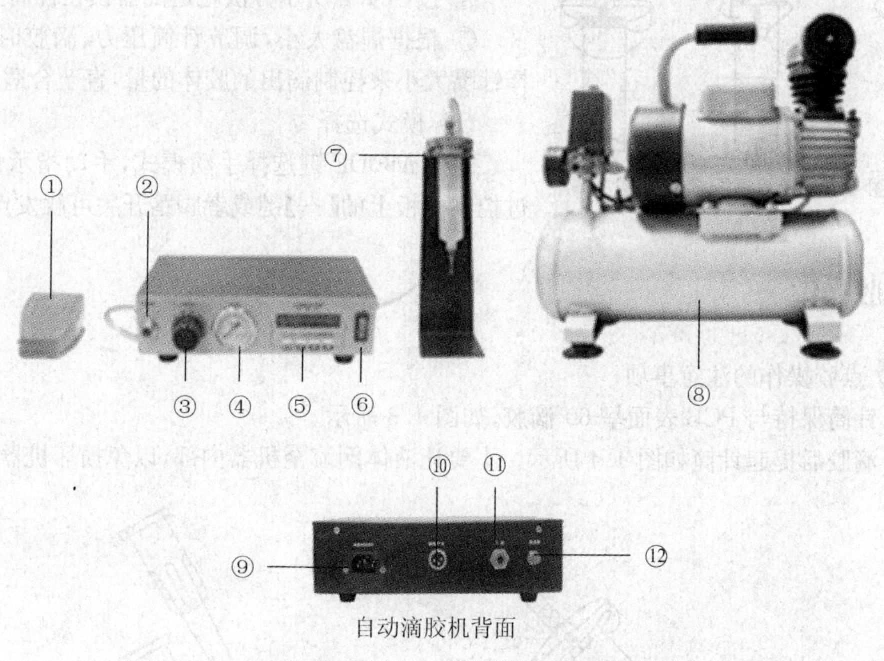

自动滴胶机背面

图 4.1 Create-ADM 点胶机实物图

① 脚踏开关；② 气压输出口；③ 调压阀；④ 气压表；⑤ 按键控制面板；⑥ 电压开关；⑦ 针筒；⑧ 高压气泵；⑨ 电源插孔；⑩ 脚踏开关插孔；⑪ 气压输入口；⑫ 消音器

2. 认识 Create-ADM 点胶机

Create-ADM 点胶机是通过调整针筒压力、滴胶时间以及针嘴大小来控制滴出胶体的量，再经触发脚踏开关或按键实现精确、均等数量的胶料的滴出（相差不超过 0.1%）。

Create-ADM 点胶机具有点滴、连动、定时滴胶等功能，主要应用于贴片电阻、电容等点状焊盘的锡膏分配，非常适用于单个 PCB 的锡膏分配，省去了极小量焊盘制作模板的开支和时间，具有灵活、方便、实用等特点，适合于个人手工操作使用。

二、安装调试点胶机

(1) 安装

将对应气管连接好，并接好电源线，通电。

(2) 调试

① 对高压气泵进行通电，打开气泵开关，让气泵充气，当气泵气压达到一定高压时，气泵自动停止充气，充气完毕；

② 打开气泵与滴胶机之间的连接开关，让气流流入滴胶机，检查滴胶机是否有漏气现象，若有漏气现象，则应采取措施将漏气部分气管连接处用密封胶带密封好；

③ 调节好锡膏浓度（以分配锡膏为例），加入稀释剂将锡膏稀释搅拌直至用搅棒提起锡膏时锡膏成丝状，若锡膏浓度过浓，则在进行滴胶时锡膏会堵塞针头，然后将滴胶筒装好针嘴，并将锡膏灌入针筒（约 7 成）；

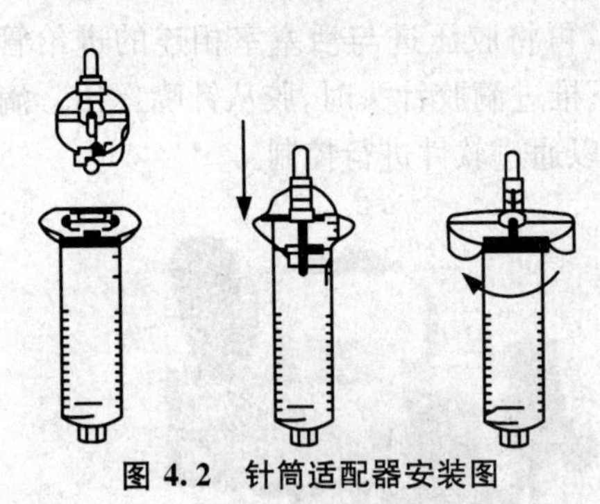

图 4.2　针筒适配器安装图

④ 按图 4.2 所示方法把适配器锁在针筒上；

⑤ 根据焊盘大小，调节针筒压力、滴胶时间和选择针嘴大小来控制滴出的胶体的量，直至合适为止。

(3) 模式选择

通过 MODE 键选择手动模式，手动指示灯亮，通过控制面板上的【←】键或者脚踏开关可触发点胶。

三、点胶操作

(1) 点胶操作的注意事项

① 针筒保持与 PCB 表面呈 60°滴胶，如图 4.3 所示。

② 滴胶后提起针筒如图 4.4 所示。不要让液体倒流至机器内部，以免损坏机器。

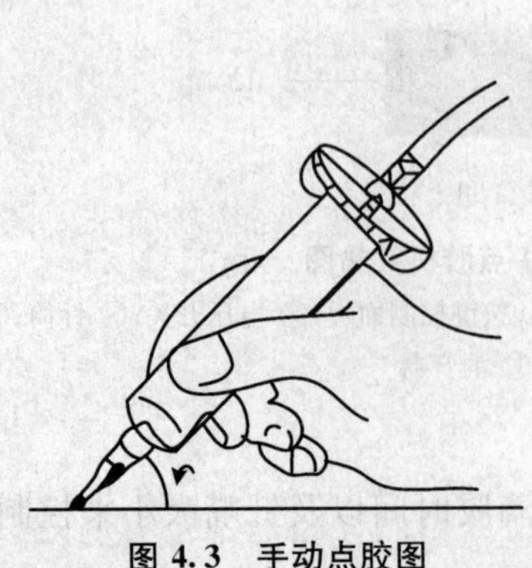

图 4.3　手动点胶图

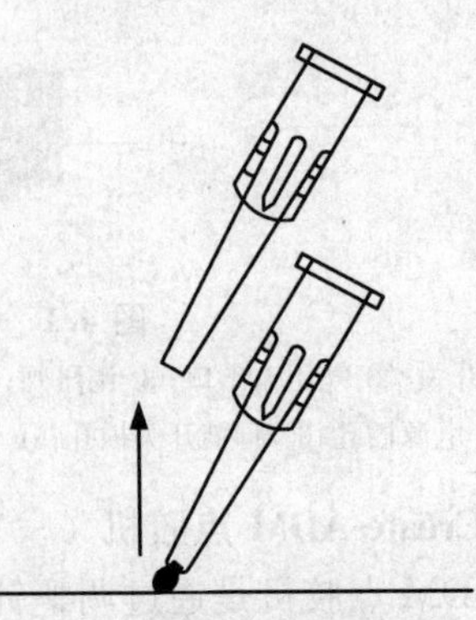

图 4.4　滴胶后提起针筒图

(2) 练习点胶

① 先在一块用过的PCB上练习基本的点胶技能；

② 熟练后，在未用过的PCB上点胶；

③ 点胶后的质量确定：先由同学相互检查，再由老师确认点胶效果。

想 一 想

如何调试点胶机？

考核评价

序号	项目	配分	评价要点	自评	互评	教师评价	平均分
1	点胶机的安装及调试	50分	点胶机安装正确20分 点胶机安良好20分 点胶模式选择正确10分				
2	手动点胶	50分	点胶操作正确20分 手动点胶合格30分				
材料、工具、仪表			每损坏或者丢失一样扣10分 材料、工具、仪表没有放整齐扣10分				
环保节能意识			视情况扣10～20分				
安全文明操作			违反安全文明操作（视其情况进行扣分）				
额定时间			每超过5分钟扣5分				
开始时间		结束时间		实际时间		综合成绩	
综合评议意见（教师）							
评议教师			日期				
自评学生			互评学生				

点胶工艺技术知识

产品点胶当中容易出现的工艺缺陷有胶点大小不合格、拉丝、胶水浸染、固化强度不好易掉等，要解决这些问题应整体研究各项技术工艺参数，以找到解决问题的办法。

1. 点胶压力

点胶设备给针管（胶枪）提供一定压力以保证胶水供应，压力大小决定供胶量和胶水流出速度。压力太大易造成胶水溢出、胶量过多；压力太小则会出现点胶断续现象和漏点，从而导致产品缺陷。应根据胶水性质、工作环境温度来选择压力。环境温度高会使胶水黏度变小、流动性变好，这时需调低压力值，反之亦然。

2. 点胶量的大小

根据工作经验，胶点直径的大小应为产品间距的一半，这样就可以保证有充足的胶水来黏结组件又能避免胶水过多。点胶量的多少由时间长短来决定，实际工作中应根据生产情况（室温、胶水的黏性等）选择点胶时间。

3. 针头大小

在实际工作中，针头内径大小应为点胶胶点直径的 1/2 左右，点胶过程中，应根据产品大小来选取点胶针头。大小相差悬殊的产品要选取不同的针头，这样既可以保证胶点质量，又可以提高生产效率。

4. 针头与工作面之间的距离

不同的点胶机采用不同的针头，有些针头有一定的止动度。每次工作开始之前应做好针头与工作面之间距离的校准，即 Z 轴高度校准。

5. 胶水的黏度

胶的黏度直接影响点胶的质量。黏度大，则胶点会变小，甚至拉丝；黏度小，胶点会变大，进而可能渗染产品。点胶过程中，应对不同黏度的胶水，选取合理的压力和点胶速度。

6. 气泡

胶水一定不能有气泡，一个小小气泡就会造成许多产品没有胶水。每次中途更换胶管时应排空连接处的空气，防止出现“空打”现象。

7. 胶水温度

环氧树脂胶水一般应保存在 0～5 ℃的冰箱中，使用时提前半小时拿出，使胶水温度与工作环境一致。胶水的使用温度应为 23～25 ℃，环境温度对胶水的黏度影响很大。温度降低则黏度增大，出胶流量相应变小，更容易出现拉丝现象；其他条件相同的情况下环境温度相差 5 ℃，会造成出胶量大小 50%的变化，因而对于环境温度应加以控制。同时，环境的温度也应该给予保证，温度过高胶点易变干，影响黏结力。

8. 固化温度曲线

对于胶水的固化，一般生产厂家已给出温度曲线。在实际工作中应尽可能采用较高温度来固化，使胶水固化后有足够强度。

9. 需要特殊设定的流体

(1) UV 胶：使用琥珀色针筒、白色活塞及斜式针头（可遮紫外线）。若使用其他种类针头，请订制可遮紫外线的针头。

(2) 瞬间胶：对水性瞬间胶使用安全式活塞及 Teflon 内衬金属针头；对浓稠性瞬间胶，则使用锥形斜式针头，若需挠性则使用 PP 针头。

(3) 光固化胶：使用黑色不透明针筒，避免感光。

(4) 厌氧胶：使用 10 CC 针筒及白色 PE 通用活塞。

(5) 密封胶及膏状流体：若使用白色活塞反弹严重时，请改用安全式活塞，使用斜式针头。

对于各项参数的调整，应按由点及面的方式，任何一个参数的变化都会影响到其他方面；同时，缺陷的产生，可能是多个方面的因素所造成的，应对可能的因素逐项检查，进而排除。总之，在生产中应该按照实际情况来调整各参数，既要保证生产质量，又能提高生产效率。

任务二　用点胶机自动点胶

任 务 描 述

现场提供 Create-ADM 3200 自动点胶机 1 台，胶水 2 瓶，PCB 20 块。请在学习 Create-ADM 3200 自动点胶机使用的基础上完成以下操作：

1. 正确安装调试 Create-ADM 3200 自动点胶机；
2. 用 Create-ADM 3200 自动点胶机的软件编写点胶程序；
3. 用 Create-ADM 3200 自动点胶机在 PCB 上练习点胶。

实 际 操 作

一、认识自动点胶机

1. 点胶机的分类

(1) 手动点胶机，如图 4.5 所示。手动点胶机的应用特点：

① 常用于手工生产和返修工作；

② 也用于试制(不包括工艺开发)；

③ 充填应用上较多，SMT 点胶少见。

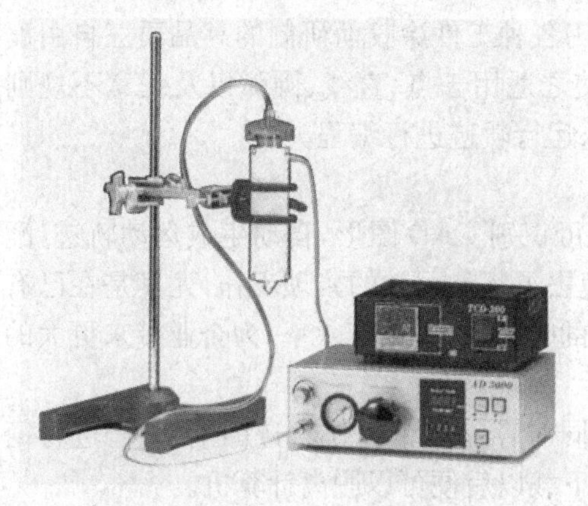

图 4.5　手动点胶机

图 4.6　座台式半自动点胶机

(2) 座台式半自动点胶机，如图 4.6 所示。座台式半自动点胶机的应用特点：

① 常用于半自动或小批量生产工作中；

② 也用于试制和部分工艺开发；

③ 除速度外，质量上可相当于全自动系统。

(3) 独立式半自动点胶机，如图 4.7 所示。独立式半自动点胶机的应用特点：

① 用于批量半自动生产；

② 功能可能较座台式稍多些。

(4) 全自动连线点胶机，如图 4.8 所示。全自动连线点胶机的应用特点：

① 用于大批量流水线生产；

② 功能较全面，性能也较好；

③ 与其他三类点胶机有注射泵技术和速度的区别。

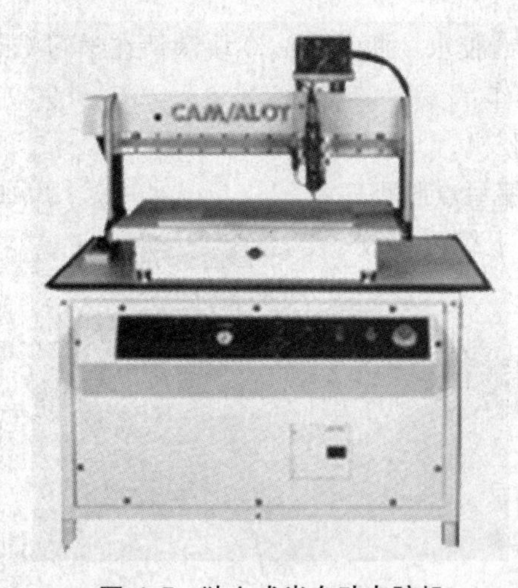

图 4.7　独立式半自动点胶机

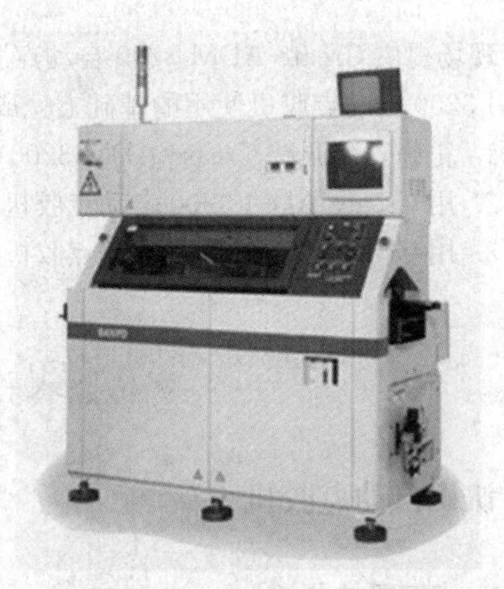

图 4.8　全自动连线点胶机

2. 自动点胶机的功能

自动点胶：自动点胶机用气压在设定时间内把胶液推出，由仪表控制每次注滴时间，确保每次注滴量一样。只要调节好气压、时间和选择适当的针嘴，便可轻易改变每次注滴量。

传统的点胶是靠工人手工操作的。随着自动化技术的迅猛发展，手工点胶已经远远不能满足工业上的需求。全自动点胶机是一种专为各种工件涂胶而研制的高品质三自由度涂胶设备。很多自动点胶机采用架式机械结构，使之适用于点、直线、圆弧以及任意不规则产品的点胶、涂胶，运动参数下载方便，可直接输入运行轨迹进行编程。

很多自动点胶机具有以下便捷功能：

(1) CAD 图形识别：配有专用的控制软件，可识别 CAD 图形，自动生成运动轨迹，配合原点示教可以满足任意平面产品的自动点胶，免去了逐点示教的繁琐工作，尤其是在已有工件 CAD 图形的情况下，可以大大减少生产准备的时间，提高生产效率，为企业带来更大的经济效益。

(2) 轨迹存储：在点胶机控制系统中，可以同时存储多个工作轨迹图形，只需进行简单的选择操作，就可以快速适应不同的工件；一次下载以后便可以脱离计算机。

(3) 喷胶针头可调：可以在一定范围内适应不同高度工件的要求，并可以保证在更换点胶机针筒的时候，不需要对运动轨迹进行重新矫正。

(4) 设定开关胶延迟时间，提前距离等功能，避免出胶不匀、拉丝、毛边等现象。

3. Create-ADM 3200 自动点胶机

Create-ADM 3200 自动点胶机如图 4.9 所示，它采用架式机械结构，X、Y 轴的行程为 300 mm×300 mm，Z 轴行程为 80 mm，适合 SMT 工艺小批量胶水或锡膏的自动分配。

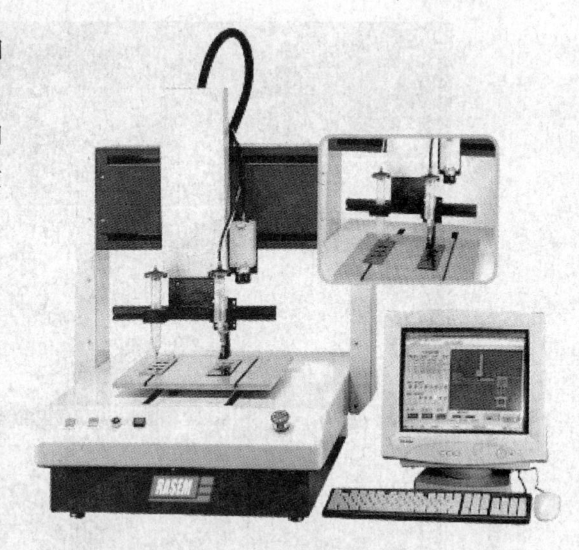

图 4.9 Create-ADM 3200 自动点胶机

二、三维 PC 点胶机编程及点胶

1. 三维 PC 点胶机软件安装

(1) 先打开电脑进入 Microsoft Windows 软件后，再将机器电源打开(先开启电脑再开启机器)。点选 Windows 桌面 ENE 点胶系统程序，进入点胶软件界面(回归机械原点)，如图 4.10 所示。

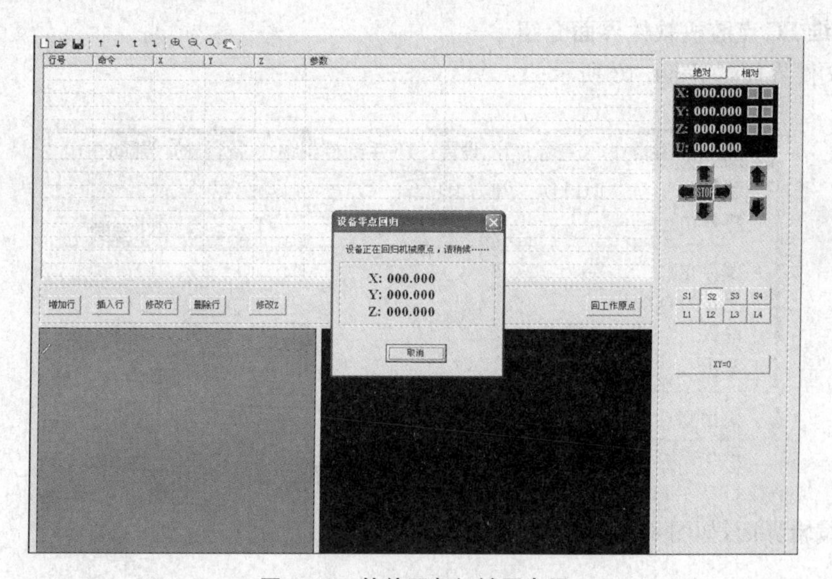

图 4.10 软件回归机械原点图

(2) 移动至工作原点(工作原点改变加工亦改变)，如图 4.11 所示。

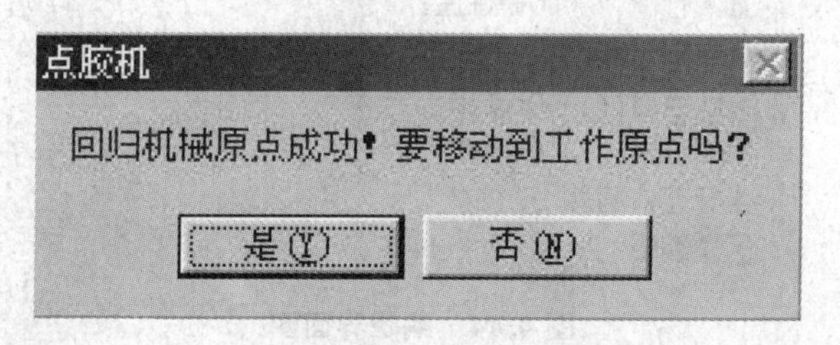

图 4.11 移动至工作原点图

（3）软件安装后，程序档案所在位置如图 4.12 所示。

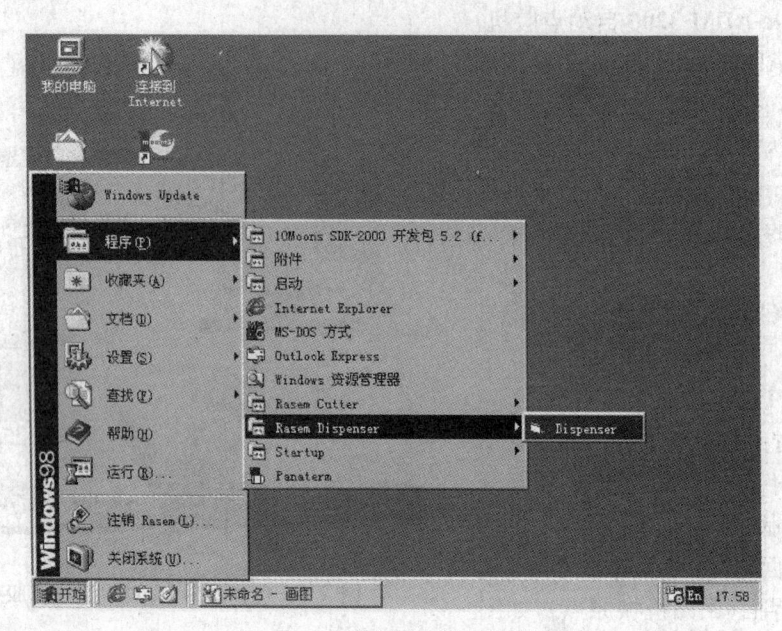

图 4.12　程序档案所在位置图

2. 三维 PC 点胶机软件界面介绍

（1）文件界面，如图 4.13 所示。

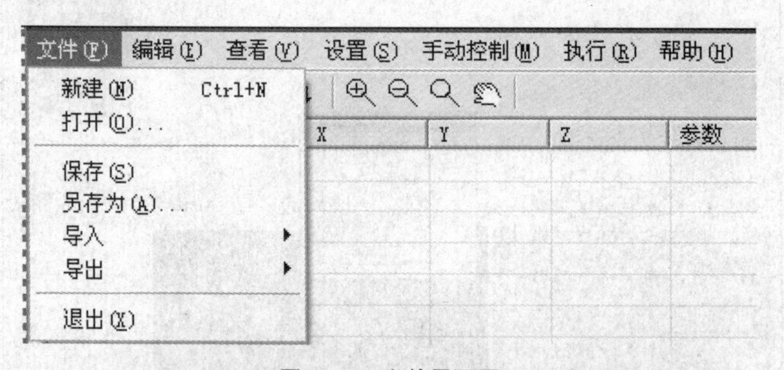

图 4.13　文件界面图

（2）编辑界面，如图 4.14 所示。

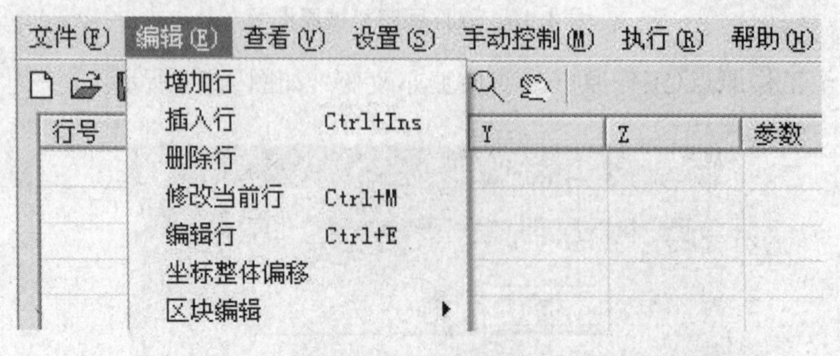

图 4.14　编辑界面图

(3) 查看界面,如图 4.15 所示。

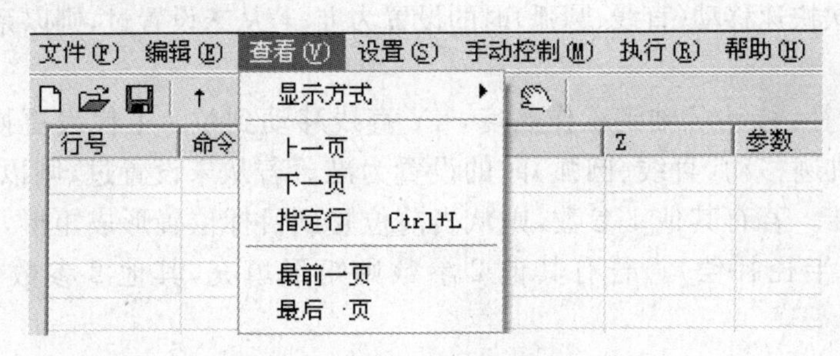

图 4.15 查看界面图

(4) 设置界面,如图 4.16 所示。

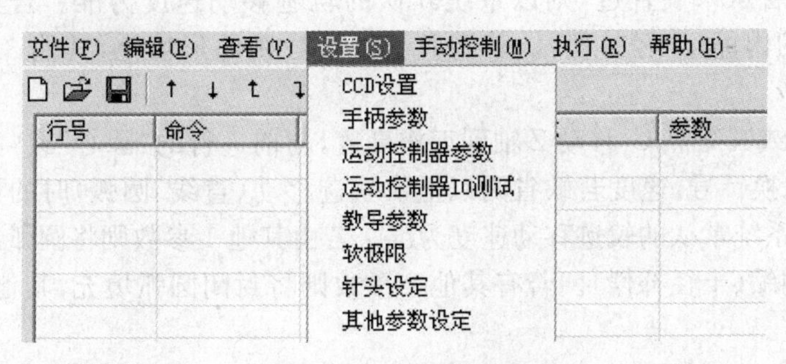

图 4.16 设置界面图

(5) 手动控制界面,如图 4.17 所示。

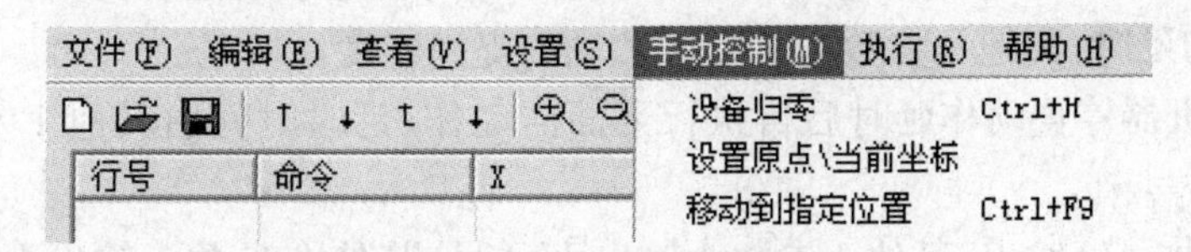

图 4.17 手动控制界面图

(6) 执行界面,如图 4.18 所示。顺序执行:可设定循环执行 N 次。

3. 三维 PC 点胶机编程命令介绍

用鼠标在命令行上双击,得到如图 4.19 所示的界面图。各命令操作如下:

图 4.18 执行界面图

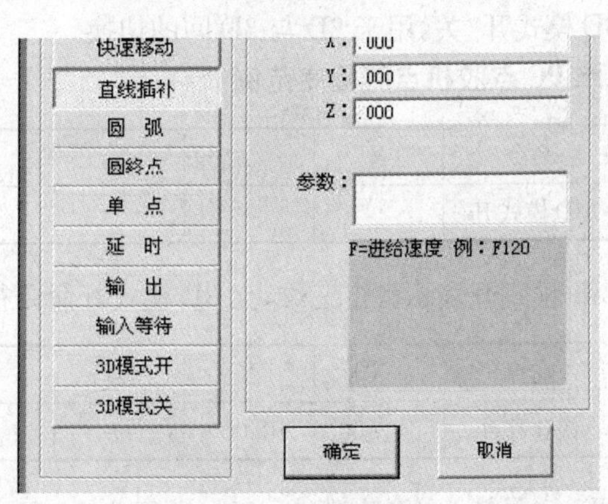

图 4.19 命令界面图

(1) 快速移动:抬起Z轴到安全高度,快速移动到XY坐标点。T代表更换针号,速度若未输入,则以上次快速移动(直线、圆弧)时的设置为准;若从未设置过,则以系统默认的快速移动速度为准。

(2) 直线插补:移动Z轴到工作高度,XY直线移动到位。T代表更换针号,速度若缺省则以上次轨迹移动(直线、圆弧)时的设置为准。若从未设置过,则以系统默认的轨迹移动速度为准。若有其他1参数,则从当前位置到目标位置形成矩形,其他1参数值为外圈的内缩(半径补偿)。若有其他2参数则矩形填充,其他2参数值为填充内缩间距。

(3) 圆弧:移动Z轴到工作高度,若后面紧跟"圆终点"或"圆终点C"则为圆弧,否则为整圆。T代表更换针号,速度若缺省,代表没有改变,则以上次轨迹移动(直线、圆弧)时的设置为准;若从未设置过,则以系统默认的轨迹移动速度为准。若为整圆,其他1参数值为外圈的内缩(半径补偿)。若有其他2参数则圆形填充,其他2参数值为填充内缩间距。

(4) 圆终点或圆终点C:移动Z轴到工作高度,与前一行的"圆心"或"圆弧"构成圆弧运动。T代表更换针号,速度若缺省则以上次轨迹移动(直线、圆弧)时的设置为准;若从未设置过,则以系统默认的轨迹移动速度为准。若由其他1参数则将圆弧封闭,其他1参数值为外圈的内缩(半径补偿)。若有其他2参数则将封闭圆弧填充,其他2参数值为填充内缩间距。

(5) 单点:抬起Z轴到安全高度,快速移动到XY坐标点,再将Z轴移动至工作高度执行吐胶动作,完毕后提高到安全高度。T代表更换针号,速度若缺省则以上次快速移动(直线、圆弧)时的设置为准,若从未设置过则以系统默认的快速移动速度为准。其他1参数为在工作高度上的延时,其他2参数为关胶后Z轴的提高速度。

(6) 延时:机器停止动作延时后再执行下面的动作,延时时间由其他1参数设定,单位为秒。

(7) 输出:做I/O输出,其他1参数为输出I/O号,其他2参数为输出I/O值(0或1,0为打开,1为关闭)。此程式中编辑的I/O动作一定要在快速移动后,不能在直线插补后面。

(8) 输入等待:做I/O输入判断,其他1参数为输入I/O号,其他2参数为输入I/O值(0或1)。若指定I/O的值等于其他2参数则继续执行下去,否则在原地等待。此程式中编辑的I/O动作一定要在快速移动后,不能在直线插补后面。

(9) 3D模式开/关:用于2D与3D间的切换。

4. 三维PC点胶机点胶程序范例

行号	命令	X	Y	Z	T	速度	其他1	其他2
1	3D模式开							

首行3D模式开表示可走三维,无3D模式开命令行则表示默认二维态。

行号	命令	X	Y	Z	T	速度	其他1	其他2
2	快速移动	10.000	10.000		1	100		

指定T1(1号针头)移动到(10,10),速度100 mm/s,XY移动Z不动。

行号	命令	X	Y	Z	T	速度	其他1	其他2
3	直线插补	50.000	10.000			15		

Z开始下降到工作高度由(10,10)吐胶到(50,10),速度15 mm/s。

行号	命令	X	Y	Z	T	速度	其他1	其他2
4	直线插补	50.000	50.000			30		

Z不动,持续吐胶到(50,50),但速度更改为30 mm/s。

行号	命令	X	Y	Z	T	速度	其他1	其他2
5	快速移动	−10.000	−10.000					

关胶时,Z抬起到安全高度位置(相对于Z工作原点),XY再移动到(−10,−10)。

行号	命令	X	Y	Z	T	速度	其他1	其他2
6	圆弧	−10.000	−20.000			10		

Z下降吐胶,以(−10,−20)为圆心,半径坐标(−10,−10)画半圆,速度为10 mm/s。

行号	命令	X	Y	Z	T	速度	其他1	其他2
7	圆终点	−10.000	−30.000					

终点坐标为(−10,−30)画半圆吐胶。

行号	命令	X	Y	Z	T	速度	其他1	其他2
8	快速移动	−10.000	−30.000					

关胶,Z抬高到安全高度,XY不动。

行号	命令	X	Y	Z	T	速度	其他1	其他2
9	输出	−10.000	−30.000				2	0

第2号OUT输出,输出信号0(打开)。

行号	命令	X	Y	Z	T	速度	其他1	其他2
10	延时	−10.000	−30.000				2	

除OUT继续输出外,XYZ都不动关胶,延时2秒钟,软件界面会跳出倒计时对话框。

行号	命令	X	Y	Z	T	速度	其他1	其他2
11	直线插补	10.000	10.000			20		

延时完后,Z下降至工作高度,吐胶到(10,10),速度为20 mm/s。

行号	命令	X	Y	Z	T	速度	其他 1	其他 2
12	直线插补	20.000	20.000	—2				

持续吐胶到(20,20),其间 Z 轴会参与插补下降 2 mm。

行号	命令	X	Y	Z	T	速度	其他 1	其他 2
13	直线插补	30.000	30.000	4				

持续吐胶,到(30,30)位置,其间 Z 轴会参与插补上升 6 mm。

行号	命令	X	Y	Z	T	速度	其他 1	其他 2
14	直线插补	30.000	50.000	6				

持续吐胶到(30,50),其间 Z 轴会参与插补上升 2 mm。

行号	命令	X	Y	Z	T	速度	其他 1	其他 2
15	快速移动	30.000	50.000					

关胶,Z 轴上升抬高至安全高度,XY 不动。

行号	命令	X	Y	Z	T	速度	其他 1	其他 2
16	输出	30.000	50.000				2	1

将第 2 号 OUT 输出,输出信号 1(关闭)。

此命令行一定要在快速移动后,不能在直线插补后。

行号	命令	X	Y	Z	T	速度	其他 1	其他 2
17	输入等待	30.000	50.000				1	0

机器暂停,并跳出对话框,显示目前等待第 1 号信号,若 OUT PUT 值等于 0,则会继续执行,否则会继续暂停,直到读到信号为止(可以按取消直接跳过)。关闭程式结束后,Z 轴会上升到最高点。

三、自动点胶机点胶过程介绍

(1) 准备点胶的 PCB,如图 4.20 所示。

(2) 准备自动点胶,如图 4.21 所示。

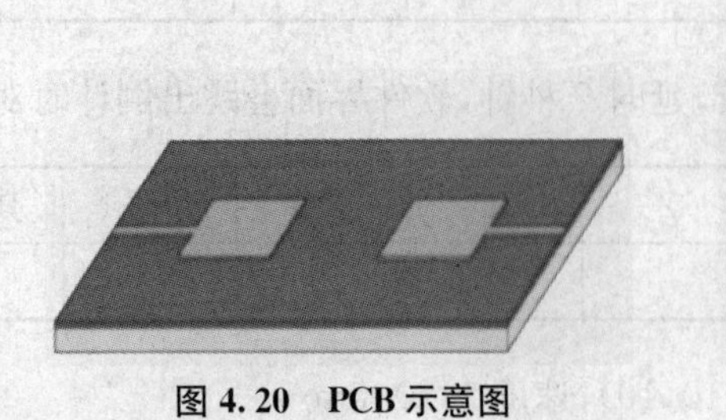

图 4.20 PCB 示意图

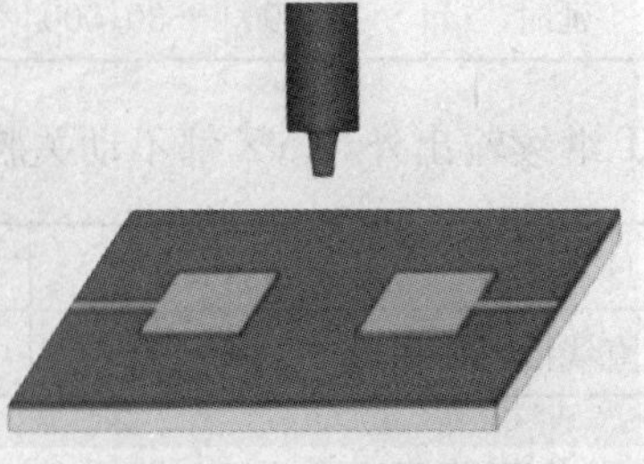

图 4.21 准备点胶图

(3) 开始点胶,如图 4.22 所示。

图 4.22　开始点胶图

(4) 点胶过程中,如图 4.23 所示。

图 4.23　点胶图

(5) 点胶结束,如图 4.24 所示。

图 4.24　点胶完成图

四、用三维 PC 点胶机进行编程点胶练习

(1) 编程练习;
(2) 点胶练习。

想　一　想

三维 PC 点胶机如何编程?

考核评价

序号	项目	配分	评价要点	自评	互评	教师评价	平均分
1	三维 PC 点胶机软件安装	20 分	三维 PC 点胶机软件安装正确 20 分				
2	三维 PC 点胶机软件的操作	20 分	三维 PC 点胶机软件操作正确 20 分				
3	三维 PC 点胶机编程	30 分	会三维 PC 点胶机编程 30 分				
4	三维 PC 点胶机编程点胶	30 分	会用三维 PC 点胶机编程点胶 30 分				
材料、工具、仪表			每损坏或者丢失一样扣 10 分 材料、工具、仪表没有放整齐扣 10 分				
环保节能意识			视情况扣 10～20 分				
安全文明操作			违反安全文明操作(视其情况进行扣分)				
额定时间			每超过 5 分钟扣 5 分				
开始时间		结束时间		实际时间		综合成绩	
综合评议意见(教师)							
评议教师				日期			
自评学生				互评学生			

电子生产中的涂敷工艺

1. 涂敷的概述

随着元器件越来越小以及愈加复杂,能否准确地在线路板指定位置上进行胶水或锡膏微量涂敷已成为许多工艺对设备的一项重要考验。

涂敷的主要目的是将胶水或锡膏精确地涂布于 PCB 上,前者(点胶工艺)早已应用于传统的通孔双面板组装中,以将元件黏附在相应的位置上,而后者(点膏工艺)也随着生产技术的发展迅速普及。

涂敷可以简单地定义为通过压力的作用使液体发生移位。在电子装配工艺中,最基本的方法是直接采用压缩空气或者机械方式如旋转螺旋泵或活塞泵来实现。

点胶常用于对波峰焊双面板的元件固定，使得线路板在反过来以及进入波峰焊时元件不会掉下。时至今日，这种工艺仍然对涂敷设备有着很多要求。

点胶工艺并不像看起来那么简单，必须要认真考虑所用元器件的尺寸。对于很小的元件如0402甚至0603，其焊盘间距都非常小，因此胶点的形状、体积和位置必须精确，否则胶黏剂沾到焊盘会影响其可焊性，从而导致严重的质量问题。对于比较大或者比较单纯的器件，如SOIC器件，这一工艺缺陷就不那么突出。当需要涂敷两个或三个点时，由于空间较大，允许的偏差也可以大些，这时对精度与重复精度的要求并不严格，因此可使用精度控制较低的低价位机器。

最近涂敷工艺还用在锡膏涂敷上，尽管模板印刷长期以来一直被认为是最有效的锡膏涂布方式，但现在涂敷技术的发展使其在许多情况下成为首选。

2. 涂敷的优点

与丝网印刷相比，涂敷的最大优点在于其灵活性。涂敷比丝网印刷成本低，因为它不需要为每一个新产品或每一次布局改动而去制作昂贵的模板，然后留待以后使用。采用丝网印刷时，哪怕只是对板面设计的某一个元件进行了变动，也必须要制作一块全新的模板。而对于涂敷来说，仅仅只需对涂敷程序中的某一行作一点小小的调整，所做的工作也只是用几秒时间敲几下键盘即可，不需要额外的投入。这使得涂敷锡膏特别适合于小批量或多品种的生产，尤其是需要做大量样品的场合，如研发部门。

涂敷工艺还可作为一种非常有效的返修工具用于中、大批量生产中，它可以精确地将锡膏涂敷到某一个元件位置。对于又小又复杂的板，由于无法用手工组装，这一点就显得非常重要。

项目练习

1. 点胶就是在________上面需要贴片的位置预先点上一种特殊的胶，来固定________，固化后再进行波峰焊。

2. 点胶机又称________、________、________等，是专门对流体进行控制，并将流体点滴、涂覆于产品表面或产品内部的自动化机器。

3. Create-ADM点胶机是通过调整________、________以及________来控制滴出胶体的量。

4. 根据工作经验，胶点直径的大小应为产品间距的________。

5. 在工作实际中，针头内径大小应为点胶胶点直径的________左右，点胶过程中，应根据________来选取点胶针头。

6. 胶的黏度直接影响点胶的________。黏度大，则胶点会变________，甚至拉丝；黏度小，胶点会变________，进而可能渗染产品。

7. 一个小小气泡就会造成许多产品没有胶水，每次中途更换胶管时应排空连接处的________，防止出现________现象。

8. 一般环氧树脂胶水应保存在________℃的冰箱中，使用时提前________小时拿出，使胶水温度与工作环境一致，胶水的使用温度应为________℃。

9. 自动点胶机是用________在设定时间内，把________推出，由仪表控制每次注滴________，确保每次注滴量一样。

10. Create-ADM点胶机具有________、________、________等功能，主要应用于贴片电阻、电容等点状焊盘的锡膏分配，非常适用于单个PCB的锡膏分配。

项目五

贴　片

学习目标

1. 知识目标

① 掌握贴片机的工作原理；

② 掌握贴片机的程序设计；

③ 掌握贴片机的使用方法。

2. 能力目标

① 会对贴片机进行程序设计；

② 会对贴片机进行维修和保养；

③ 会熟练操作手动贴片机。

3. 安全规范

① 在无尘环境条件下运行机器；

② 远离电磁干扰源使用；

③ 禁止将工件以外的物件放入机床内；

④ 严禁在机床工作时打开防护罩；

⑤ 检修机器时，应关机切断电源，以防触电或造成短路；

⑥ 日常应对各部件进行检查，清理各个器件表面的灰尘；

⑦ 机器必须保持平稳，不得倾斜或有不稳定的现象。

任务一　手动贴片

任务描述

现场提供手动贴片机 1 台，贴片元件 20 个，PCB 1 块。请在认识手动贴片机的基础上完成以下操作：

① 正确进行手动贴片机的操作与设定；

② 用手动贴片机贴片。

实际操作

一、认识手动贴片机

手动贴片机的结构如图 5.1 所示：

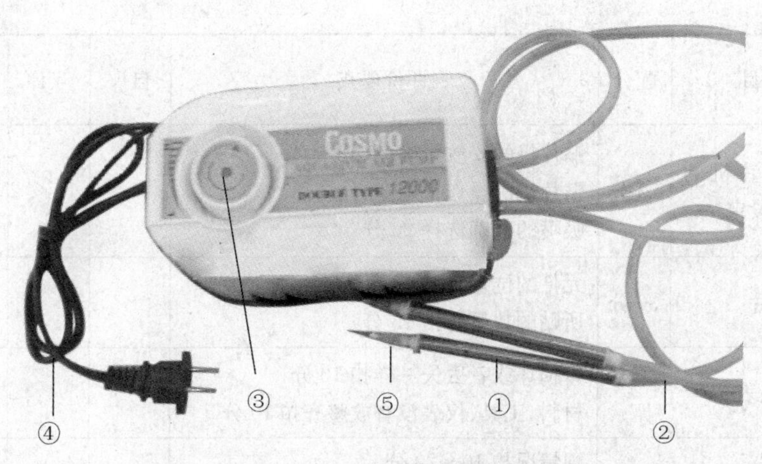

图 5.1 手动贴片机的实物图

① 吸笔；② 吸管；③ 旋转开关；④ 电源线；⑤ 吸嘴

二、学习手动贴片机的操作

(1) 安放

机器摆放在靠近电源的地方，要求地面坚实平稳。

(2) 确认

确认电源正确及电源开关处于 OFF(关)的位置，插入电源连接线。

(3) 选择合适的吸嘴

根据所要贴的元件的尺寸选择合适的吸嘴。

(4) 握笔的方式

握笔的方式如图 5.2 所示，笔一直保持竖直，吸元件的时候，大拇指按住吸笔上的小孔，元件贴好后大拇指松开，取走吸笔。

(5) 注意事项

① 要保持坐姿端正；

② 手不能晃动；

③ 元件不能错位。

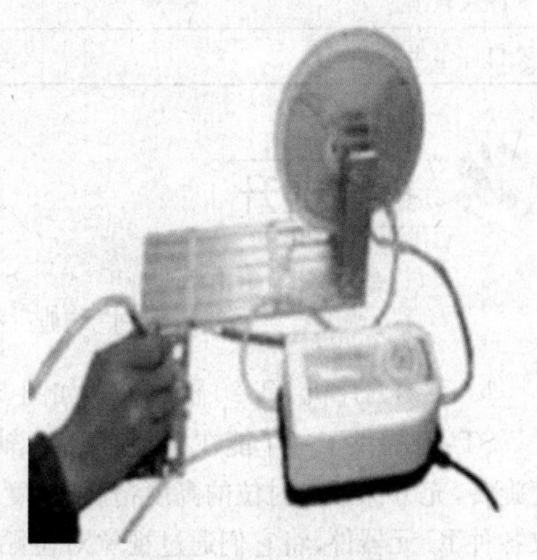

图 5.2 贴元件实物图

想一想

手动贴片机的最大的缺点是什么？

考核评价

序号	项目	配分	评价要点	自评	互评	教师评价	平均分
1	手动贴片机的操作与设定	70分	贴片机的安放正确20分 贴片机的操作正确30分 吸嘴的准确选择20分				
2	手动贴片	30分	元件的位置合格15分 所贴的数量合格15分				
材料、工具、仪表			每损坏或者丢失一样扣10分 材料、工具、仪表没有放整齐扣10分				
环保节能意识			视情况扣10～20分				
安全文明操作			违反安全文明操作(视其情况进行扣分)				
额定时间			每超过5分钟扣5分				
开始时间		结束时间		实际时间		综合成绩	
综合评议意见(教师)							
评议教师				日期			
自评学生				互评学生			

手动贴片机ST 20介绍

1. 手动贴片机ST 20机身外观如图5.3所示，它具有视觉对位精度高的最大特点。

ST 20提供了一个能在X轴向和Y轴向PCB定位的贴片平台，同时贴片头能够任意角度旋转，充分保证了对位的高度精确(精度可达到0.5 mm)；自带真空发生器，可以方便地拾取各种IC元器件，将它们通过视觉对位贴装到PCB上，实现了高精度元器件的稳定贴装，同时防止手动贴片时，因手颤抖带来的误差。

2. 手动贴片机 ST 20 的局部图，如图 5.4 所示，其技术参数如下：

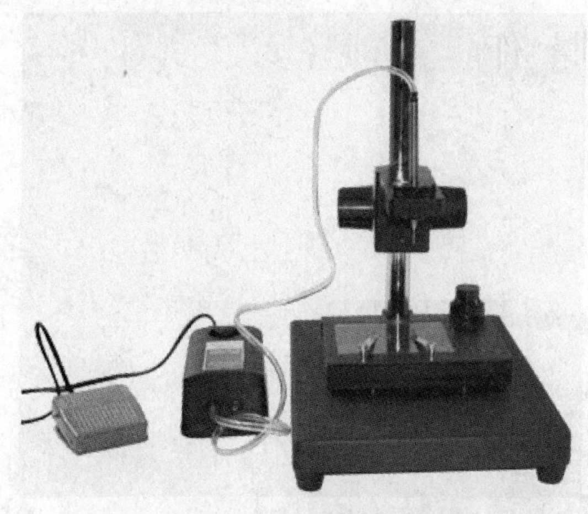

图 5.3　手动贴片机 ST 20 正面实拍图

图 5.4　手动贴片机 ST 20 局部图

(1) ST 20 贴片机具有机械四维自由度：配有 X、Y 轴精密机械定位平台可实现 X、Y 轴方向的微调，上下(Z 轴向)可自由调整，同时 θ 角可自由旋转。

(2) 重量：约 6.5 kg。

(3) 外形尺寸：260 mm×240 mm。

(4) 定位精度可达：0.5 mm。

3. 手动贴片机 ST 20 的使用方法：手动高精度贴片机 ST 20 的配合防静电真空吸笔使用，通过脚踏开关控制真空气源，可以方便地实现任何细小间距芯片如 QFP、PLCC、BGA 等的准确定位和快速贴装；同时配备 X-Y 轴精密机械定位平台，使微小间距芯片的贴装定位更准确、更容易。

任务二　全自动贴片

任务描述

现场提供 SM 421 全自动贴片机 1 台，PCB 10 块，贴片元件 100 个。请在认识 SM 421 全自动贴片机的基础上完成以下操作：

① 正确完成 PCB 拼板的设置；

② 正确完成元件的设置；

③ 正确完成步骤的设置；

④ 正确完成喂料器的设置；

⑤ 用 SM 421 全自动贴片机完成贴片生产。

一、认识SM 421全自动贴片机

SM 421全自动贴片机外观如图5.5所示。

图5.5 SM 421全自动贴片机外观图

现场参观SM 421全自动贴片机，对照实物讲解机器结构，并熟悉各操作按钮。

二、开始生产前准备

1. 基板的设置

(1) 启动系统后，在文件下拉菜单中点击“新建文件夹”，出现如图5.6所示的PCB编辑主界面。

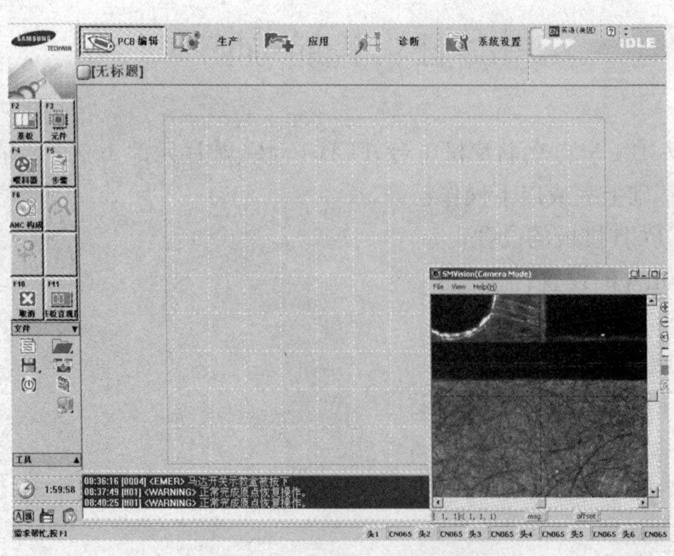

图5.6 PCB编辑的主界面图

(2) 进入下一步，点击【建立】，出现如图 5.7 所示的 PCB 编辑建立界面。

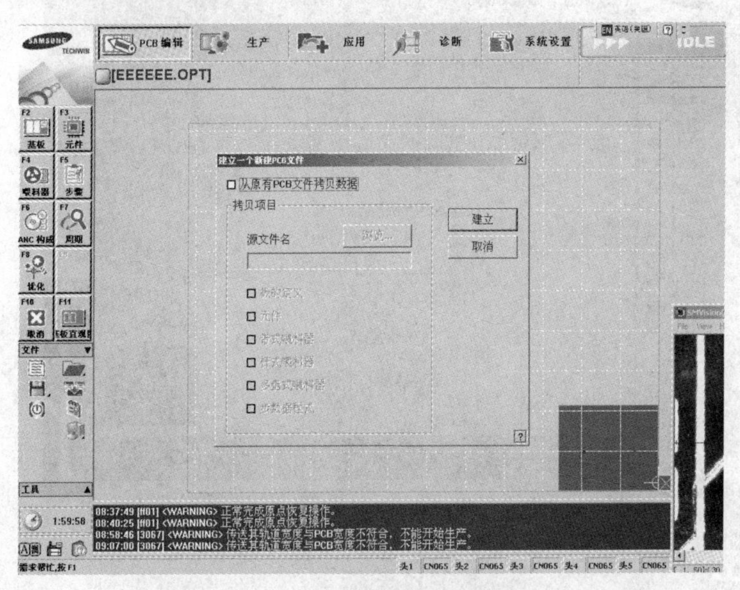

图 5.7　PCB 编辑建立界面图

(3) 设置权限，选择操作方式为“管理人员”，出现如图 5.8 所示的 PCB 编辑管理人员界面。

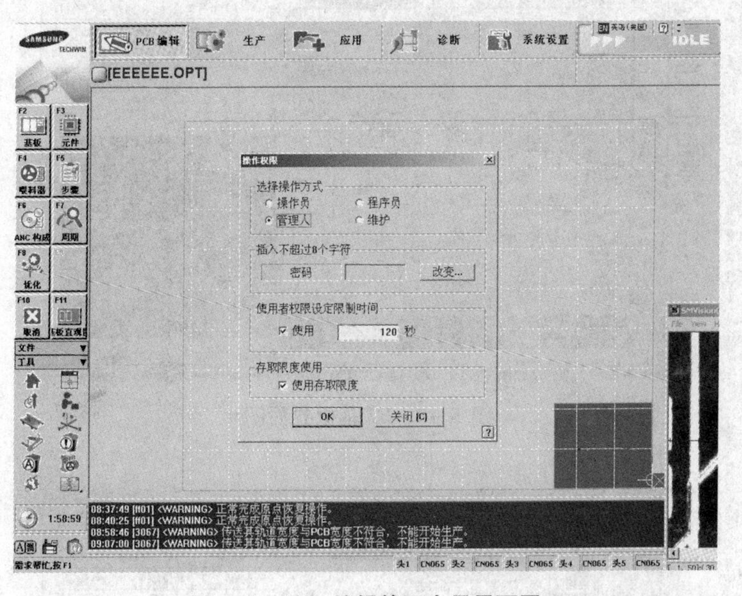

图 5.8　PCB 编辑管理人员界面图

(4) 点击【OK】，然后将其保存，选择【是】，出现如图 5.9 所示的 PCB 编辑确定界面。

2. 板的定义设置

(1) 点击【F2 基板】，进入如图 5.10 所示的 F2 基板界面窗口，在其中输入客户名和板名称。

(2) 坐标选择，点击【坐标】的下拉菜单，如图 5.11 所示，进行选择，一般情况选择第一种。

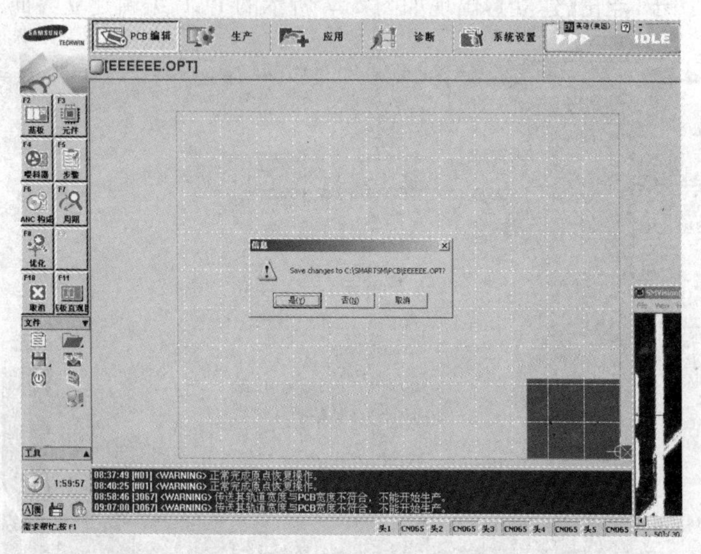

图 5.9　PCB 编辑确定界面图

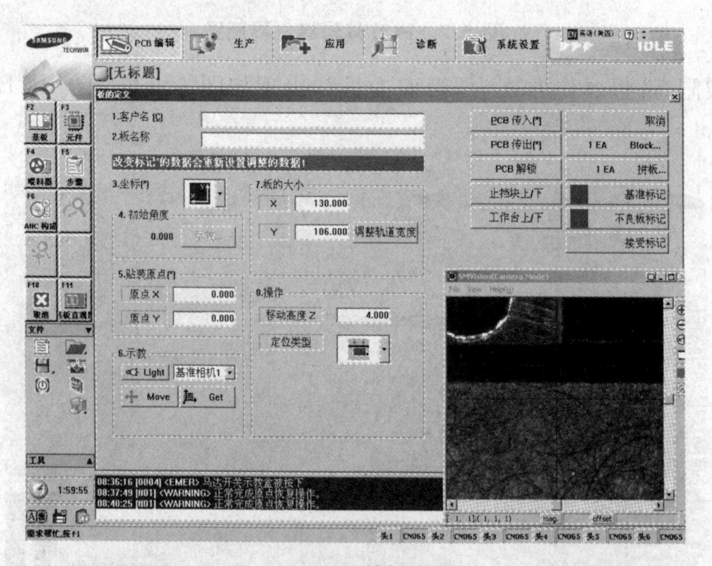

图 5.10　F2 基板界面图

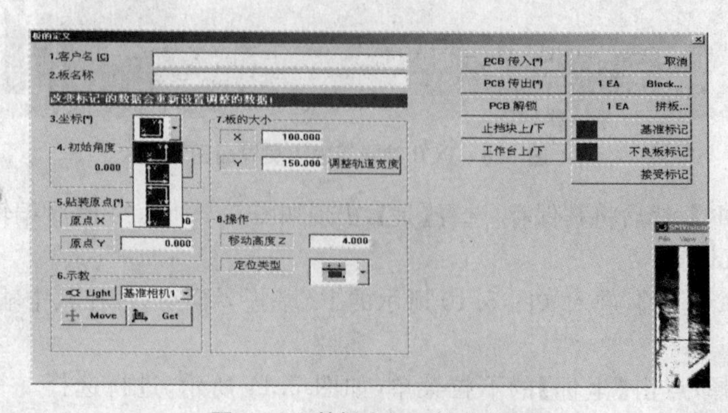

图 5.11　基板坐标下拉菜单图

(3) 调整轨道的宽度，如图 5.12 所示，轨道的宽度取决于板的大小。

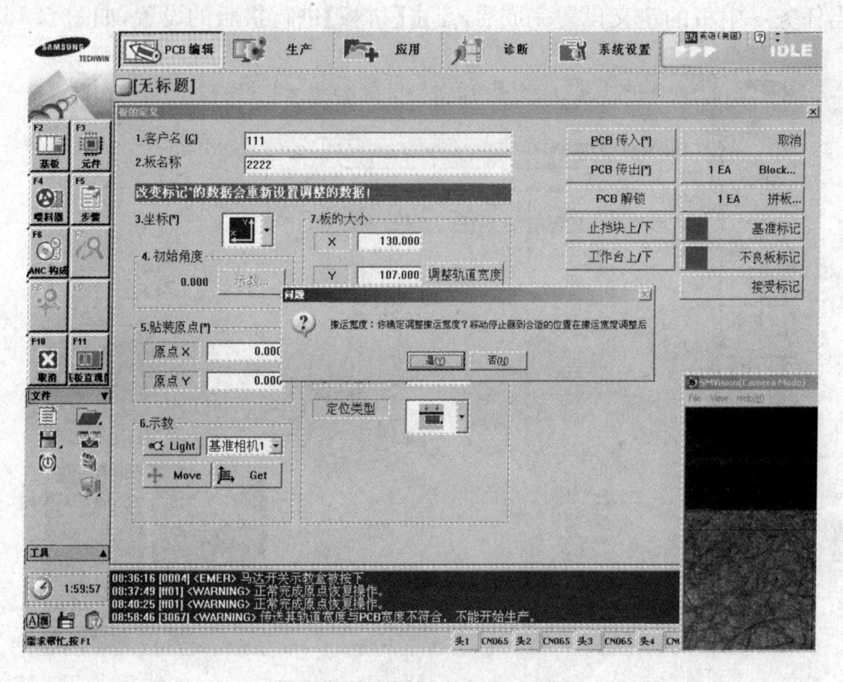

图 5.12　轨道宽度设定图

(4) 确定坐标原点的值，如图 5.13 所示，确定坐标原点前，先把 PCB 放入滑轨上传入。

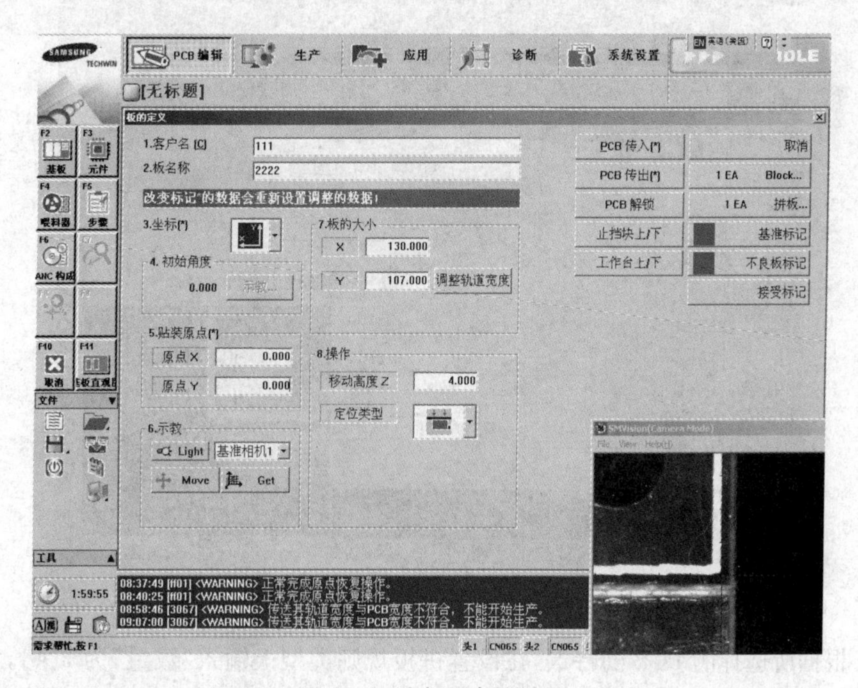

图 5.13　坐标原点校对图

(5) 当光标指到图中位置的时候，如图 5.14 所示，点击【Get】得到原点的坐标值。

3. PCB 拼板的设置

(1) 当任务一中板的定义设置完成后，点击【拼板】进行拼版的设置，如图 5.15 所示。

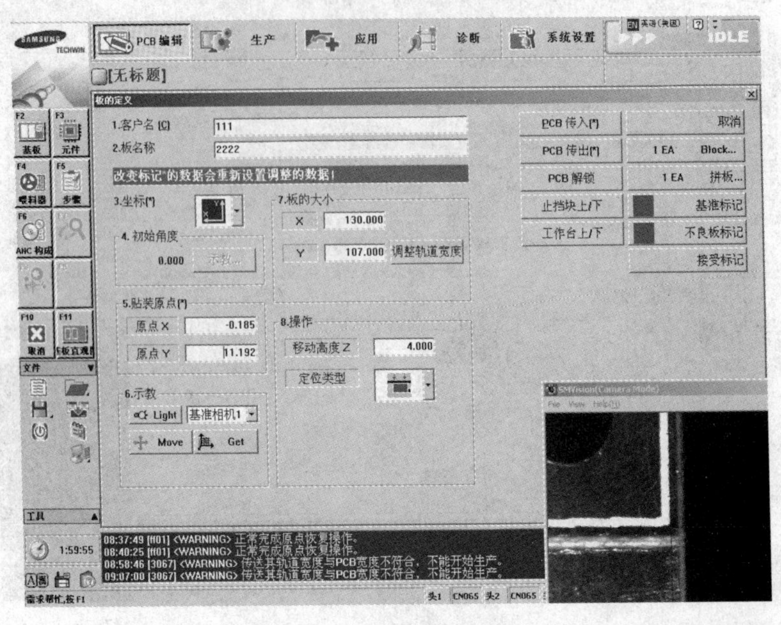

图 5.14　坐标原点值确定图

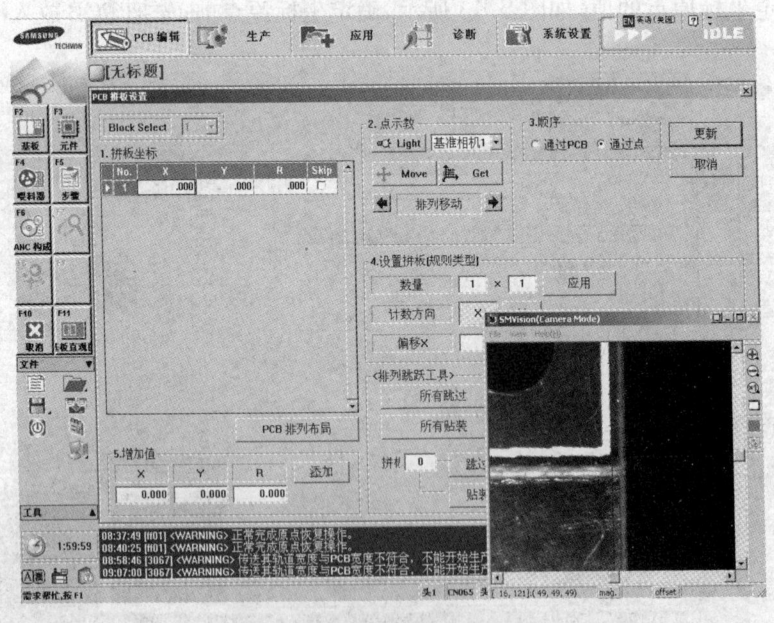

图 5.15　拼版设置主界面图

(2) 根据所选择的 PCB 的特点，在设置拼板规则类型上输入“数量”为 2×1，完后点击【应用】，如图 5.16 所示。

(3) 做拼板的示教，点击【示教】，移动光标找出对应的两点，然后点击【应用】，再点击【更新】，分别如图 5.17 和图 5.18 所示。

(4) 基准标记的设置，首先点击【位置类型】的下拉菜单，如图 5.19 所示。一般情况选择第三种，选择后如图 5.20 所示。

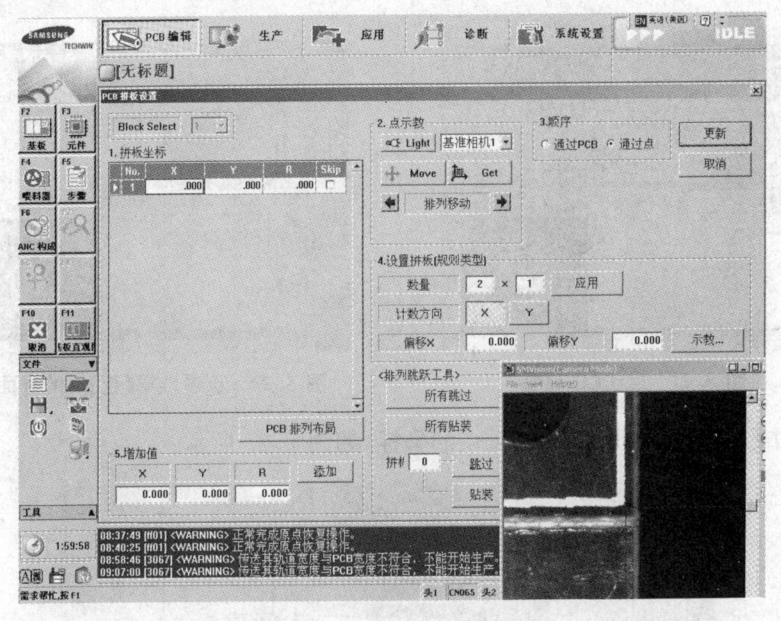

图 5.16　拼板规则类型设置图

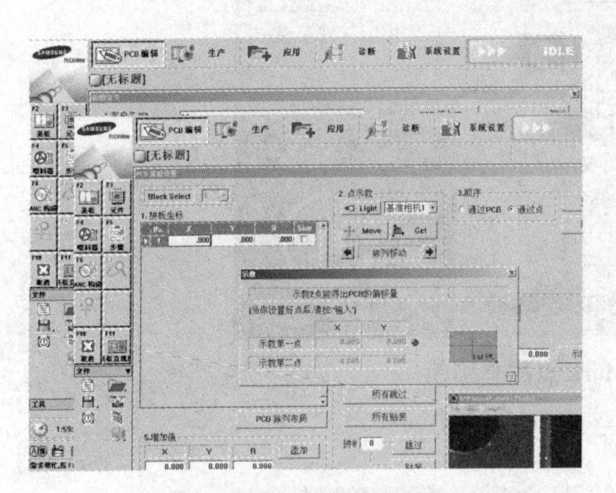

图 5.17　拼板示教图

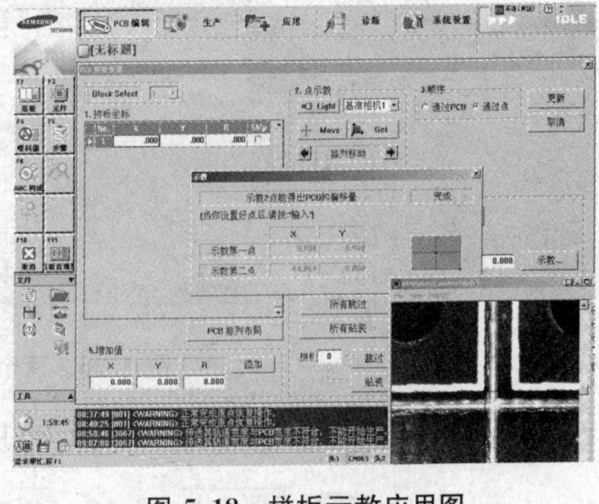

图 5.18　拼板示教应用图

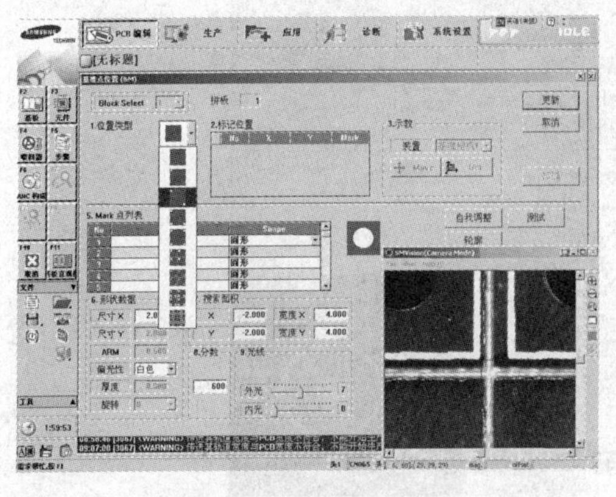

图 5.19　基准标记选择图

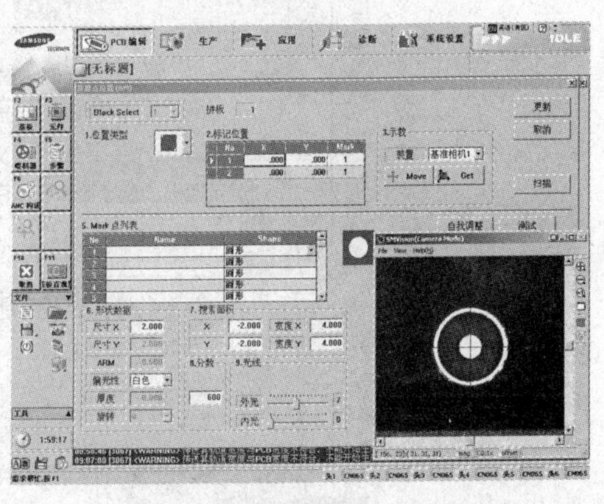

图 5.20　基准标记选择确定图

（5）点击【Get】，进入下一界面，如图 5.21 所示，在弹出的对话框中选择【否】，如图 5.22 所示。

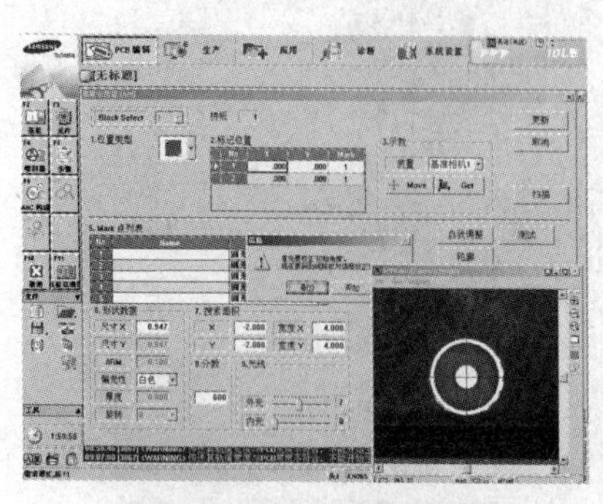

图 5.21　点击【Get】图

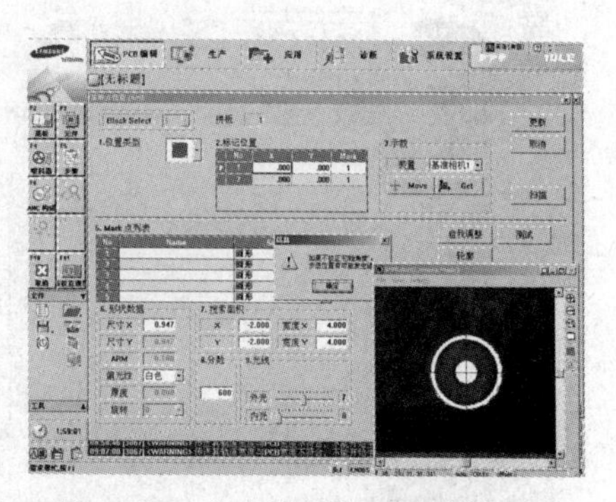

图 5.22　点击选择【否】后的界面图

（6）点击【确定】，得到两个 Mark 点的坐标，如图 5.23 所示。

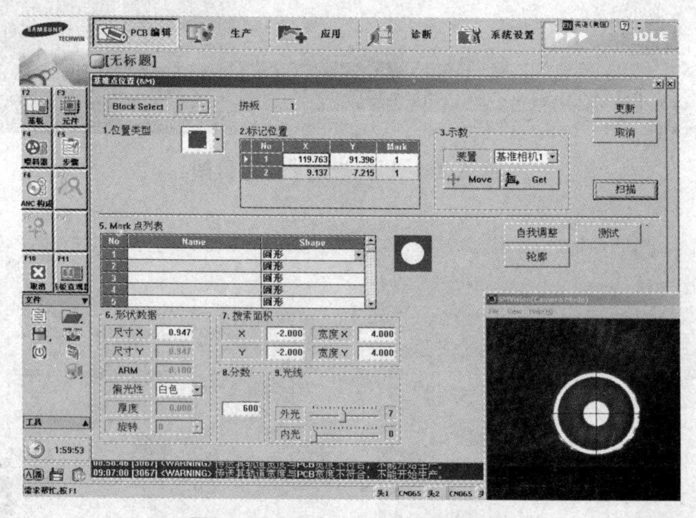

图 5.23　两个 Mark 点的坐标图

（7）点击【更新】，并【确定】，如图 5.24 所示。

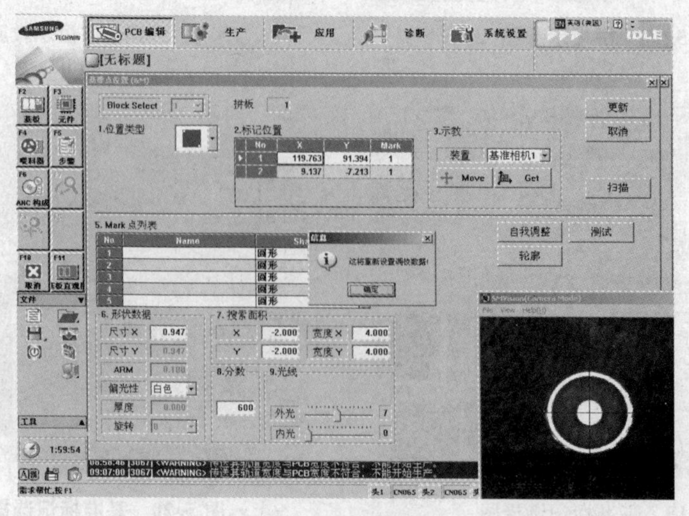

图 5.24　更新图

(8) 点击【自我调整】,并【确定】,如图 5.25 所示。

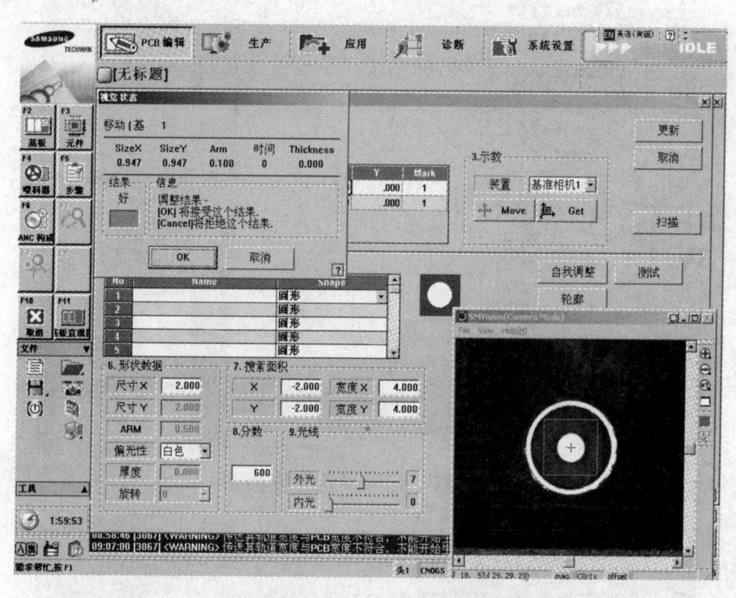

图 5.25　自我调整图

(9) 最后一步【扫描】,并【确定】,得到的结果如图 5.26 所示。

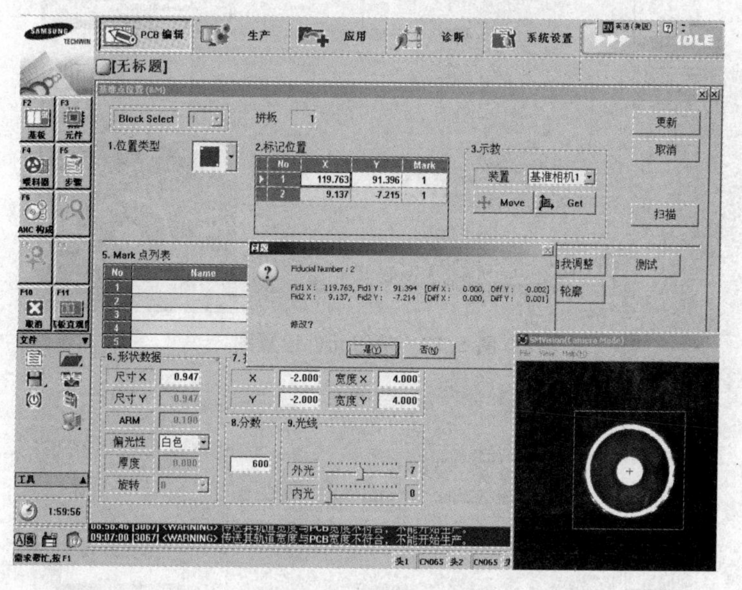

图 5.26　扫描确定图

4. 元件的设置

(1) 在左边菜单栏点击【元件】,进入了元件的主菜单,在【元件组/元件清单】进行选择,如图 5.27 所示。

(2) 在这里我们以一个电阻、一个电容、一个三极管为例进行说明,并为每一个元件命名,如图 5.28 所示。

(3) 命名完毕后,进入到下面的窗口,如图 5.29 所示。

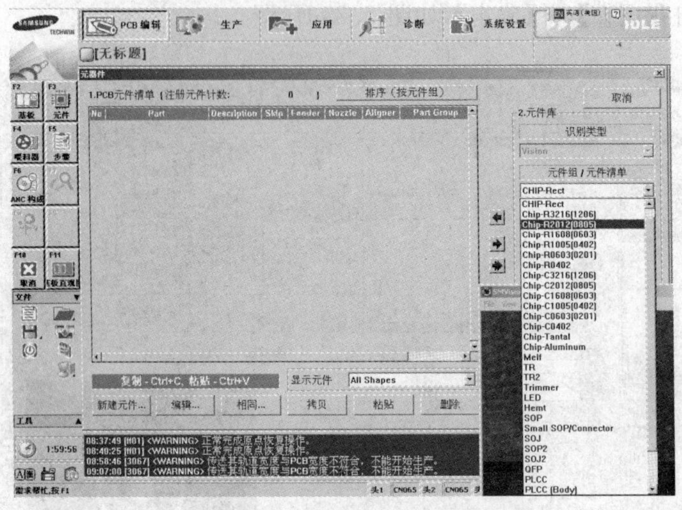

图 5.27　元件设置主界面图

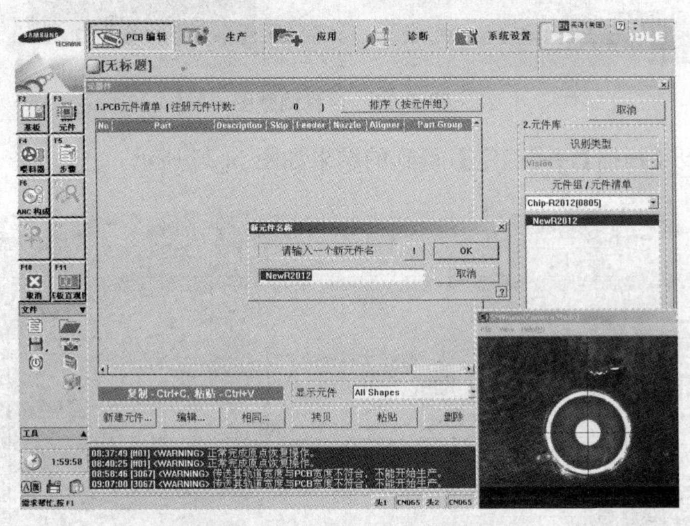

图 5.28　电阻元件设置图

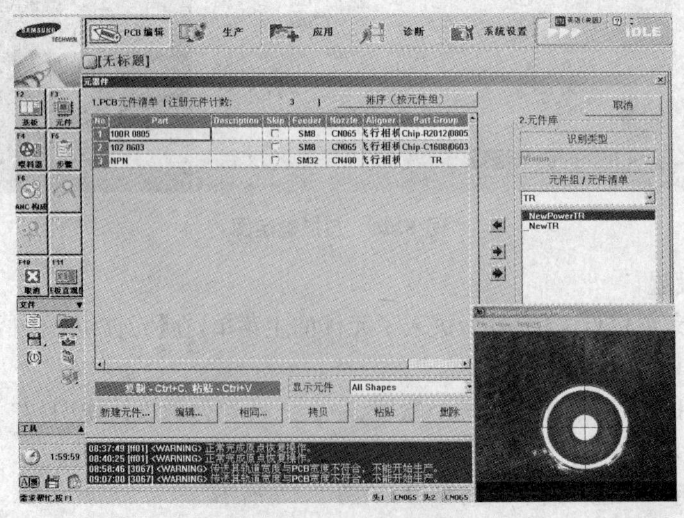

图 5.29　PCB 元件清单图

5. 步骤的设置

(1) 点击【步骤】,进入到步骤窗口,如图 5.30 所示。

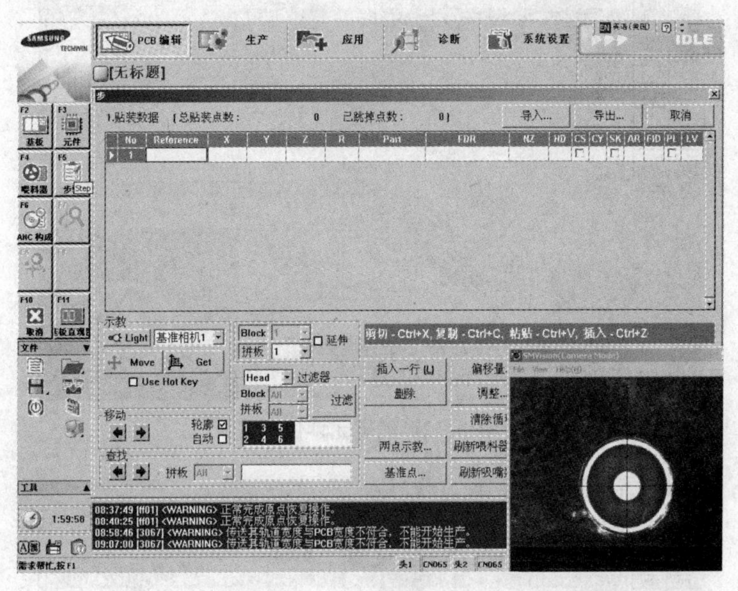

图 5.30　步骤主窗口图

(2) 根据 PCB 上元件的个数,选择插入的行数,比如我们选择的是一个电阻、一个电容、一个三极管共三个元件,那么我们就应该插入四行,有一行为空,如图 5.31 所示。

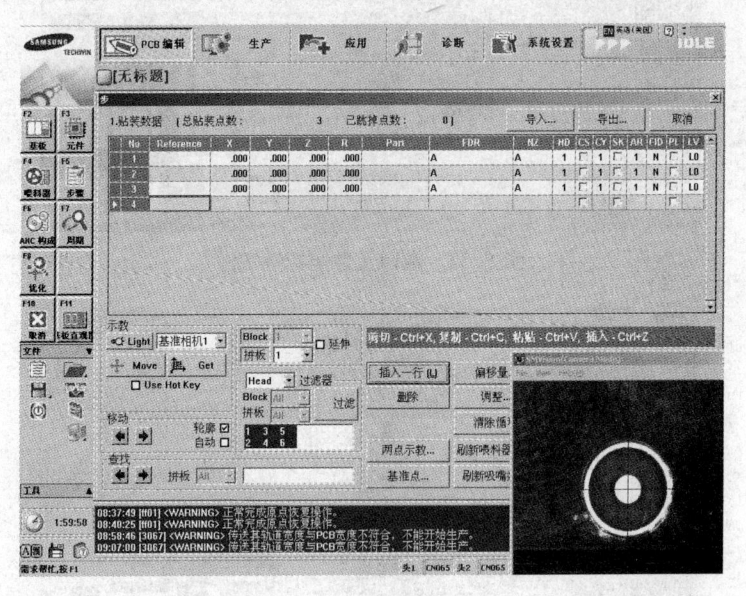

图 5.31　插入元件图

(3) 编辑元件的位号,在这里我们 1 号位对应于 PCB 上的 R12,2 号位对应于 PCB 上的 C1,3 号位对应于 PCB 上的 Q3,如图 5.32 所示。

(4) 确定元件的坐标,用鼠标单击 R12 的 X 的值,如图 5.33 所示。移动摄像头,在 PCB 上找到 R12,光标对准 R12,然后点击【Get】得到 R12 坐标,同样可以得到 C1 和 Q3 坐标。如图 5.34 所示,为电容元件坐标确定图。

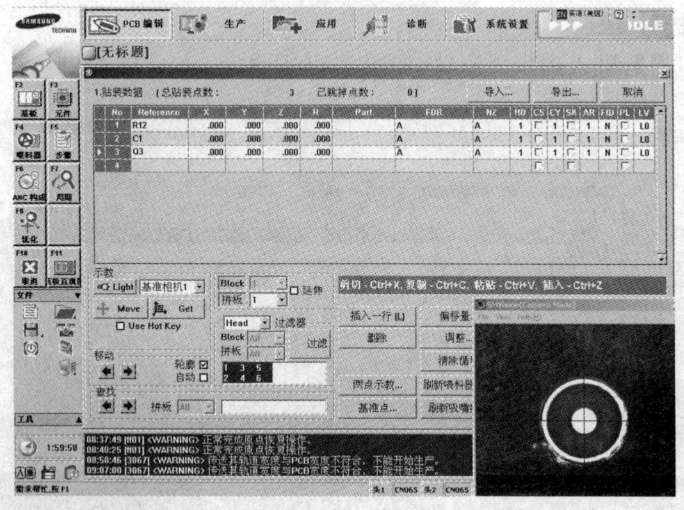

图 5.32　编辑元件位号图

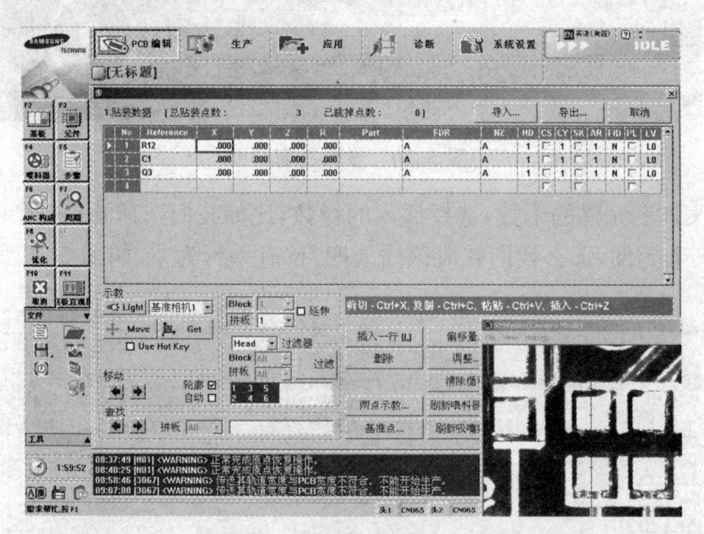

图 5.33　电阻元件坐标确定图

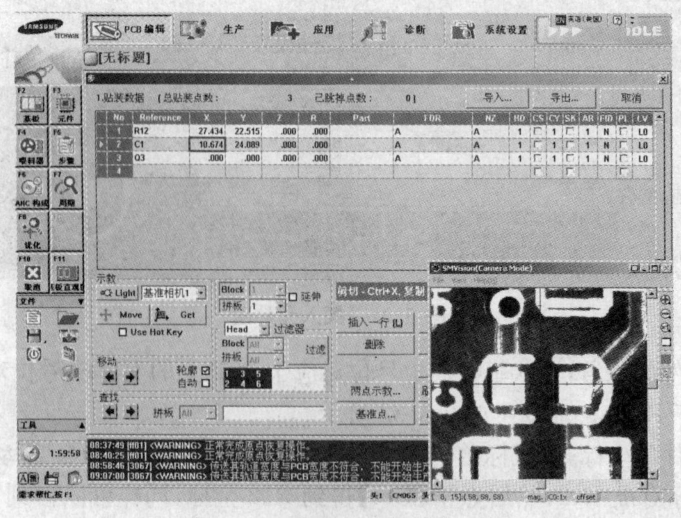

图 5.34　电容元件坐标确定图

表面组装技术

（5）选择当前位置要贴的元件，如图 5.35 所示。

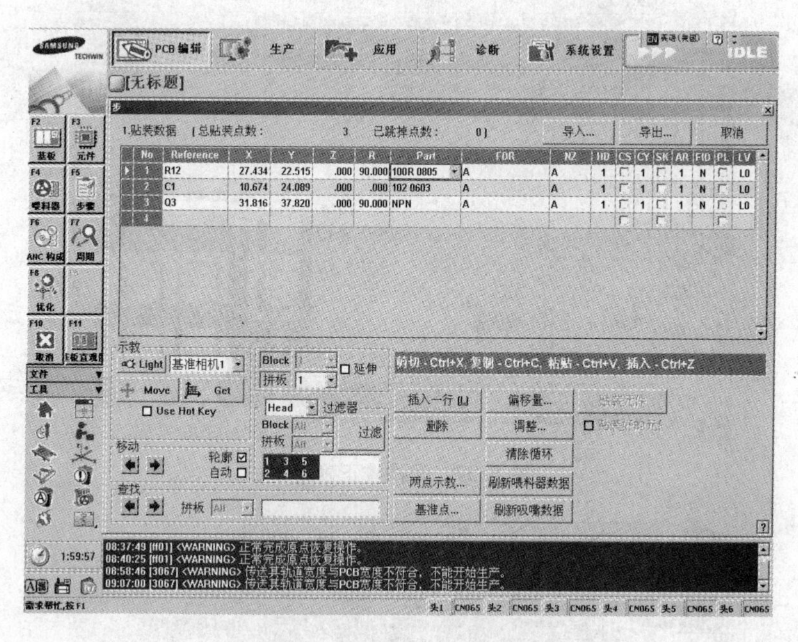

图 5.35　选择当前要贴元件图

（6）根据下拉菜单进行选择，如图 5.36 所示。

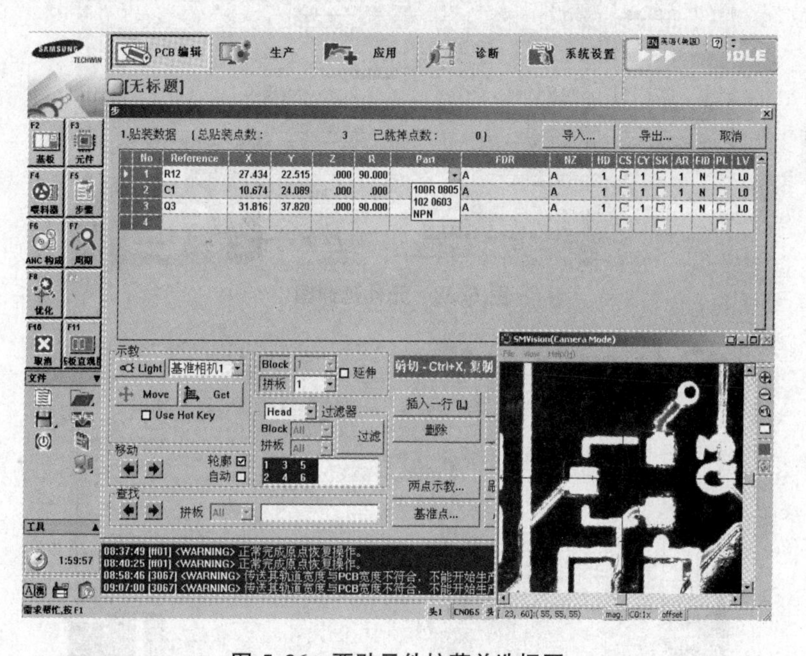

图 5.36　要贴元件拉菜单选择图

（7）对每一个元件进行整体校正，整体校正好后，先点击【Move】，然后导入点击【Get】，如图 5.37 所示。

（8）点击【延伸】，并确认，如图 5.38 所示。

（9）点击【优化】进入如图 5.39 所示对话框，然后点击【执行优化】。

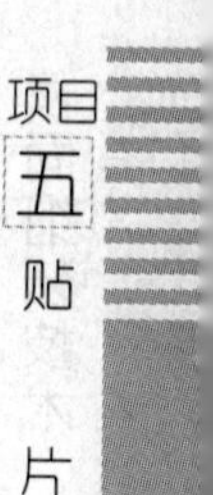

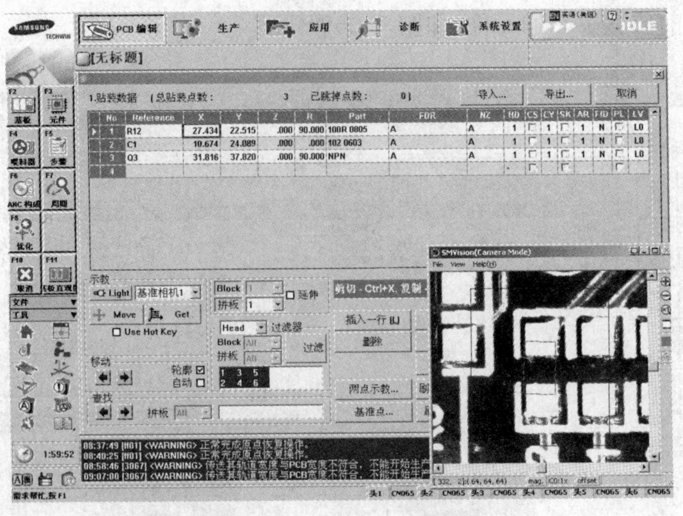

图 5.37　元件校正确定图

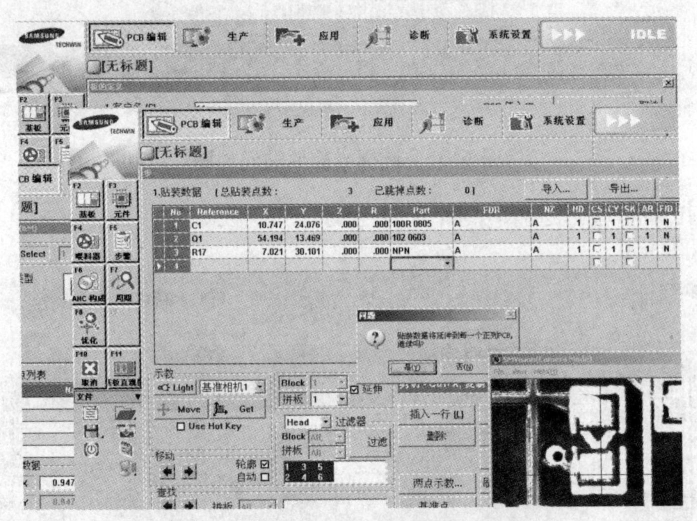

图 5.38　元件延伸图

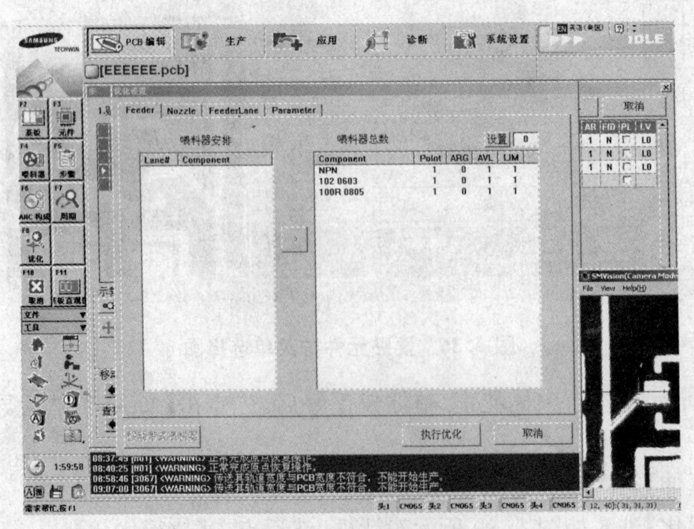

图 5.39　元件优化图

（10）点击【Accept】，如图 5.40 所示，完成设置。

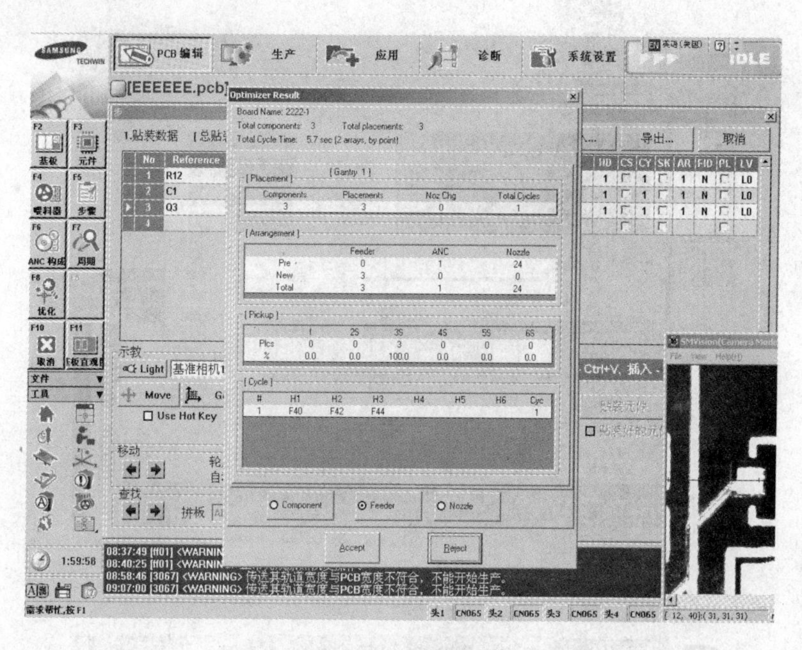

图 5.40　设置确定图

6. 生产

（1）在设置完上面的参数后，点击上面菜单的【生产】进入如图 5.41 所示的界面，点击【完成】。

（2）点击【PCB 下载】，进入到如图 5.42 所示的窗口。

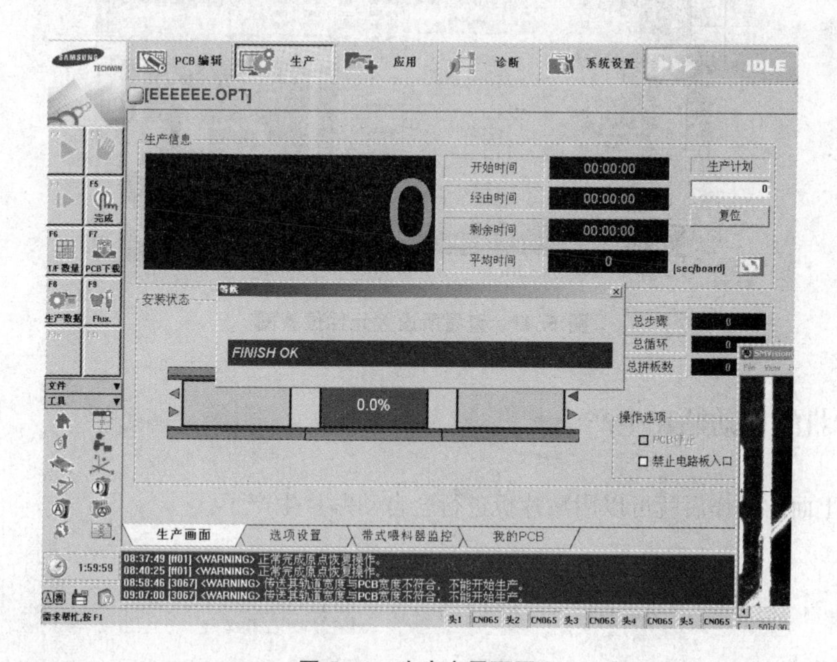

图 5.41　生产主界面图

(3) 点击【喂料器】,查看所设置元件的位置,如图 5.43 所示。

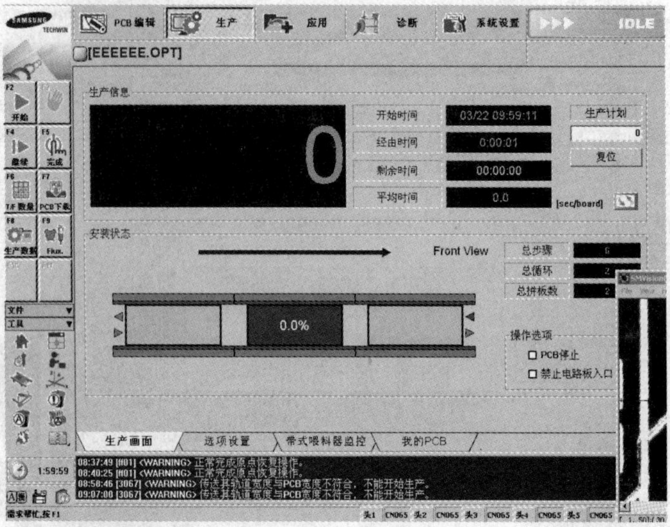

图 5.42　PCB 下载图

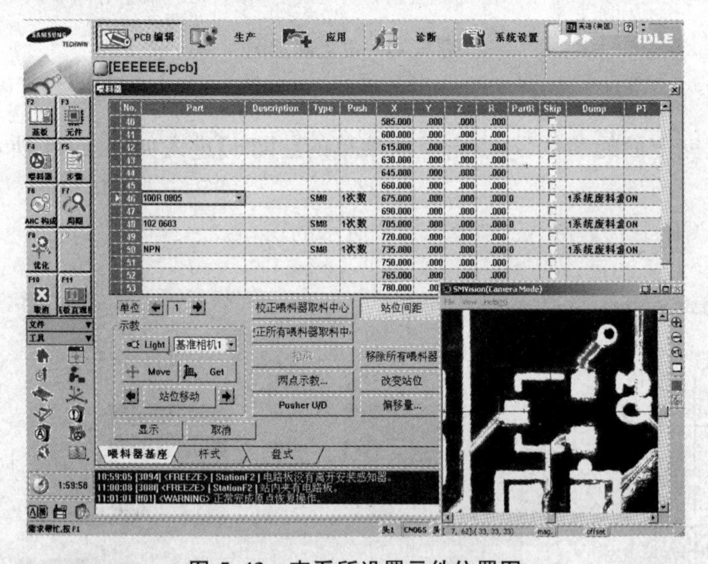

图 5.43　查看所设置元件位置图

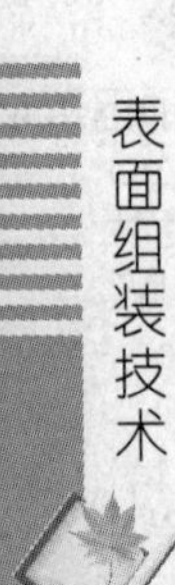

三、贴片机的自动贴片生产

完成上面的操作后就可以用贴片机进行全自动贴片生产了。

想　一　想

用 SM 421 贴片机进行贴片的时候,如何提高贴片元件的准确度?

考核评价

序号	项目	配分	评价要点	自评	互评	教师评价	平均分
1	拼板的设置	10分	拼板的设置正确10分				
2	基准标记的设置	20分	能准确设置好Mark点20分				
3	元件的设置	10分	元件参数设置正确10分				
4	步骤操作的设置	10分	步骤操作参数设置的正确10分				
5	喂料器的设置	10分	喂料器参数设置正确10分				
6	生产调试	10分	生产调试设置正确10分				
7	贴片机自动试生产	30分	贴片机自动生产合格30分				
材料、工具、仪表			每损坏或者丢失一样扣10分 材料、工具、仪表没有放整齐扣10分				
环保节能意识			视情况扣10～20分				
安全文明操作			违反安全文明操作(视其情况进行扣分)				
额定时间			每超过5分钟扣5分				
开始时间		结束时间		实际时间		综合成绩	
综合评议意见(教师)							
评议教师				日期			
自评学生				互评学生			

日本Panasonic高速贴片机CM 602

日本Panasonic高速贴片机CM 602的对应范围广泛,从微小芯片到异形元件贴装,还可根据产品和生产量选择最佳模块。具有以下优势:

① 高速12支吸嘴扩大元件范围。

高速贴装头(12吸嘴),与以往相比,元件范围扩大至2.4倍,实现了从微小元件至12 mm元件的高速贴装。

② 通用8支吸嘴提高元件对应能力。

通用贴装头(8吸嘴),作为新功能可以搭载三维传感器和直接托盘供料器,提高了异形元件的对应能力，同时将以往的元件范围扩大至 32 mm；而且通过运转中的吸嘴更换功能，实现了大型元件的高速贴装。

③ 台车的小型化。

提高了单位面积生产率新型最佳化，提高实际生产率实装动作整体的最佳化处理，通过 IPC 9850 设备实现实际生产率与以往相比提高 8%。

④ 搭载 3D 传感器高品质贴装 IC 元件芯片通过整体扫描能够实现高速检测。

元件厚度传感器品质强化 POP，C4 对应通用型转印装置能把 POP 顶部套件以及 C4 实装用焊锡、焊剂等高精度转印到突起部，具有优越的通用性。

⑤ 短时间机种切换优质模块互换性是模块设计的思想，比以往 CM 402 系列的机器其互换性更加优良 。

CM 602 的技术参数如表 5.1 所示：

表 5.1　CM 602 技术参数说明

机种名	CM 602
型号	NM-EJM8A
基板尺寸	*L* 50 mm×*W* 50 mm～*L* 510 mm×*W* 460 mm
高速贴装头	12 支吸嘴
贴装速度	100 000 cph(0.036 s/chip)
贴装精度	±40 μm/芯片(Cpk ≥1)
元件尺寸	0402 芯片 * 5　*L* 12 mm×*W* 12 mm×*T* 6.5 mm
通用贴装头	LS 8 支吸嘴
贴装速度	75 000 cph(0.048 s/chip)
贴装精度	±40 μm/芯片、±35 μm/QFP≥24 mm、±50 μm/QFP<24 mm(Cpk≥1)
元件尺寸	0402 芯片 * 5　*L* 32 mm×*W* 32 mm×*T* 8.5 mm * 8
	泛用化 Ver.5 选购件时 0402 芯片 * 5　*L* 100 mm×*W* 50 mm×*T* 15 mm * 6
多功能贴装头	3 支吸嘴
贴装速度	20 000 cph(0.18 s/chip)
贴装精度	±35 μm/QFP(Cpk≥1)
元件尺寸	0603 芯片　*L* 100 mm×*W* 90 mm×*T* 25 mm * 7
基板替换时间	0.9 s(基板长度 240 mm 以下的最佳条件时间)
电源	三相 AC 200 V、220 V、AC 380 V、400 V、420 V、480 V，额定容量 4.0 kVA
空压源 * 1	0.49 MPa、170 L/min(供给空气量)
设备尺寸	*W* 2350 mm×*D* 2290 mm * 2×*H* 1430 mm * 3
重量 * 4	3 400 kg

项目练习

1. 简述手动贴片机的操作与设定。
2. 用 SM 421 全自动贴片机完成 PCB 拼板的设置。
3. 用 SM 421 全自动贴片机完成元件的设置。
4. 用 SM 421 全自动贴片机完成步骤的设置。
5. 用 SM 421 全自动贴片机完成喂料器设置。

项目六

回 流 焊

学习目标

1. 知识目标

① 掌握回流焊的工作原理；

② 掌握回流焊机的机体结构；

③ 掌握回流焊机的技术参数。

2. 能力目标

① 会设置回流焊机的技术参数；

② 会安装和调试回流焊机；

③ 会分析和排除回流焊机的故障。

3. 安全规范

① 回流焊机由指定合格人员专人操作，其他人员不得擅自操作机器；

② 本设备仅用于 SMT 表面贴装技术中表面组装组件的固化及回流焊接，不得进行违反上述要求的任何操作；

③ 操作或维护保养本设备，必须要有两人或以上，维护时一人负责计算机控制，以负责观察系统操作；

④ 操作中应注意高压电源部件、机械转动部件和高温部件，防止人身损伤及设备事故；

⑤作业前，应清除上、下两电极的油污，通电后，机体外壳应无漏电。

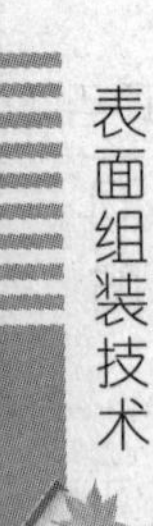

任务一　台式回流焊机

任务描述

现场提供 Create-SMT 500 台式回流焊机 1 台，贴好元件的 PCB 2 块。请在认识台式回流焊机的基础上完成以下操作：

① 认识 Create-SMT 500 台式回流焊机；
② 对照实物讲解机器结构，并熟悉各操作按钮；
③ 会选用已设置好的参数组焊接；
④ 设置常规焊接参数；
⑤ 能熟练使用台式回流焊机进行回流焊。

实 际 操 作

一、认识 Create-SMT 500 台式回流焊机

Create-SMT 500 台式回流焊机是一款微型化回流焊机。它具有简单、友好的人机对话界面，240×128 LCD 显示屏，能显示汉字菜单和实时升温曲线，具有温度、时间等多种参数的设置功能，并具有掉电保护功能，可完成 0402、0603、0805、1206、PLCC、SOJ、SOT、SOP/SSOP/TSSOP、QFP/MQFP/LQFP/TQFP/HQFP 等多种表面贴封装元件的单双面印刷电路板的焊接。它广泛适用于各类企业、学校、公司、院所研发及小批量生产。

Create-SMT 500 台式回流焊机部件结构介绍如下：

1. 设备图片

设备如图 6.1 和图 6.2 所示。

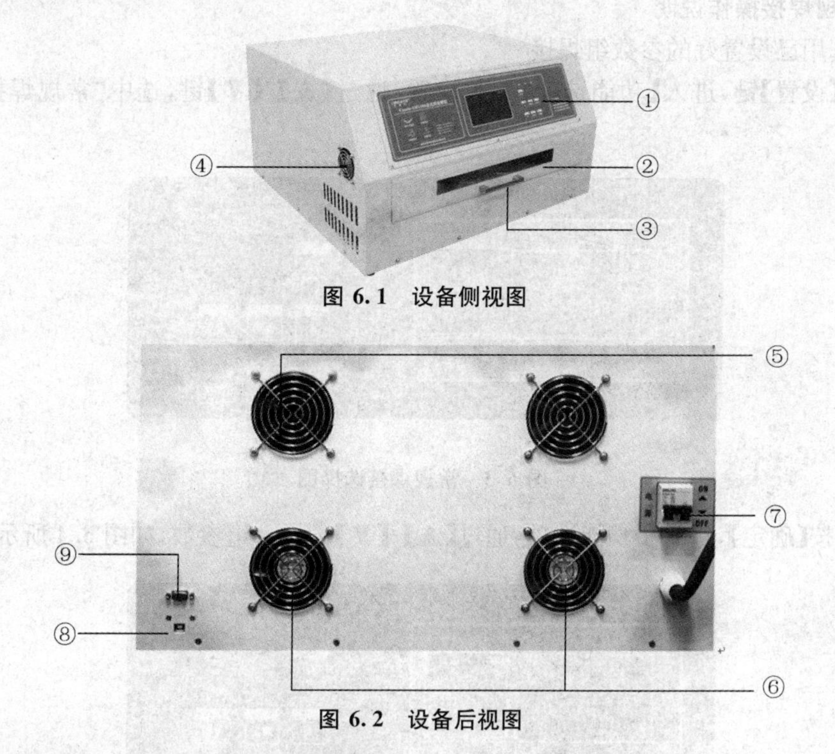

图 6.1　设备侧视图

图 6.2　设备后视图

2. 功能说明

① 主机控制面板：用于设备工艺流程控制、工艺参数设置及工作状态显示；
② 玻璃观察窗：方便在焊接过程中实时观察设备工作状态；
③ 送料工作抽屉：手动控制进、出仓，用于送、取料；

④ 散热风扇：对电气元件以及控制面板区域散热；

⑤ 进风风扇：用于进风仓降温过程，速度可调；

⑥ 排风风扇：用于焊接仓降温过程，速度可调；

⑦ 电源开关：设备总电源开关；

⑧ USB 接口：与 PC 机建立联机接口；

⑨ 串行接口：与 PC 机建立联机接口。

3. 按键功能说明

(1) 焊接操作键

① 在送料盘回位后，按下【焊接】键，即按照选定焊接方式进入自动焊接过程。

② 按【停止】键终止当前操作，如停止焊接等。

(2) 设置键

① 按【设置】键进入参数设置功能选项，再次按键则退出。

② 按【▲】/【▼】键在设置参数时用于选择子功能选项或修改参数(顺序或数值加/减)。

③ 按【确定】键进入所选的子功能选项或参数确认。

④ 按【取消】键退出到上一级功能选项或取消参数的修改。

二、Create-SMT 500 台式回流焊机操作说明

1. 常规焊接操作说明

(1) 选用已设置好的参数组焊接

① 按【设置】键，进入【功能选项】参数设置，通过【▲】/【▼】键，选中“常规焊接”，如图 6.3 所示。

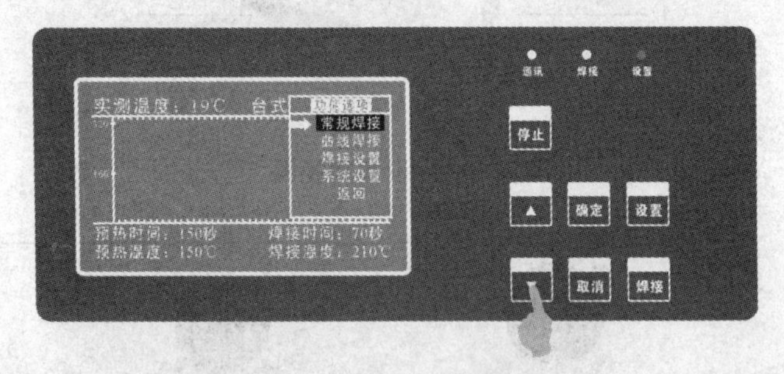

图 6.3　常规焊接选择图

② 再按【确定】，进入子功能选项，通过【▲】/【▼】选择一组参数，如图 6.4 所示。

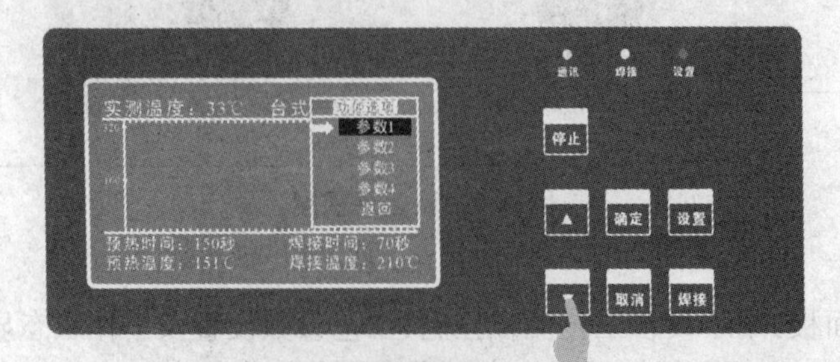

图 6.4　焊接参数选择图

③ 按【确定】即选中，再按【焊接】键即按照该参数组参数进行焊接。

(2) 重新设置常规焊接参数

常规焊接参数包括预热时间、预热温度、焊接时间、焊接温度。设置方法如下：

① 按【设置】键，进入【功能选项】参数设置，通过【▲】/【▼】键，选中“焊接设置”，如图 6.5 所示。

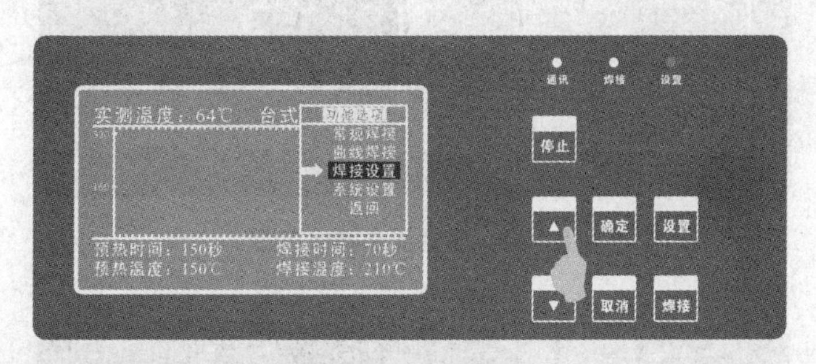

图 6.5　焊接设置图

② 按【确定】，进入子功能选项，再通过【▲】/【▼】选择需重设的参数（如预热温度、预热时间、焊接温度、焊接时间），如图 6.6 所示。

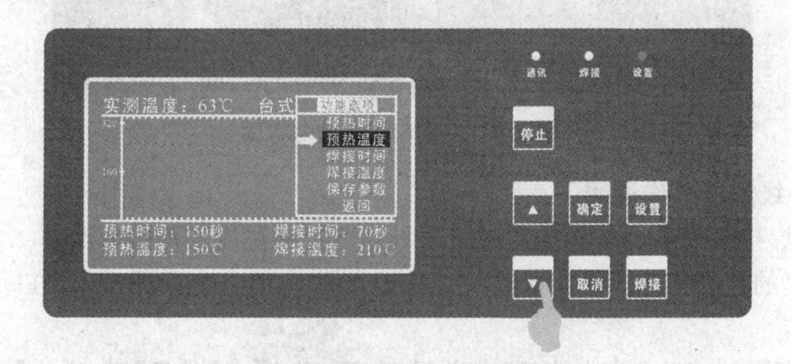

图 6.6　焊接子功能项设置图

③ 按【确定】，再通过【▲】/【▼】修改具体值，如图 6.7 所示。

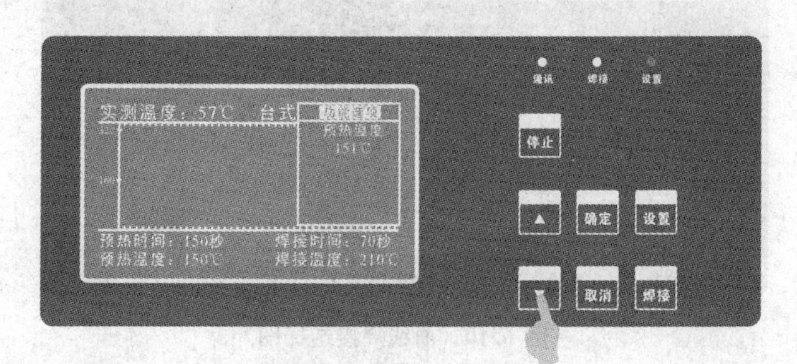

图 6.7　具体值修改图

④ 修改完毕按【确定】，再通过【▲】/【▼】来选择【返回】或【保存参数】，若选择【返回】，则保存为当前焊接参数，掉电后会丢失；若选择【保存参数】，再按【确定】，则进入【保存参数】子功能选项，如图 6.8 所示。

⑤ 通过【▲】/【▼】键选择参数组别，再按【确定】键即将当前设置的参数保存在此组并

返回上一级菜单，如图 6.9 所示，此时该组参数已保存到常规焊接参数组中，掉电后不会丢失。

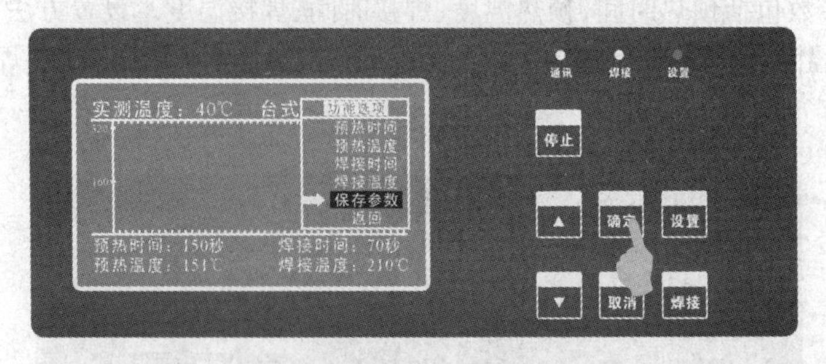

图 6.8 子功能参数保存图

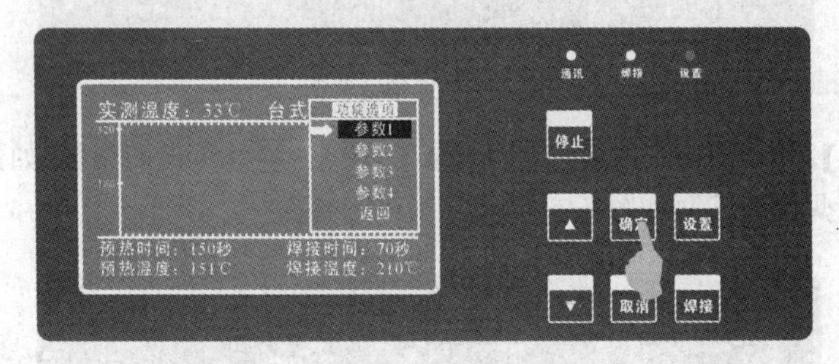

图 6.9 当前设置参数保存图

2. 虚拟曲线焊接操作说明

虚拟曲线焊接是指采用按预定的时间间隔逐点控制温度的焊接方法。

注意：这里的控制温度曲线与所需的焊接温度曲线不一定相同，但存在一个对应关系。选用方法如下：

① 按【设置】键，进入【功能选项】参数设置，再通过【▲】/【▼】键，选中【曲线焊接】，按【确定】进入选择曲线，如图 6.10 所示。

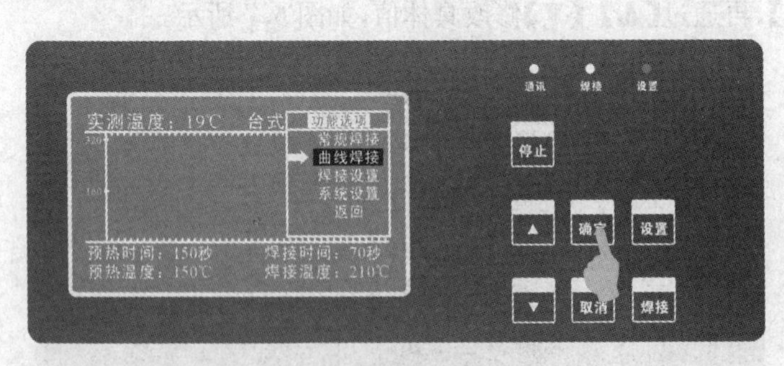

图 6.10 曲线焊接选择图

② 通过【▲】/【▼】键选择一组曲线，按【确定】确认后，再按【焊接】即开始按照选定曲线参数进行焊接。

本机可预存四条自定义的控制温度曲线供用户根据特殊的工艺要求进行焊接。若有需要，还可以通过上位机软件重新设置虚拟曲线。

3. 系统参数设置

按【设置】键，进入参数设置功能选项，通过【▲】/【▼】键，选中【系统设置】，如图 6.11 所示。

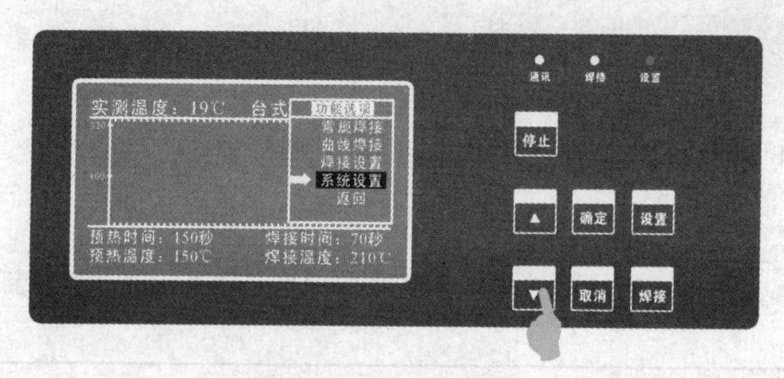

图 6.11 系统设置图

按【确定】，进入系统参数设置。系统参数包括风扇速度、声音报警、温度校准、参数恢复。

(1) 风扇速度的设置：通过【▲】/【▼】键，选中【风扇速度】，按【确定】，如图 6.12 所示。再通过【▲】/【▼】键，选择需修改速度的阶段，每个阶段均有进风、排风、散热三组风扇，进风、排风风速均可单独设置，有 0～7 八档，其中"0"为关闭，"7"为速度最高。

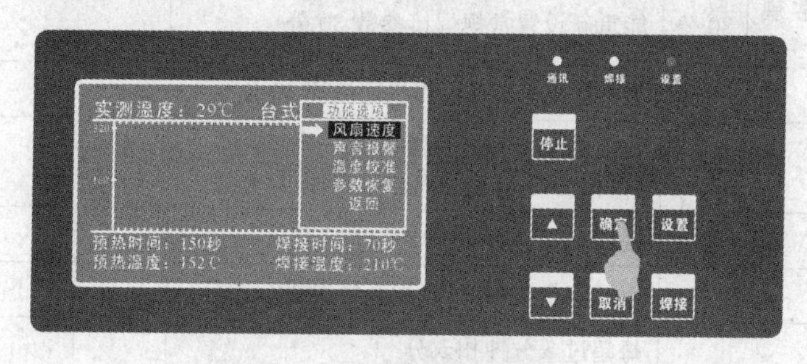

图 6.12 风扇速度设置图

(2) 声音报警：可设定有无声音报警。

(3) 温度校准：厂家调试设备保留。

(4) 参数恢复：可恢复出厂设置。

三、用 Create-SMT 500 台式回流焊机进行回流焊接

(1) 参数设置

为达到最佳焊接效果，可以根据某一批电路板的实际情况，设定最佳的参数并保存起来供后续调用。焊接参考参数：有铅焊接参考参数为预热时间 200 s、预热温度 150 ℃、焊接时间 160 s、焊接温度 220 ℃；无铅焊接参考参数为预热时间 200 s、预热温度 180 ℃、焊接时间 160 s、焊接温度 255 ℃。焊接参数的设置根据电路板和元器件的不同而稍有差异，其中，预热段与焊接段，会根据设定时间和温度双重判断，只有两者都符合时方进入下一段。

(2) 回流焊接

通过台式回流焊机，将锡膏熔化，使表面组装元器件与 PCB 牢固地粘连在一起。
(3) 用台式回流焊机进行回流焊接练习

想 一 想

Create-SMT 500 台式回流焊机各区温度一般设置为多少？

考核评价

序号	项目	配分	评价要点	自评	互评	教师评价	平均分
1	焊接机操作键的熟悉	10 分	熟悉焊接机操作键 20 分				
2	正确选用已设置好的参数组焊接	30 分	能正确选用已设置好的参数组焊接 30 分				
3	重新设置常规焊接参数	30 分	能重新设置常规焊接参数 30 分				
4	回流焊熟练	30 分	能熟练用台式回流焊机回流焊 30 分				
材料、工具、仪表			每损坏或者丢失一样扣 10 分 材料、工具、仪表没有放整齐扣 10 分				
环保节能意识			视情况扣 10～20 分				
安全文明操作			违反安全文明操作（视其情况进行扣分）				
额定时间			每超过 5 分钟扣 5 分				
开始时间		结束时间		实际时间		综合成绩	
综合评议意见（教师）							
评议教师				日期			
自评学生				互评学生			

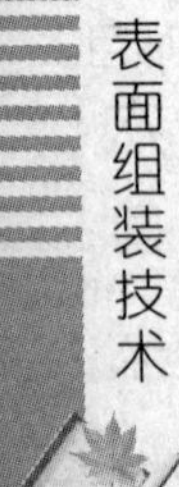

一、Create-SMT 500 台式回流焊机的使用注意事项

(1) 本机为满足无铅双面焊接而设计有独特的风道。焊接时 PCB 的上面和下面温度差异较大的，可保证焊上面的元件时，下面的贴片不脱落；为保证小板的焊接要求，建议焊接小板和 BGA 植锡球时，在料抽底部预放一块 10 cm×10 cm 的 PCB，可以使焊接质量更好。

（2）环境温度较低、有潮气或湿度太大时，建议焊接前要预热一下机器。操作方法是：选好焊接曲线后，空机自动回焊一次。

（3）本机不能焊接反光性太强的金属封装芯片和金属屏蔽罩，不可以焊接承受温度低于250℃的塑料插件和物品，敬请注意！

（4）客户检测机器温度的方法：采用标准温度计，将外置温度探头固定在10 cm×10 cm的PCB正面（一定要紧密贴在PCB的正上面），然后将固定有测温探头的PCB，放入料抽，推入机器内，这样测试出的温度比较符合产品生产实际情况。

（5）日常养护的注意事项

① 保持腔内清洁：我们设有内腔清洁功能，用过几次之后，建议你手动开启加热和风机2～3 min，让腔内残存的溶剂、焊料加热挥发掉，保证内腔清洁。

② 保持整机性能稳定：每次停机前一定要开启风机让整机充分冷却后，再关机，这样可延长机器的使用寿命。

③ 定期清洁抽屉的观察孔玻璃，保持其清洁。

二、SMT工艺流程

1. SMT的两种基本工艺流程

SMT工艺有两种最基本的工艺流程式，一种是锡膏-回流焊工艺，另一种是贴片胶-波峰焊工艺。在实际生产过程中，可以根据所用元器件、生产设备和产品的需求等实际情况采用单个工艺流程或者重复、混合使用。

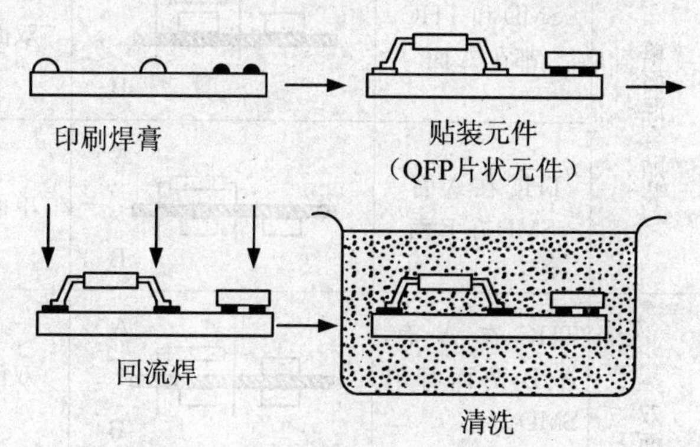

图6.13　锡膏-回流焊工艺流程

（1）锡膏-回流焊工艺，如图6.13所示。这类工艺流程式具有简单、快捷和促进减小产品体积的特点。

（2）贴片胶-波峰焊工艺，如图6.14所示。这类工艺流程式由于利用了双面空间，故电子产品的体积可以进一步减小；而且，仍可使用通孔元件，使其成本降低。但是，这类工艺流程对设备的要求增多，波峰焊工艺中缺陷也较多，难以实现高密度组装。

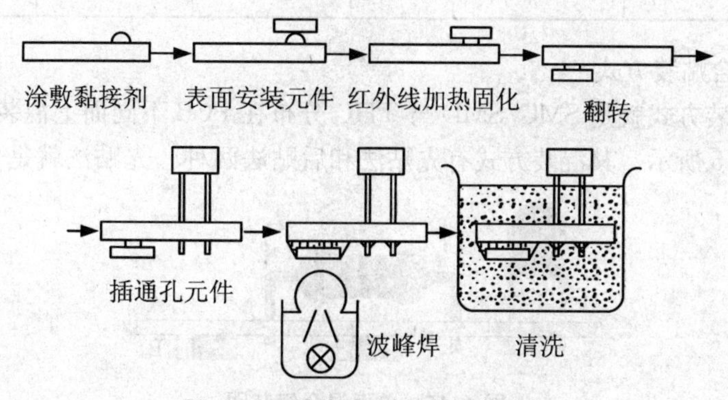

图6.14　贴片胶-波峰焊工艺流程

如果将上述两种工艺流程式混合与重复，则可以演变成多种工艺流程供电子产品组装之用，如混合安装。

2. SMT 的元器件安装方式

SMT 的元器件安装方式根据表面组装件类型、使用元器件种类和组装设备的不同，可以分为单面/双面表面贴装、单面混合贴装、双面混合贴装三种类型，共六种组装方式。如表 6.1 所示。

表 6.1　表面组装组件的组装方式

组装方式		示意图	电路基板	焊接方式	特征
单面/双面表面贴装	单面表面贴装	A B	单面 PCB 陶瓷基板	单面回流焊	工艺简单，适用于小型、薄型化的电路组装
	双面表面贴装	A B	双面 PCB 陶瓷基板	双面回流焊	高密度组装，薄型化
单面混合贴装	SMD 和 THC 都在 A 面	A B	双面 PCB	先 A 面回流焊，后 B 面波峰焊	先贴后插，工艺简单，组装密度低
	THC 在 A 面，SMD 在 B 面	A B	单面 PCB	B 面波峰焊	先插后贴，工艺较复杂，组装密度高
双面混合贴装	THC 在 A 面，A、B 两面都有 SMD	A B	双面 PCB	先 A 面回流焊，后 B 面波峰焊	适合高密度组装
	A、B 两面都有 SMD 和 THC	A B	双面 PCB	先 A 面回流焊，后 B 面波峰焊，B 面插装件后附	工艺复杂，很少采用

(1) 单面混合贴装方式

单面混合贴装方式就是 SMC/SMD 与 THC 分布在 PCB 不同面上混装，但其焊接面仅为单面，如图 6.15 所示。其混装方式有先贴法和后贴法两种。先贴法就是先在 PCB 的B面

图 6.15　单面混合组装图

(焊接面)贴装 SMC/SMD，再在 A 面插装 THC。后贴法就是先在 PCB 的 A 面插装 THC，再在 B 面贴装 SMC/SMD。

(2) 双面混合贴装方式

双面混合贴装方式就是 SMC/SMD 和 THC 可混合分布在 PCB 的同一面，SMC/SMD 也可以分布在 PCB 的双面，其焊接面均为双面。此类组装常用两种组装方式。

① SMC/SMD 和 THC 同在 PCB 的一侧，如图 6.16(a)所示。

② SMC/SMD 和 THC 在 PCB 不同侧。即 THC 和表面组装集成芯片在 PCB 的 A 面，而小外形晶体管和 SMC 在 PCB 的 B 面，如图 6.16(b)所示。

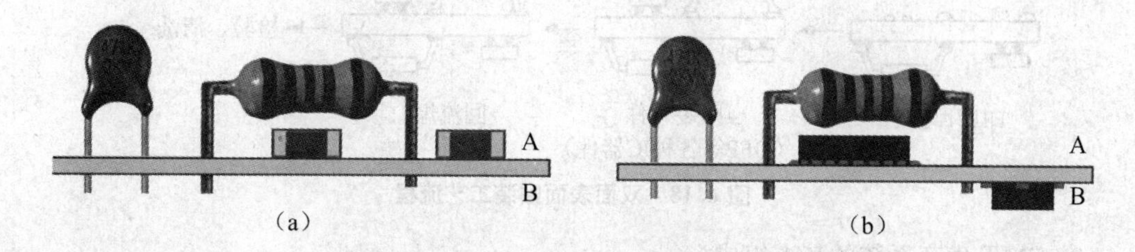

图 6.16　双面混合组装图

双面混合贴装工艺流程如图 6.17 所示。

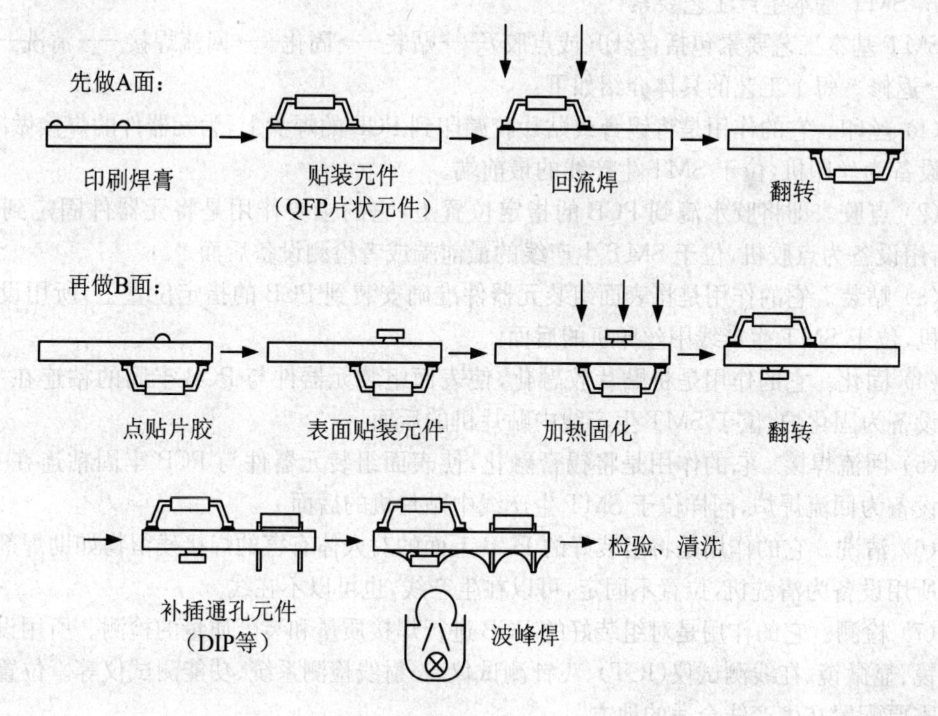

图 6.17　双面混合贴装工艺流程

(3) 单面/双面表面贴装方式

单面/双面表面贴装方式就是在 PCB 上只有 SMC/SMD 没有 THC。但因为目前部分元器件还没有完全实现 SMT 化，这种组装方式在实际应用中并不多。这一类组装方式有两种，即单面表面贴装方式和双面表面贴装方式。

双面表面贴装工艺流程如图 6.18 所示。

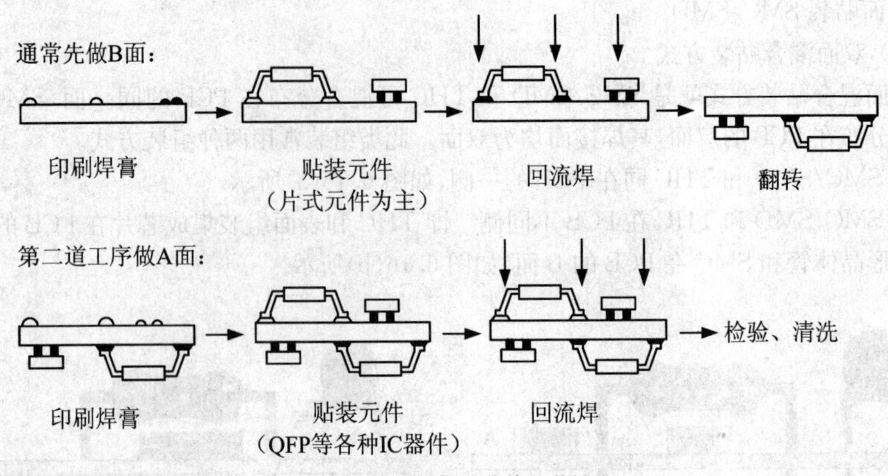

图 6.18 双面表面贴装工艺流程

3. SMT 生产系统的基本组成

SMT 生产系统包括表面涂敷设备、贴装机、焊接机、清洗机、测试设备等，习惯上称为 SMT 生产线，如图 1.2 所示。

4. SMT 基本生产工艺要素

SMT 基本工艺要素包括：丝印（或点胶）⟶贴装⟶固化⟶回流焊接⟶清洗⟶检测⟶返修。每个工艺的具体介绍如下：

(1) 丝印。它的作用是将锡膏或贴片胶漏印到 PCB 的焊盘上，为元器件的焊接做准备，所用设备为丝印机，位于 SMT 生产线的最前端。

(2) 点胶。即将胶水滴到 PCB 的指定位置上，它的主要作用是将元器件固定到 PCB 上，所用设备为点胶机，位于 SMT 生产线的最前端或者检测设备后面。

(3) 贴装。它的作用是将表面组装元器件准确安装到 PCB 的指定位置上，所用设备为贴片机，位于 SMT 生产线中丝印机的后面。

(4) 固化。它的作用是将贴片胶融化，使表面组装元器件与 PCB 牢固的粘连在一起。所用设备为固化炉，位于 SMT 生产线中贴片机的后面。

(5) 回流焊接。它的作用是将锡膏融化，使表面组装元器件与 PCB 牢固粘连在一起。所用设备为回流焊炉，同样位于 SMT 生产线中贴片机的后面

(6) 清洗。它的作用是将组装好的 PCB 上面的对人体有害的焊接残留物如助焊剂等除去。所用设备为清洗机，位置不固定，可以在生产线，也可以不在线。

(7) 检测。它的作用是对组装好的 PCB 进行焊接质量和装配质量的检测。所用设备有放大镜、显微镜、在线测试仪（ICT）、飞针测试仪、X 射线检测系统、功能测试仪等。位置可以根据需要配置在生产线合适的地方。

(8) 返修。它的作用是对检测出现故障的 PCB 进行返工，所用工具为烙铁、返修工作站等，可在生产线中任意位置。

任务二　全热风无铅回流焊

任务描述

现场提供 Create-SMT 3000 全热风无铅回流焊机 1 台，贴好元件的 PCB 20 块。请在认识全热风无铅回流焊机的基础上完成以下操作：

① 回流焊机的正确开机；

② 运行参数设置；

③ PID 参数设定；

④ 机器参数设定；

⑤ 超温报警设定；

⑥ 温度补偿设定；

⑦ 密码修改设定；

⑧ 贴好元件 PCB 的连续回流焊。

实际操作

一、认识 Create-SMT 3000 全热风无铅回流焊机

现场参观 Create-SMT 3000 全热风无铅回流焊机，如图 6.19 所示，对照实物讲解机器结构，并熟悉各操作按钮。

图 6.19　Create-SMT 3000 全热风无铅回流焊机

二、开始生产前准备

当计算机进入 Windows 界面后，双击【回流焊图标】，将显示如图 6.20 的界面，此界面

是设备的主监控界面。主界面是监控和操作设备的重要窗口，主界面可对设备的运行动画和工作状态进行操作和监控。

在监控界面里可以监控设备的运行数据、运行动画和操作设备的工作状态。

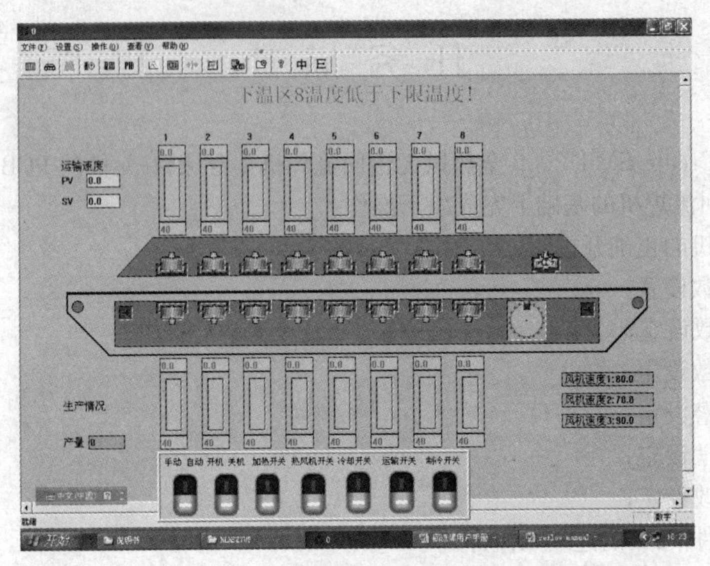

图 6.20　回流焊机主监控界面

注意：此界面支持操作员密码功能，当密码打开时才能对设备进行操作和参数设置，否则只能监控设备运行情况。密码关闭时快捷菜单和下拉菜单都为无效灰白色，不能进行操作；密码打开时快捷菜单和下拉菜单都为黑色，可以进行操作。打开密码方法：单击【密码锁】快捷图标，将出现【输入安全密码】对话框，在对话框里输入安全密码即可。关闭密码方法：单击【密码锁】快捷图标，快捷按钮又变成灰白色。

(1) 语言选择功能

可直接在“文件－＞语言”中进行中文简体、中文繁体和英文之间切换，如图 6.21 所示。在转换的时候可能会出现乱码，一般重新启动软件即可，如果还是不能解决则可能是您系统没有相应的子库。在英文系统下，中文会出现乱码属正常现象。

图 6.21　语言选择图

(2) 运行参数设置

单击【参数设定】弹出参数设定界面，如图 6.22 所示。

在参数设定界面里可以对每个温区的加热温度、网链的运输速度，以及预热、升温的焊接风机的速度进行设定。

此界面的参数可以保存，以便以后焊接同样的 PCB 时可以直接调用，不必逐一修改。操作方法：如图 6.23 所示，打开设定窗口，点击【另存为】图标将弹出【另存为】窗口，输入相应的文件名即可保存。

若下次使用时要调出存储的运行参数，则单击【打开】图标，选择相应的文件名即可打开，单击【确定】图标便可把参数下载到PLC运行。

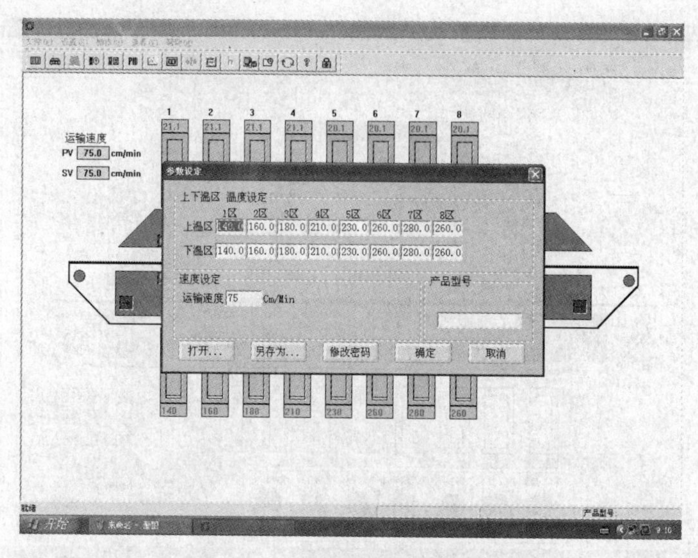

图 6.22　回流焊机参数设置图

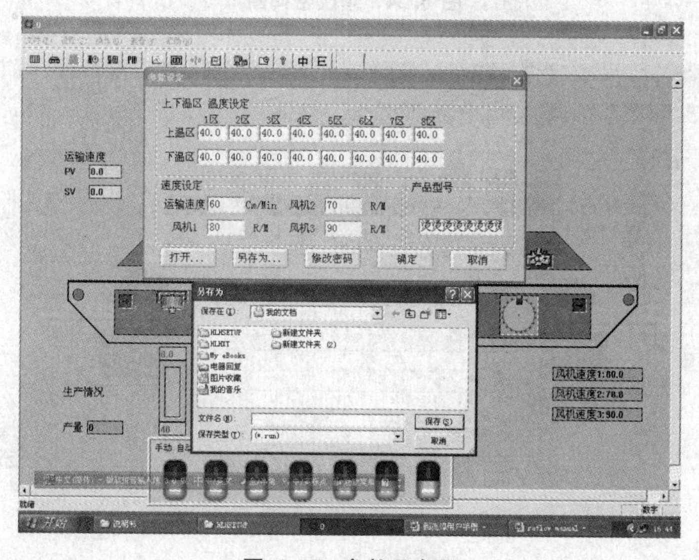

图 6.23　参数另存图

如图6.24所示为修改密码界面，此界面是为了防止非相关操作人员错误操作，设有保护密码(出厂时未设密码)。客户可根据需要设置密码，点击【修改密码】将弹出输入密码界面，在此界面里输入密码确定即可，在下次设定此参数时将提示你输入操作密码。

(3) PID参数设定

在【设置】下拉菜单里单击【PID参数设置】，将出现PID参数设置界面，如图6.25所示。

PID参数是温度控制的重要参数，准确设定PID的参数为控制温度的必要条件。在PID参数中P和I为最重要的参数。

① P值设定：此值为提前PID控制温度。如设定温度为260 ℃，P值为10，即当温度升

到 250 ℃开始 PID 占空比控制。一般 P 值在 0～100 之间。如果是第一次开机温度冲温(实际温度超过设定温度很多),请加大 P 值:如果第一次升温非常缓慢,则减小 P 值,以不超温和不掉温为宜。

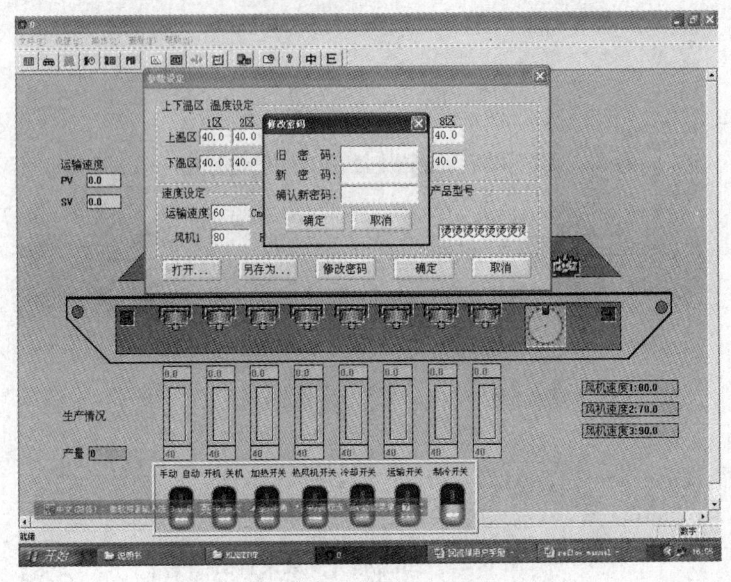

图 6.24　修改密码图

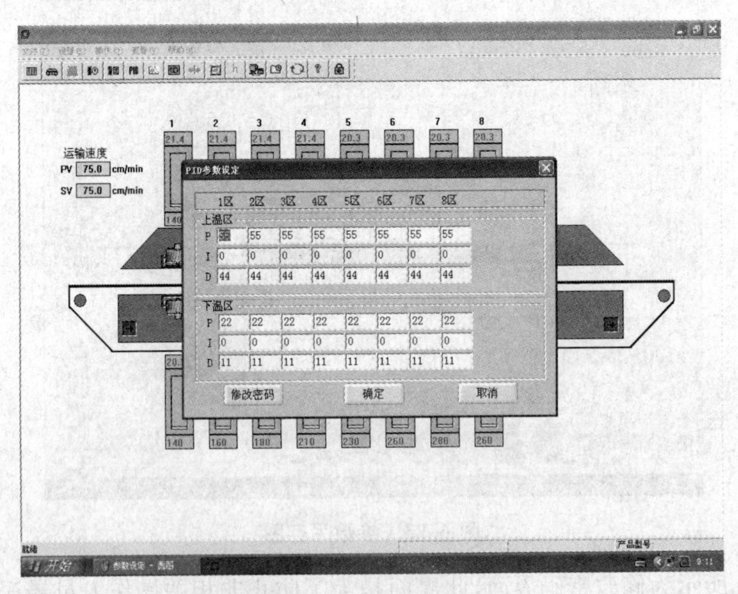

图 6.25　PID 参数设定图

② I 值设定:为内部 PID 的控制参数,当 D 值为“0” 自动控制有效。当温度冲温过大时减小,升温过慢时加大,以不超温和不掉温为宜。

③ D 值设定:为手动占空比参数,当 D 为“0”时为自动控制,大于“0” 时为手动控制。此值范围为“0～100”。当温度冲温过大时减小,升温过慢时加大,以不超温和不掉温为宜。

注意:PID 参数同样支持密码功能,一般由管理员设定;PID 参数根据控制软件不同可能控制的目标和意义有所不同,不能照搬其他公司的软件。

（4）机器参数设定

单击工具栏中图标或选择菜单栏中【窗口】下的【机器参数设定】选项，可进入机器参数设定界面，如图 6.26 所示。

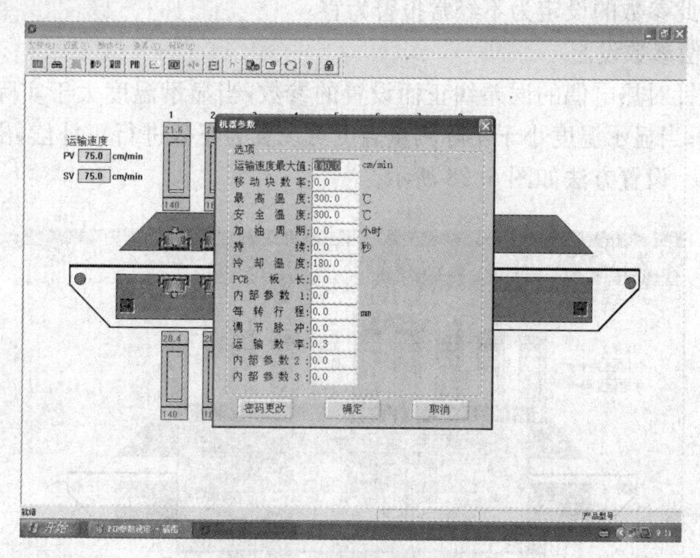

图 6.26　机器参数设定图

最高温度：是设备的最高升温温度，出厂时设定为 300 ℃。参数设定里的温度不能操作机器参数里的最高温度，软件里已自动限制。

安全温度：是自动关机时的关闭温度，一般可设定为 100～200 ℃。

加油周期、持续加油时间请根据润滑程度设定。其余参数可不必设定，系统已运行最佳参数。

（5）超温报警设定

单击【设置】下拉菜单的【极限温度设置】或工具栏的极限温度设置图标，显示如图 6.27 所示。

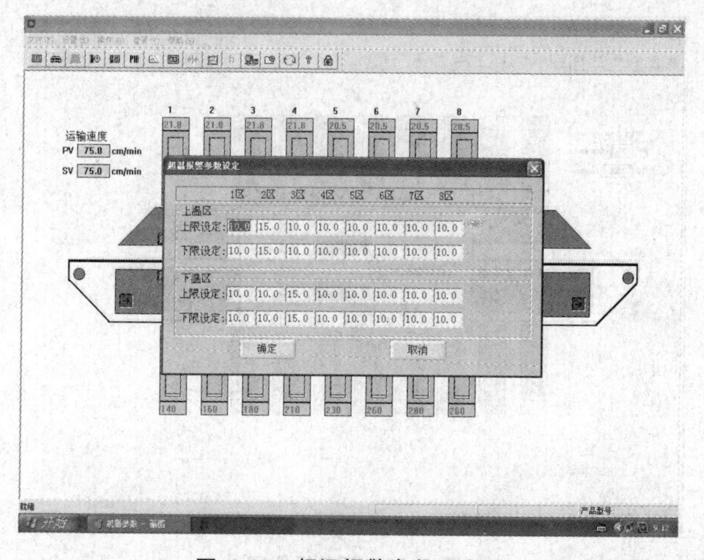

图 6.27　超温报警参数设定图

超温报警参数是用户在生产加工时允许的焊接温度偏差，当超过所设定的偏差值，设备将发出相应的报警或停止设备的加热。超温报警的取值范围可根据客户对PCB的焊接要求来设定，如对温度要求较高的“BGA”可适当把值设小一些，对温度要求不高的电阻电容可适当设大一些。此参数的设定为不经常报警为宜。

(6) 温度补偿参数设定

温度补偿是针对热电偶的误差纠正而设置的参数，当显示温度大于实际温度可设置为负数进行负补偿；当显示温度小于实际测量温度可设置为正数进行正补偿，出厂值为0表示未进行任何补偿。设置方法如图6.28所示。

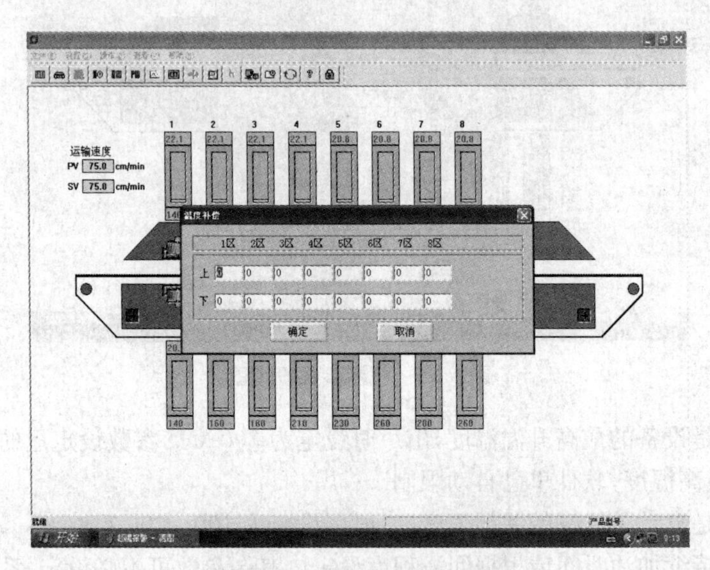

图6.28 温度补偿参数设定

(7) 颜色设置

颜色设置是专门为操作员进行的一个人性化设定，它可以修改操作界面的颜色。颜色设置方法如图6.29所示。

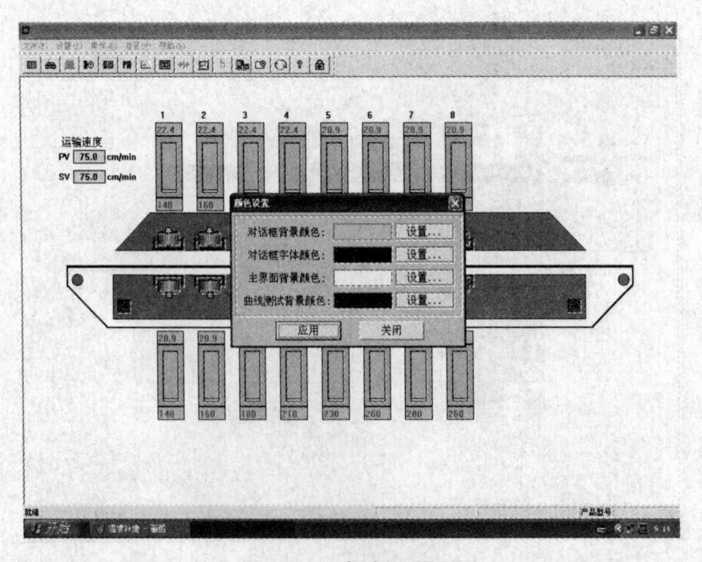

图6.29 颜色设置图

(8) 机器复位

当设备发生故障后可以关闭当次报警，且不影响下次故障报警。复位方法如图 6.30 所示。

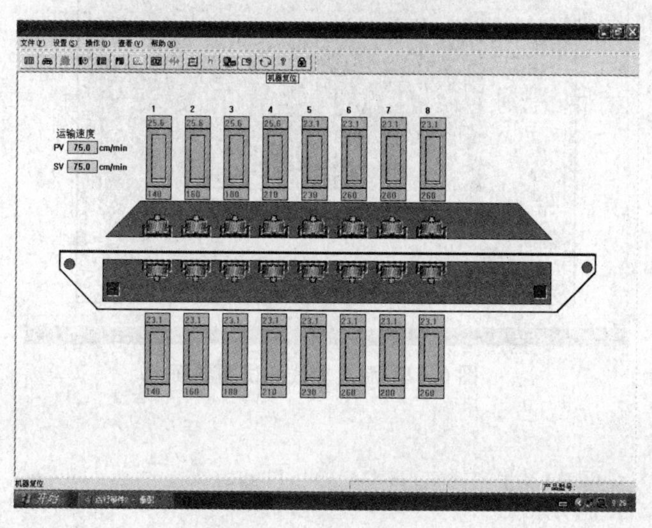

图 6.30　机器复位图

(9) 修改安全码

安全码及操作员登录密码：修改密码时可直接输入新密码和旧密码，如图 6.31 所示。

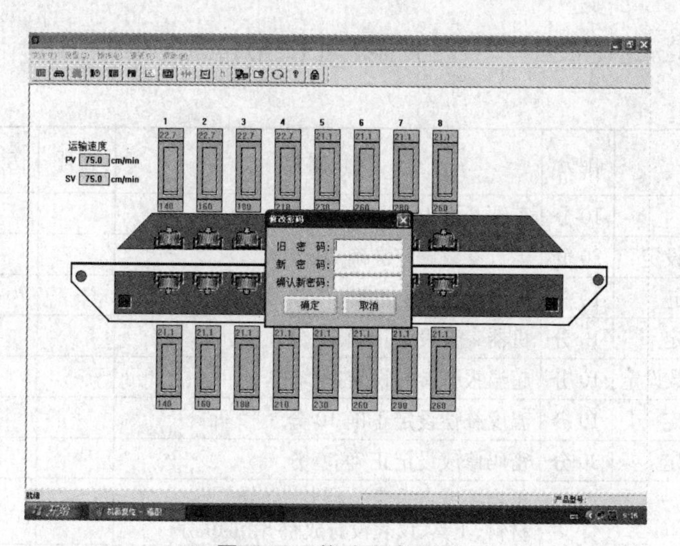

图 6.31　修改安全码图

(10) 温度曲线测试图

在回流焊设备中，当你设定好各温区的温度，此时还不能直接使用，需要验证。温度曲线是指 SMA 通过回流炉时，SMA 上某一点的温度随时间变化的曲线；其本质是 SMA 在某一位置的热容状态。温度曲线提供了一种直观的方法来分析某个元件在整个回流焊过程中的温度变化情况。这对于获得最佳的可焊性，避免由于超温而对元件造成损坏以及保证焊接质量都非常重要。温度曲线测试图界面如图 6.32 所示。

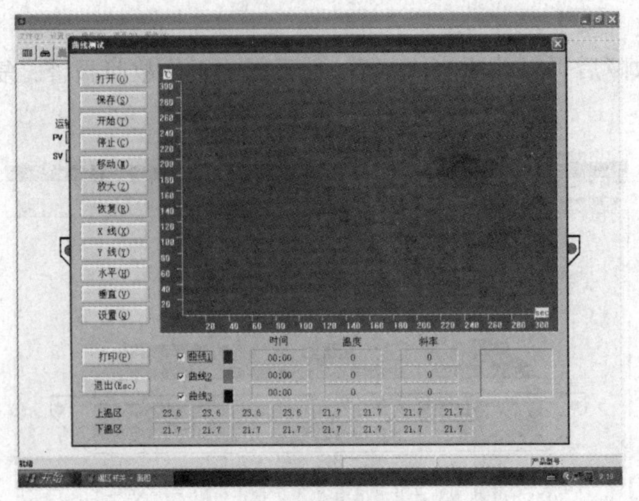

图 6.32　温度曲线测试图界面

想　一　想

回流焊温度曲线怎么调试?

考 核 评 价

序号	项目	配分	评价要点	自评	互评	教师评价	平均分
1	正常开机	10 分	正常开机 10 分				
2	运行参数的设定	20 分	运行参数设定准确 20 分				
3	PID 参数设定	10 分	PID 参数设定正确 10 分				
4	机器参数设定	10 分	机器参数设定正确 10 分				
5	超温报警参数设定	10 分	超温报警参数设定正确 10 分				
6	温度补偿设定	10 分	温度补偿设定正确 10 分				
7	密码修改设定	30 分	密码修改设定正确 30 分				
材料、工具、仪表			每损坏或者丢失一样扣 10 分 材料、工具、仪表没有放整齐扣 10 分				
环保节能意识			视情况扣 10～20 分				
安全文明操作			违反安全文明操作(视其情况进行扣分)				
额定时间			每超过 5 分钟扣 5 分				
开始时间		结束时间	实际时间		综合成绩		
综合评议意见 (教师)							
评议教师			日期				
自评学生			互评学生				

拓展提升

1. Create-SMT 3000 全热风无铅回流焊机技术参数

Create-SMT 3000 技术参数如表 6.2 所示。

表 6.2　Create-SMT 3000 技术参数

技术参数		Create-SMT 3000
传送部分	传送方式	网带传送
	最大 PCB 宽度	350 mm
	传输带高度	880±20 mm
	传送方向	从左→右
	传送速度	0～1 500 mm/min
发热系统	发热器件	采用台展专用发热丝，热效率高
	内胆结构	采用特殊结构内胆，保温效果佳，热损耗小。适合于无铅工艺
	加热区长度	2 880 mm
	加热区数量	上 8 zones　下 8 zones
控制系统	控制方式	采用三菱专用回流焊 PLC+电脑控制，稳定、可靠
	测温方式	进口热电偶检测系统，自动冷端补偿
	电源	五线三相 380 V　AC　60 A
	启动功率	34 kW
	正常工作消耗功率	约 7.5 kW
	升温时间	约 20 min
	温度控制范围	室温至 310 ℃
	温度控制方式	三菱温控模块配合进口 SSR 驱动系统，采用 PID 控制方式，温度均匀
	温度控制精度	±1 ℃
	PCB 温度分布偏差	±2 ℃
	异常警报	温度异常(恒温后超高温)
运风系统	运风方式	采用特殊循环运风方式，温区独立运风，使每个温区温度均匀，无阴影区
	热风马达	采用 SCROCO 专用耐高温热风马达，稳定耐用
外壳部分	表面处理	表面喷塑处理
	隔热部分	专用隔热材料，表面温度趋近室温
		内胆密闭，减小热损耗，提高利用率

续表

技术参数		Create-SMT 3000
保护系统	报警设置	声光超温报警装置
	数据保护	UPS备用电源，停电后，PCB可以安全输出炉外，不损坏PCB，保存电脑数据不丢失
软件系统	操作系统	Windows XP
	操作界面	菜单操作界面操作简单、快捷
	储存记忆	各种PCB参数设定可储存，调节不同型号的PCB参数
	参数显示	温区温度，热风速率与运行速度的设定值及实际值均有显示；柱态状动画效果显示各温区升温状态，直观易懂
冷却系统	制冷方式	强制风冷
	冷却区数量	2
机体参数	外形尺寸	L 4250×W 750×H 1290 mm
	重量	700 kg

2. Create-SMT 3000全热风无铅回流焊机典型故障分析与排除

Create-SMT 3000的典型故障分析与排除方法如表6.3所示。

表6.3 Create-SMT 3000典型故障分析与排除方法

故障	造成故障的原因	如何排除故障	机器状态
升温过慢	① 热风马达故障 ② 风轮与马达连接松动或卡住 ③ 固态继电器输出端断路	① 检查热风马达 ② 检查风轮 ③ 更换固态继电器	长时间处于“升温过程”
温度居高不下	① 热风马达故障 ② 风轮故障 ③ 固态继电器输出端短路	① 检查热风马达 ② 检查风轮 ③ 更换固态继电器	工作过程
机器不能启动	① 紧急开关未复位 ② 未按下启动按钮	① 检查紧急开关 ② 按下启动按钮	启动过程
加热区温度升不到设置温度	① 加热器损坏 ② 热电偶有故障 ③ 固态继电器输出端断路 ④ 排气过大或左右排气量不平衡	① 更换加热器 ② 检查或更换热继电器 ③ 更换固态继电器 ④ 调节排气调气板	长时间处于“升温过程”
运输电机不正常	运输变频器测出电机超载或卡住	① 重新开启运输变频器 ② 检查或更换变频器 ③ 重新设定变频器电流测定值	① 信号灯塔红灯亮 ② 所有加热器停止加热
电脑屏幕上速度值误差偏大	速度反馈传感应距离有误	检查U型电眼是否故障	

3. Create-SMT 3000 全热风无铅回流焊机电脑常见故障及对策

Create-SMT 3000 全热风无铅回流焊机电脑常见故障及解决方法如表 6.4 所示。

表 6.4 Create-SMT 3000 全热风无铅回流焊机电脑常见故障及对策

序号	现象	原因	解决方法
1	测曲线时死机	测温线接反或松动	检查并重接测温线
2	温度波动大	① 脉冲参数设置不合理 ② 探头位置不合理	① 重新设置 PID 参数 ② 调整探头位置
3	电脑反复重启	① 操作系统损坏 ② 主板损坏 ③ CPU 风扇损坏	① 重装系统 ② 更换主板 ③ 更换 CPU 风扇
4	进入控制面板时重启或花屏	系统损坏	重装系统
5	不能打开软件控制界面	软件损坏	重装控制软件
6	点击运风或运输时黑屏	地线接触不良	重接地线
7	不能进入 XP 系统	系统文件损坏	重装系统
8	设屏保时报警	屏保时看不到温度	取消屏保
9	非法关机后不能进入程序界面	非法关机后文件损坏	重装操作系统
10	不能进入控制软件界面	控制系统损坏	重装控制软件
11	计算机键盘失灵	误按键盘锁	解开键盘锁
12	不能进入曲线测试界面	ODBC 数据源没设定	重新设定 ODBC 数据源
13	设定 ODBC 数据源时出现错误	操作系统损坏	重装操作系统
14	进入程序后温度为 0 ℃并且各开关失效	电脑与 PLC 未能通讯	核对串行口，在控制面板里检查通信协议并使其绑定

项目练习

1. 回流焊炉实践操作。

2. 根据给定的单面表面组装电路板完成下列内容：

(1) 现场设置并检测炉温曲线；

(2) 现场讲述焊接作业指导书；

(3) 现场分析产生“锡珠”“立碑”原因及对策。

项目七

检　测

学习目标

1. 知识目标

① 知道检测的内容；

② 掌握检测的标准；

③ 掌握用目测法检测的方法；

④ 掌握用视频检测仪检测的方法。

2. 能力目标

① 会用目测法检测；

② 会用视频检测仪检测。

3. 安全规范

① 注意保护眼睛，不要把杂质弄到眼睛里；

② 视频检测仪不论在使用或存放时，应避免有灰尘、潮湿、过冷、过热或含有酸、碱性蒸气的地方；

③ 透镜有灰尘时，可用吹风球吹去或用擦镜纸蘸少许无水乙醇和乙醚混合剂轻轻擦拭；

④ 不得将化学品放在附近，视频检测仪不使用时应罩上防尘罩，保持仪器的清洁；

⑤ 注意用电安全。、

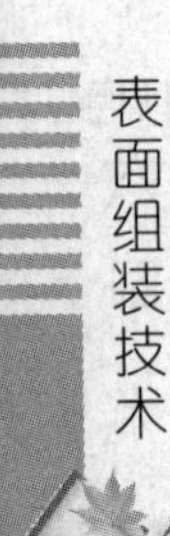

任务一　用目测法检查

任务描述

现场提供锡膏印刷后的 PCB 2 块，贴片后的 PCB 2 块，焊接后的 PCB 2 块。请在学习检测工艺的基础上完成以下操作：

① 用目测法检测锡膏印刷质量；

② 用目测法检测贴片质量；

③ 用目测法检测焊接质量。

实 际 操 作

一、认识检测内容

(1) 锡膏印刷检测内容

① 锡膏印刷是否完全；

② 有无桥接；

③ 厚度是否均匀；

④ 有无塌边；

⑤ 印刷有无偏差。

(2) 贴片检测内容

① 元件的贴装位置情况；

② 有无掉片；

③ 有无错件。

(3) 回流焊接检测内容

① 元件的焊接情况，有无桥接、立碑、错位、焊料球、虚焊等不良焊接现象；

② 焊点的情况。

二、认识检验的标准

(1) 锡膏印刷检验

总则：印刷在焊盘上的锡膏量允许有一定的偏差，但锡膏覆盖在每个焊盘上的面积应大于焊盘面积的75%，如表7.1所示。

表 7.1 锡膏印刷状态

缺陷	理想状态	可接受状态	不可接受状态
偏移			
连锡			
锡膏沾污			
锡膏高度变化大			

续表

缺陷	理想状态	可接受状态	不可接受状态
锡膏面积缩小、少印			
锡膏面积太大			
挖锡			
边缘不齐			

(2) 点胶检验

理想胶点:烛等于焊盘和引出端面上看不到贴片胶沾染的痕迹,胶点位于各个焊盘中间,其大小为点胶嘴的1.5倍左右,胶量以贴装后元件焊端与PCB的焊盘不沾污为宜,如表7.2所示。

表 7.2 点胶状态

缺陷	理想状态	可接受状态	不可接受状态
偏移			
胶点过大			
胶点过小			
拉丝			

(3) 贴片检验

贴胶检验状态如表7.3所示。

表 7.3 贴胶状态

缺陷	正常状态	可接受状态	不可接受状态
偏移			
偏移			

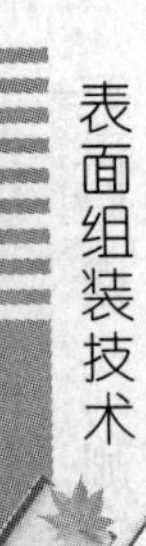

续表

缺陷	正常状态	可接受状态	不可接受状态
溢胶			
漏件			
错件			
反向			
偏移			
悬浮			
旋转			

(4) 焊接后检验

良好的焊点应是焊点饱满、润湿良好，焊料铺展到焊盘边缘，如表 7.4 所示。

表 7.4　焊接状态

缺陷	正常状态	可接受状态	不可接受状态
偏移		A　B　$B<A/4$	A　B　$B>A/4$
偏移			
溢胶			
漏件			
错件			

续表

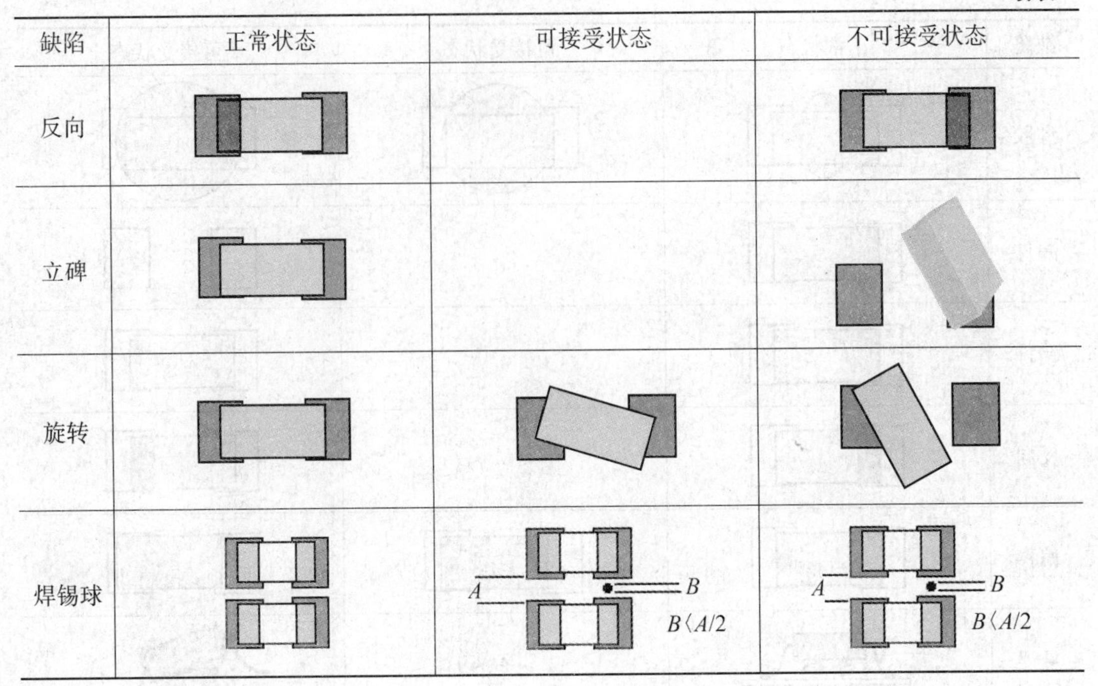

缺陷	正常状态	可接受状态	不可接受状态
反向			
立碑			
旋转			
焊锡球		A B B〈A/2	A B B〈A/2

三、用目测法检查产品

(1) 练习用目测法检测锡膏印刷质量；

(2) 练习用目测法检测贴片质量；

(3) 练习用目测法检测焊接质量，如图 7.1 所示。

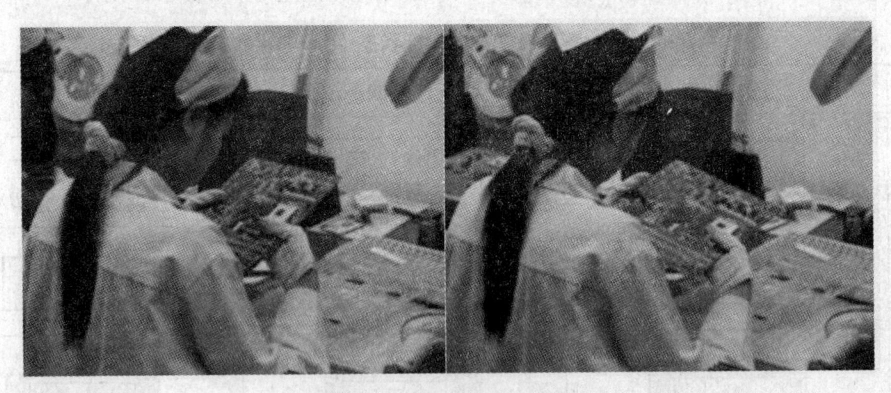

图 7.1　目测法检测电路板

想　一　想

如何检测焊接后焊点的缺陷？

考核评价

序号	项目	配分	评价要点	自评	互评	教师评价	平均分
1	检测标准认识	20 分	检测标准认识清楚 20 分				
2	用目测法检测锡膏印刷质量	20 分	锡膏印刷质量检测正确 20 分				
3	用目测法检测贴片质量	30 分	贴片质量检测正确 30 分				
4	用目测法检测焊接质量	30 分	焊接质量检测正确 30 分				
材料、工具、仪表			每损坏或者丢失一样扣 10 分 材料、工具、仪表没有放整齐扣 10 分				
环保节能意识			视情况扣 10～20 分				
安全文明操作			违反安全文明操作(视其情况进行扣分)				
额定时间			每超过 5 分钟扣 5 分				
开始时间		结束时间		实际时间		综合成绩	
综合评议意见（教师）							
评议教师			日期				
自评学生			互评学生				

任务二 用光学设备检测

任务描述

Create-PDM 2000 视频检测仪一台，PCB 10 块。请在学习视频检测仪使用的基础上完成以下操作：

① 正确操作 Create-PDM 2000 视频检测仪；

② 用视频检测仪检测锡膏印刷质量；

③ 用视频检测仪检测贴片质量；

④ 用视频检测仪检测焊接质量。

实际操作

一、认识视频检测仪

1. 视频检测仪结构认识

Create-PDM 2000 视频检测仪是一款连续变倍的单筒显微镜，该仪器采用显微镜与高清晰度的彩色 CCD 摄像头或电视机、监视器、计算机配套使用。主要应用于：

(1) 对精密的细小零部件作观察、检验和测量的工具使用；

(2) 在电子工业中，作为电路、晶体管等贴片装配的辅助工具使用；

(3) 检查各种精密的细小零部件的裂缝形状、气孔形状、腐蚀情况等。

Create-PDM 2000 视频检测仪的主要部件如图 7.2 所示：

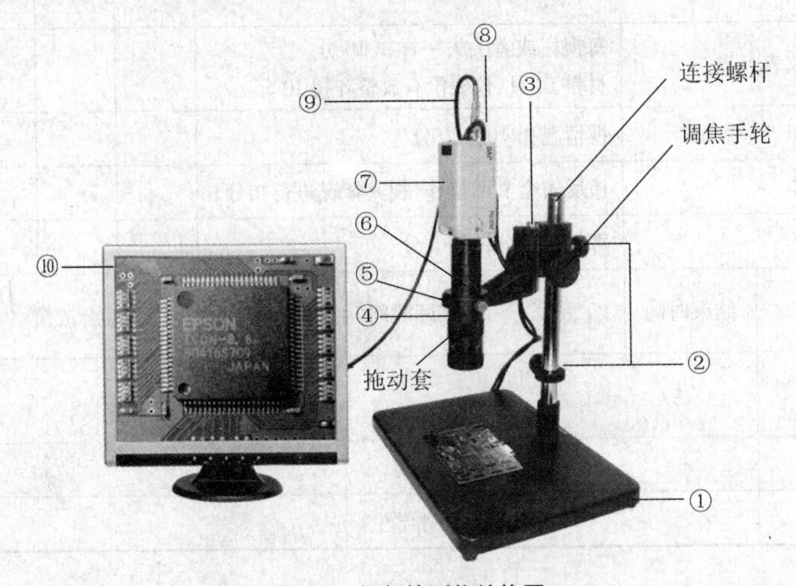

图 7.2　视频检测仪结构图

① 检测台面；② 锁紧手轮；③ 升降座；④ 主物镜；⑤ 滚花螺钉；⑥ 摄影目镜；⑦ CCD 摄像头；⑧ CCD 电源；⑨ 视频信号线；⑩ 显示器

2. 视频检测仪主要参数认识

(1) 光学放大倍数：如表 7.5 所示，主物镜 0.7～4.5×。

表 7.5　光学放大倍数

辅助物镜倍率	总放大倍数		工作距离(mm)
	摄影目镜		
	0.5×	1×	
0.5×	0.18～1.13×	0.35～2.25×	156
无辅助物镜	0.35～2.25×	0.7～4.5×	95
2×	0.7～4.5×	1.4～9.0×	30

(2) CCD摄像机靶面对角线尺寸如表7.6所示。

表7.6　CCD摄像机靶面对角线尺寸

规格	1/3"	1/2"	2/3"
对角线尺寸	6 mm	8 mm	11 mm

(3) 视频放大率：如表7.7所示。

表7.7　视频放大率

CCD \ 显示器	15"	17"	21"
1/3"	63.5×	72.0×	88.5×
1/2"	47.6×	54.0×	66.7×
2/3"	34.6×	39.3×	48.5×

(4) 手轮调焦范围：0～60 mm。

(5) 立柱升降范围：0～110 mm。

精密视频检测仪对图像放大率有贡献的部件，自上而下有：辅助物镜、主物镜、摄影目镜、CCD摄像机、显示器。前三个部件产生光学放大，后两个部件产生数字放大。

总放大率＝光学放大倍数×视频放大率

物方视场直径＝CCD靶面对角线尺寸/光学放大率

二、视频检测仪的操作

(1) 调焦：转动调焦手轮或改变升降高度，均可进行调焦。

(2) 转动主物镜的转动环，可以获得连续变化的放大倍数。

(3) 物镜倍率变化有0.7～4.5×，低倍率有较大的视场和景深。为了便于寻找目标，建议先用较小的倍率观察。

(4) 把所要观察的物体放在载物台上，根据需要选用光源，并调节好亮度。

三、用视频检测仪检查

(1) 练习用视频检测仪检测锡膏印刷质量；

(2) 练习用视频检测仪检测贴片质量；

(3) 练习用视频检测仪检测焊接质量。

想 一 想

如何调试和操作视频检测仪？

考核评价

序号	项目	配分	评价要点	自评	互评	教师评价	平均分
1	视频检测仪的操作	20分	调焦正确10分 主物镜调节正确10分				
2	用视频检测仪检测锡膏印刷质量	20分	锡膏印刷质量检测正确20分				
3	用视频检测仪检测贴片质量	30分	贴片质量检测正确30分				
4	用视频检测仪检测焊接质量	30分	焊接质量检测正确30分				
材料、工具、仪表			每损坏或者丢失一样扣10分 材料、工具、仪表没有放整齐扣10分				
环保节能意识			视情况扣10～20分				
安全文明操作			违反安全文明操作(视其情况进行扣分)				
额定时间			每超过5分钟扣5分				
开始时间		结束时间		实际时间		综合成绩	
综合评议意见(教师)							
评议教师			日期				
自评学生			互评学生				

拓展提升

其他检测方法

1. 自动光学检查

随着线路板上元器件组装密度的提高，给电气接触测试增加了困难，将自动光学检查(AOI)技术引入到SMT生产线的测试领域也是大势所趋。AOI不但可对焊接质量进行检验，还可对光板、锡膏印刷质量、贴片质量等进行检查。AOI的出现几乎完全替代了人工操作，对提高产品质量、生产效率都是大有裨益的。当自动检测时，AOI通过摄像头自动扫描PCB，采集图像，将测试的焊点与数据库中的合格的参数进行比较，经过图像处理，检查出PCB上缺陷，并通过显示器或自动标志把缺陷显示/标示出来，供维修人员修整。

现在的AOI系统采用了高级的视觉系统、新型的给光方式、增加的放大倍数和复杂的算法，从而能够以高测试速度获得高缺陷捕捉率。AOI系统能够检测下列错误：元器件漏贴、钽电容的极性错误、焊脚定位错误或者偏斜、引脚弯曲或者折起、焊料过量或者不足、焊点桥接或者虚焊等。AOI除了能检查出目检无法查出的缺陷外，还能把生产过程中各工序的工作质量以及出现缺陷的类型等情况收集、反馈回来，供工艺控制人员分析和管理。但AOI系统也存在不足，如不能检测电路错误，同时对不可见焊点的检测也无能为力。

2. 自动X射线检查

自动X射线检查(AXI)是近几年才兴起的一种新型测试技术。当组装好的线路板沿导轨进入机器内部后，位于线路板上方有一X射线发射管，其发射的X射线穿过线路板后被置于下方的探测器(一般为摄像机)接收，由于焊点中含有可以大量吸收X射线的铅，因此与穿过玻璃纤维、铜、硅等其他材料的X射线相比，照射在焊点上的X射线被大量吸收，而呈黑点产生良好图像，使得对焊点的分析变得相当直观，故简单的图像分析算法便可自动且可靠地检验焊点缺陷。AXI技术已从以往的2D检验法发展到目前的3D检验法。前者为透射X射线检验法，对于单面板上的元件焊点可产生清晰的视像，但对于目前广泛使用的双面贴装线路板，效果就会很差，会使两面焊点的视像重叠而极难分辨。而3D检验法采用分层技术，即将光束聚焦到任何一层并将相应图像投射到一高速旋转的接受面上，由于接受面高速旋转使得位于焦点处的图像非常清晰，而其他层上的图像则被消除，故3D检验法可对线路板两面的焊点独立成像。

3. 在线测试仪

电气测试使用的最基本仪器是在线测试仪(ICT)，传统的在线测试仪测量时使用专门的针床与已焊接好的线路板上的元器件接触，如图7.3、图7.4所示。

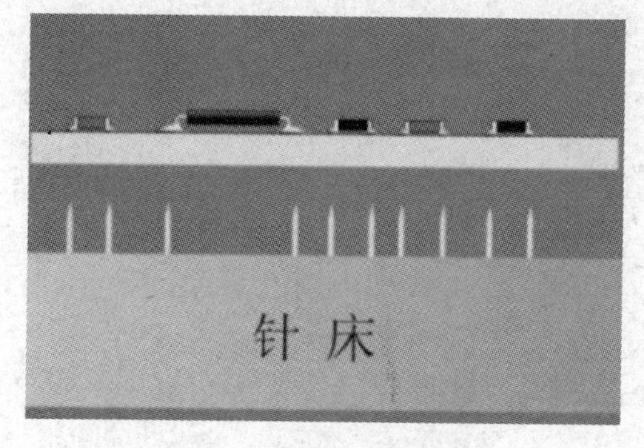

图7.3 针床测试准备图

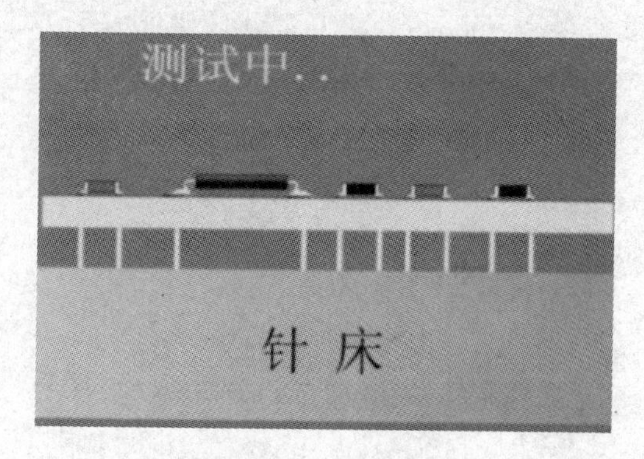

图7.4 针床测试图

针床测试时用数百毫伏电压和10毫安以内电流进行分立隔离测试，从而精确地测出所装电阻、电感、电容、二极管、三极管、可控硅、场效应管、集成块等通用和特殊元器件的漏装、错装、参数值偏差、焊点连焊、线路板开短路等故障，并将故障是哪个元件或开短路位于哪个点准确告诉用户。

针床式在线测试仪的优点是：测试速度快，适合于单一品种民用型家电线路板及大规模生产的测试，而且主机价格较便宜。但是随着线路板组装密度的提高，特别是细间距SMT组装以及新产品开发生产周期越来越短，线路板品种越来越多，针床式在线测试仪存在一些难以克服的问题：测试用针床夹具的制作、调试周期长，价格贵以及对于一些高密度SMT线路板由于测试精度问题无法进行测试。

项目练习

1. 印刷在焊盘上的锡膏量允许有一定的偏差，但锡膏覆盖在每个焊盘上的面积应大于焊盘面积的________。

2. 烛=焊盘和引出端面上看不到贴片胶沾染的痕迹，胶点位于各个焊盘中间，其大小为点胶嘴的________倍左右，胶量以贴装后元件焊端与PCB的焊盘不________为宜。

3. 良好的焊点应是焊点________、________，焊料铺展到焊盘________。

4. 视频检测仪对图像放大率有贡献的部件，自上而下有：辅助物镜、主物镜、摄影目镜、CCD摄像机、显示器。前三个部件产生________放大，后两个部件产生________放大。

5. 用视频检测仪进行检测时，转动主物镜的________，可以获得连续变化的________。

项目八

返　修

学习目标

1. 知识目标

① 理解手工焊接的原理；

② 掌握热风枪的使用方法；

③ 掌握 BGA 返修工作站的操作方法。

2. 能力目标

① 会 SMC 的手工焊接接；

② 会 SMC 的手工取换；

③ 会平面封装集成块元器件的手工焊；

④ 会平面封装集成块元器件的取换；

⑤ 能用 BGA 返修工作站拆卸和焊接 BGA 集成块。

3. 安全规范

① 热风枪使用时不能对着眼睛；

② 电烙铁不能乱摆放；

③ 工作时不要用手触摸 BGA 维修工作站的高温发热区，否则会烫伤；

④ 工作时，在维修工作站附近不要使用可燃的液体或气体；

⑤ 不要取下 BGA 电箱面板或盖板，电箱中有高压部件，可能会引起电击；

⑥ 当维修工作站异常升温或冒烟时，应立即断开电源，并通知技术服务人员维修。

⑦ 搬运 BGA 维修工作站时要将控制电箱和主机部分的连接线取下，拔下电线时要握住插头，否则会导致接触不良，无法正常工作；

⑧ 如在工作中有金属物体或液体落入维修工作站，应立即断开电源，拔下电源线，待机器冷却后，再彻底清除落物、污垢；

⑨ 停止使用 BGA 维修工作站时，要将电源断开。

任务一　用烙铁返修

任务描述

现场提供热风枪 1 台，恒温电烙铁 1 把，尖嘴钳 1 把，镊子 1 把，斜口钳 1 把，焊锡丝 1 圈，PCB 2 块，维修用 SMC 和 SMD 若干。请在学习好手工焊接的基础上完成以下操作：

1. 正确进行 SMC 的取下和焊接；
2. 正确进行平面封装 IC 元器件的取下和焊接。

实际操作

一、SMC 的焊接

1. 焊接前烙铁头的清洗

烙铁头在清洗的过程中要注意以下方面：

(1) 轻轻地清洁烙铁头，去掉焊锡，清洗时绝对不能让烙铁头接触硬物(如钢板等)。

(2) 清洁掉烙铁头上的锡和炭化的渣滓(黑色渣滓)后再进行作业(用水浸湿时注意时间不要太长，防止温度下降过度)。

(3) 因为烙铁清洗时温度会下降，所以要稍过一小段时间后再进行作业。

(4) 烙铁头使用海绵清洁时，必须在作业前先将海绵湿润。海绵的湿度状态为用手指尖轻压后微微渗出水的状态较好。作业时要注意随时确认海绵的湿度(保持适当的湿度)。

(5) 作业完成时，要注意做好相关“5S”等清洁工作。

2. SMC 的焊接步骤

(1) 准备。使用温度可调的烙铁，调整到适当的温度(推荐设定温度为 290～420 ℃)，锡丝线径是 0.3～0.8 mm，准备方法如图 8.1 所示。

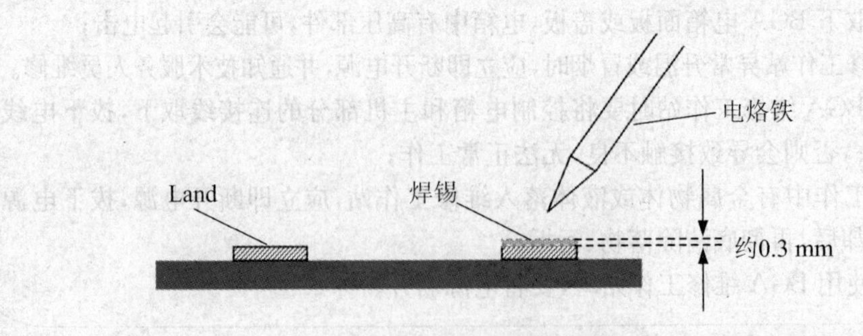

图 8.1　SMC 焊接准备图

(2) 放置组件。用镊子夹住 Chip 组件放在两个焊盘的中间,如图 8.2 所示。

(3) 临时固定。用烙铁对锡膏加热时固定 Chip 组件一端,如图 8.3 所示。

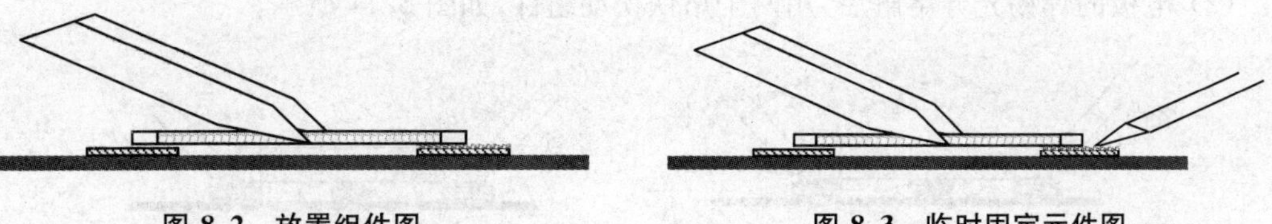

图 8.2　放置组件图　　图 8.3　临时固定元件图

(4) 焊接组件的一端。将组件的另一侧 Land 和 Chip 组件焊接固定,如图 8.4 所示。

(5) 焊接(调整倒角)。送入焊锡,焊接临时固定端,调整倒角,如图 8.5 所示。

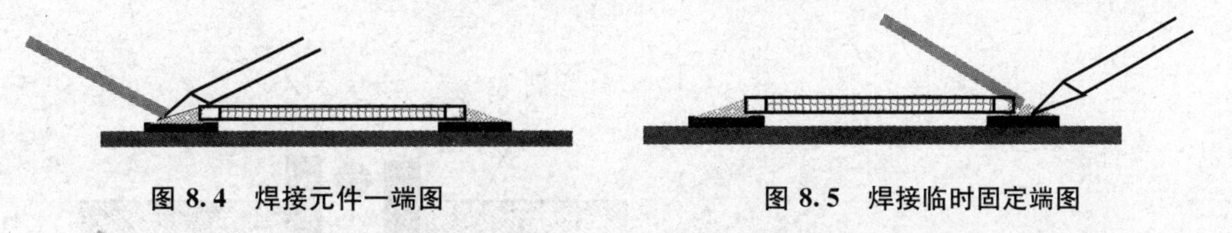

图 8.4　焊接元件一端图　　图 8.5　焊接临时固定端图

(6) 目视检查。检查焊接质量,有无拉尖、毛刺、少锡、桥梁等不良现象。

二、SMC 的取下

1. SMC(无胶水固定)的取下步骤

(1) 贴装状态检查。贴装状态检查如图 8.6 所示,要求无胶水。

(2) 焊锡熔解。用两个烙铁轻轻接触 SMC 两端焊锡处,加热使焊锡熔化,如图 8.7 所示。

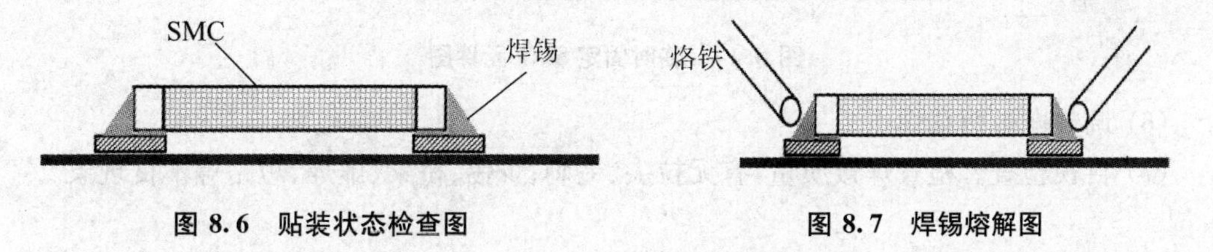

图 8.6　贴装状态检查图　　图 8.7　焊锡熔解图

(3) 取下。确认焊锡完全熔化后,用两个烙铁轻轻将组件向上提起,如图 8.8 所示。取 SMC 还可以使用如图 8.9 所示的专用烙铁。

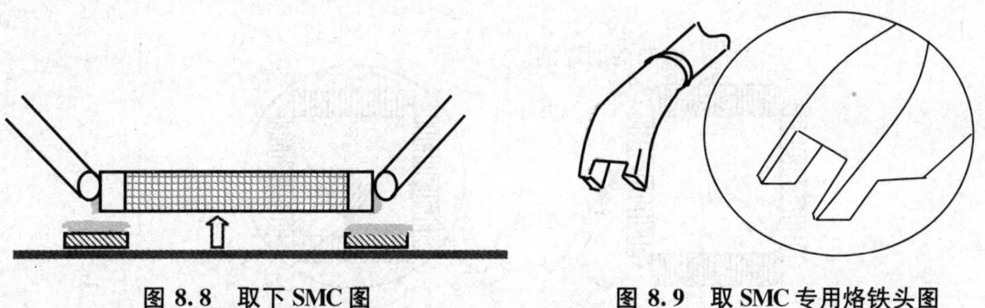

图 8.8　取下 SMC 图　　图 8.9　取 SMC 专用烙铁头图

2. SMC(胶水固定)的取下更换步骤

(1) 用两个烙铁同时熔化电极两端的焊锡,如图 8.10 所示。

(2) 电极的焊锡充分熔解后,用两个烙铁松动组件,如图 8.11 所示。

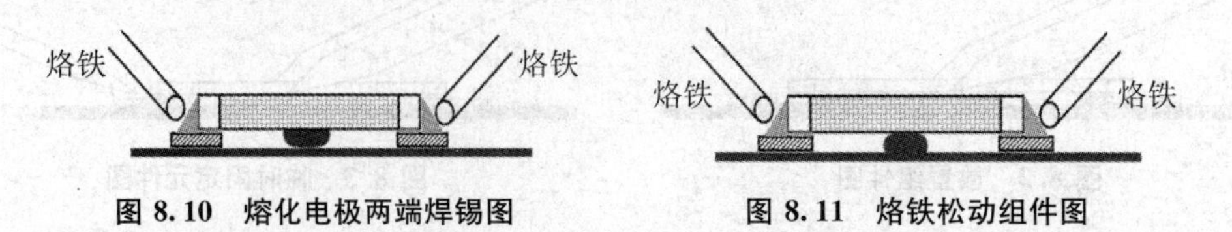

图 8.10　熔化电极两端焊锡图　　**图 8.11　烙铁松动组件图**

(3) 如图 8.12 所示,用烙铁将组件夹起,取下。

(4) 用烙铁除去焊盘上的锡渣,然后除去接着剂,如图 8.13 所示。

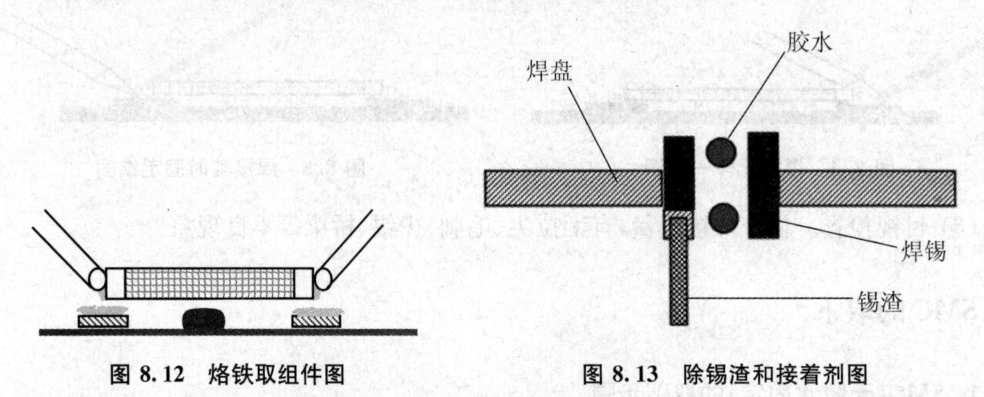

图 8.12　烙铁取组件图　　**图 8.13　除锡渣和接着剂图**

(5) 按图 8.14 所示的 SMT 的焊接方法,临时固定 SMT。

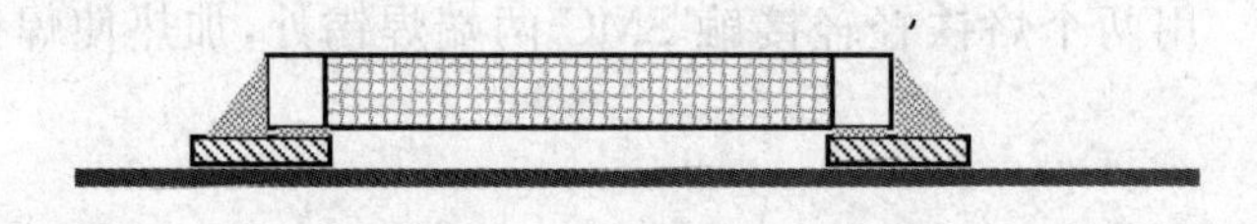

图 8.14　临时固定 SMT 元件图

(6) 调整电极两端焊点。

(7) 目视检查。检查焊接质量,有无拉尖、毛刺、少锡、桥梁、虚焊、短路等不良现象。

三、平面封装集成块元器件的焊接方法

(1) 助焊剂涂布在焊盘上,如图 8.15 所示。

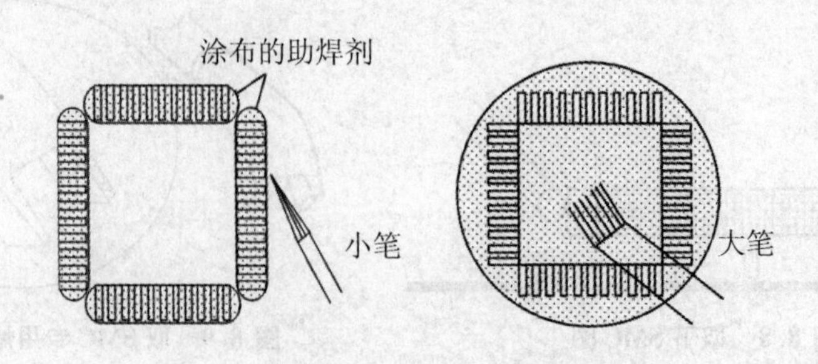

图 8.15　助焊剂涂布图

(2) 将平面封装集成块放在焊盘上，注意 4 面脚都不要偏位，如图 8.16 所示。

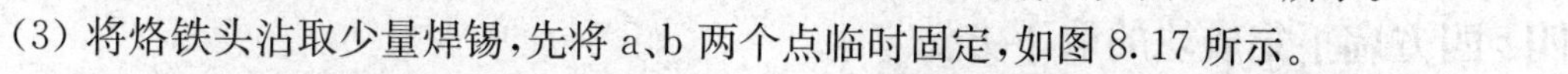

(3) 将烙铁头沾取少量焊锡，先将 a、b 两个点临时固定，如图 8.17 所示。

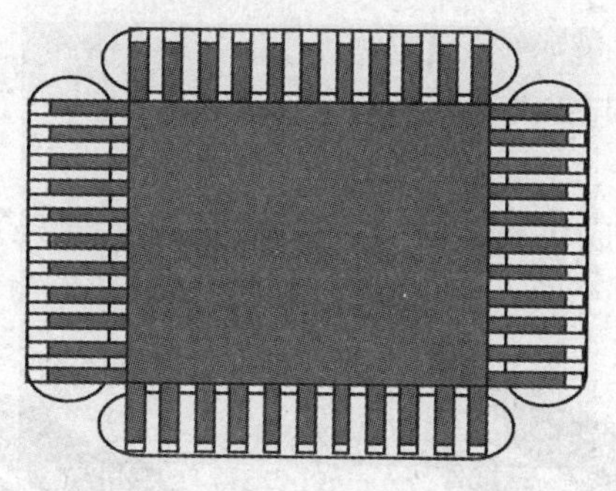

图 8.16　放置平面封装集成块图

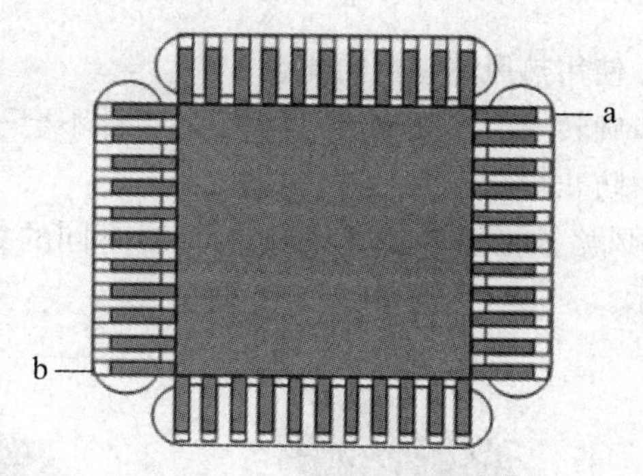

图 8.17　临时固定集成块图

(4) 用烙铁供给锡，如图 8.18 所示。

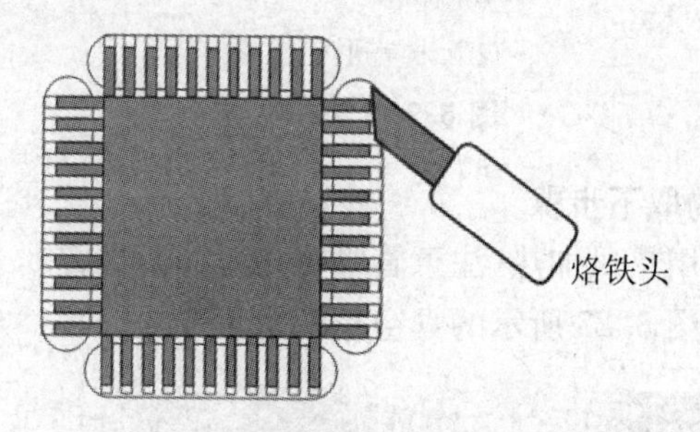

图 8.18　集成块焊接图

集成块及端子的焊接有两种方法，分为点焊接和连续焊接。

① 点焊接：点焊接如图 8.19 所示，用焊铁一点一点地对集成块端子进行焊接。

② 连续焊接：烙铁不离开焊盘，保持接触状态，一边加锡一边按箭头方向移动烙铁。如果基板向箭头稍微倾斜，作业就会更方便。如图 8.20 所示。

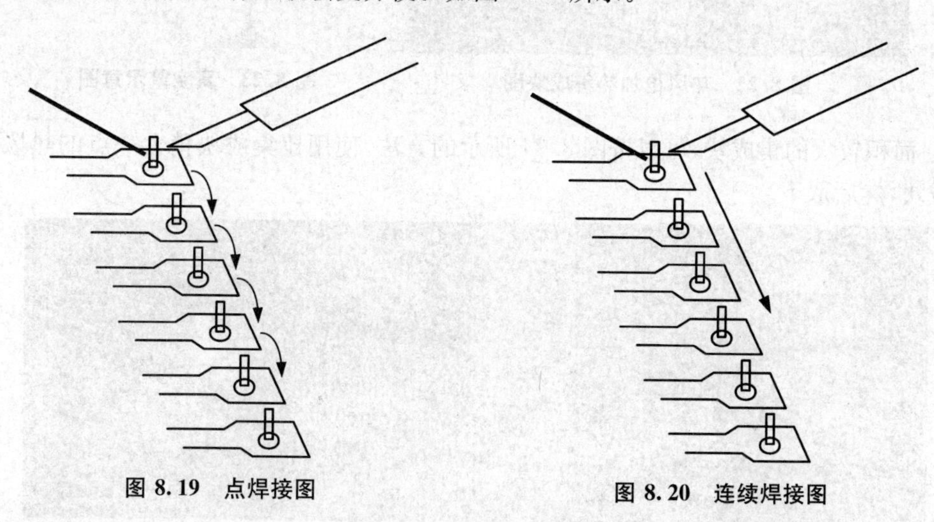

图 8.19　点焊接图　　图 8.20　连续焊接图

(5) 集成块目视检查。检查焊接质量，有无拉尖、毛刺、少锡、桥梁、虚焊、短路等不良现象。

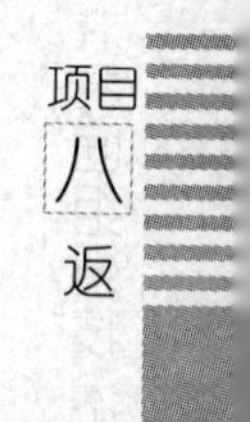

四、四方扁平集成块的取下方法

1. 使用热风烙铁枪的优点

① 旋转取下的集成块,其周围的组件不会飞起;

② 防止焊盘剥离。

热风烙铁枪的热风嘴有多种,针对不同的集成块有不同的热风嘴,如图 8.21(a)、(b)、(c)所示。

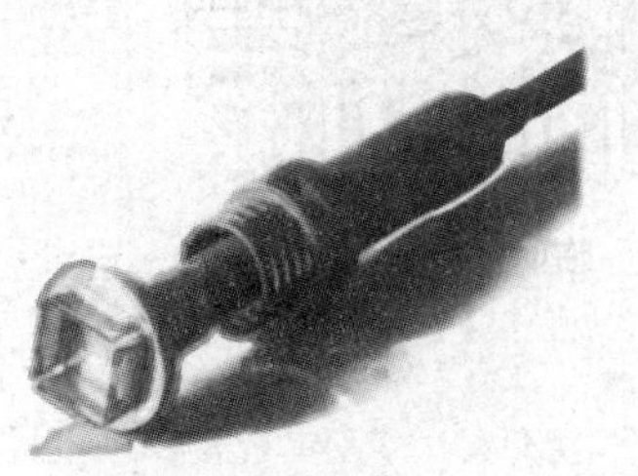

(a) 正方形热风嘴

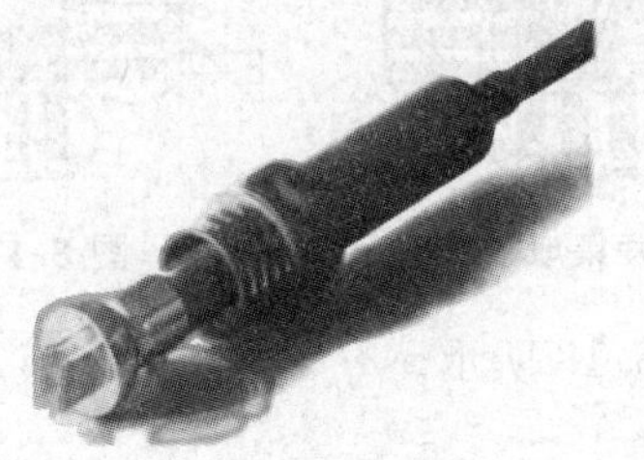

(b) 长方形热风嘴

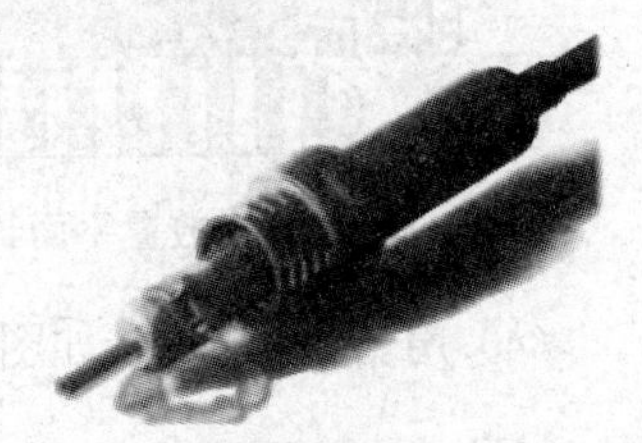

(c) 圆形热风嘴

图 8.21 热风嘴图

2. 四方扁平集成块的取下步骤

① 用镊子夹住管脚,用热风加热(注意管脚容易弯曲),如图 8.22 所示;

② 焊锡熔化后,用如图 8.23 所示的真空笔取下集成块;

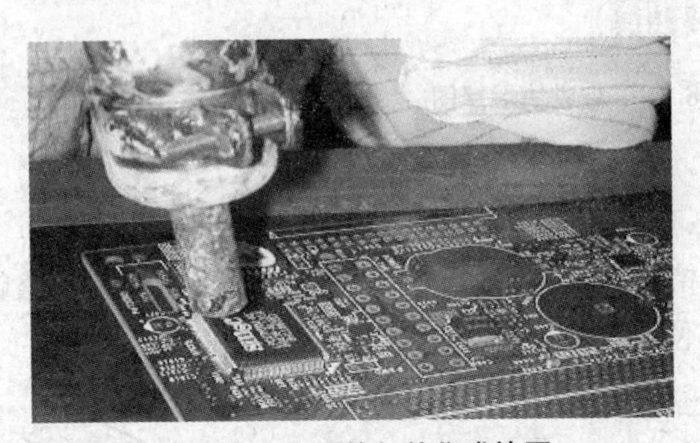

图 8.22 热风枪加热集成块图

图 8.23 真空笔示意图

③ 面积较大的集成块,可以按图 8.24 所示的方法,使用比集成块稍大一点的热风嘴加热集成块,然后取下。

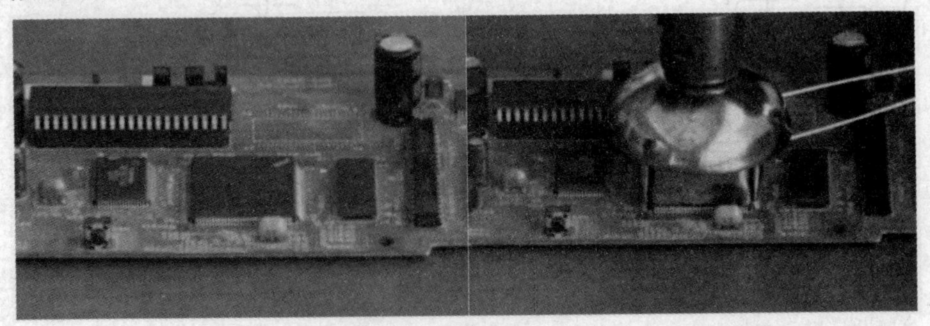

(a) 大面积集成块图　　(b) 热风枪取下图

图 8.24 大面积集成块取下图

想 一 想

SMC元器件的焊接方法？

考核评价

序号	项目	配分	评价要点	自评	互评	教师评价	平均分
1	SMC的焊接	25分	SMC安装焊接正确25分				
2	SMC的取下	25分	SMC的取下操作正确25分				
3	平面封装集成块的焊接	25分	会平面封装集成块的焊接25分				
4	平面封装集成块的取下	25分	会平面封装集成块的取下25分				
材料、工具、仪表			每损坏或者丢失一样扣10分 材料、工具、仪表没有放整齐扣10分				
环保节能意识			视情况扣10～20分				
安全文明操作			违反安全文明操作(视其情况进行扣分)				
额定时间			每超过5分钟扣5分				
开始时间		结束时间		实际时间		综合成绩	
综合评议意见(教师)							
评议教师			日期				
自评学生			互评学生				

SMT生产过程中常见异常分析及处理

1. 焊锡珠产生的原因及处理

焊锡珠现象是表面贴装过程中常见的主要缺陷，主要发生在片式阻容组件的周围，由诸多因素引起，如图8.25所示。

(1) 产生原因

① 锡膏的选用不当；

② 钢板(模板)开口不好、钢板的厚度选择不当；

项目八 返修

③ 贴片机的贴装压力选择不当；

④ 炉温曲线的设置不当。

图 8.25　焊锡珠现象图

(2) 解决方法

① 选用合适的锡膏；

② 钢板的开口比焊盘的实际尺寸减小 10%；

③ 钢板的厚度选择合适，通常在 0.13～0.17 mm；

④ 贴片机的贴装压力调试合适；

⑤ 调整回流焊的温度曲线，采取较适中的预热温度和预热速度来控制锡珠的产生。

2. 立碑问题分析及处理

矩形片式组件的一端焊接在焊盘上，而另一端翘立，这种现象就称为立碑，如图 8.26 所示。引起该种现象的主要原因是锡膏熔化时组件两端受力不均匀。

图 8.26　立碑现象图

(1) 产生原因

① 热效能不均匀，焊点熔化速率不同；

② 元器件两个焊端或 PCB 焊盘的两点可焊性不均匀；

③ 在贴装组件时偏移过大或锡膏与组件连接面太小。

(2) 解决方法

① 适当提高回流曲线的温度；

② 严格控制线路板和元器件的可焊性；

③ 严格保持各焊接角的锡膏厚度一致；

④ 避免环境发生大的变化；

⑤ 在回流中控制元器件的偏移；

⑥ 提高元器件焊接角与焊盘上锡膏之间的压力。

3. 桥接问题分析及处理

桥接就是焊点之间有焊锡相连造成短路，如图 8.27 所示。

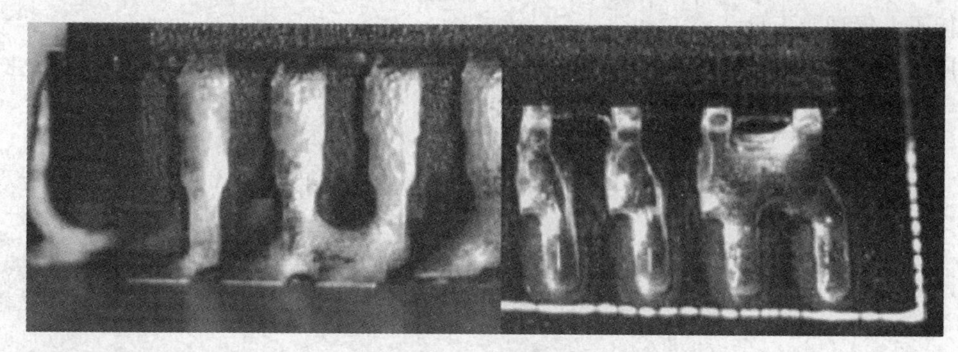

图 8.27 焊点桥接图

(1) 产生原因

① 由于钢网开孔与焊盘间有细小偏差，造成锡膏印刷不良；

② 锡膏量太多可能是钢网开孔比例过大；

③ 锡膏塌陷；

④ 锡膏印刷后的形状不好成型差；

⑤ 回流时间过长；

⑥ 元器件与锡膏接触压力过大。

(2) 解决方法

① 选用相对黏度较高的锡膏，一般来说，含量在 85%～87%之间桥连现象较多，故合金含量至少要在 90%以上；

② 温度曲线调整合适；

③ 在回流焊之前检查锡膏与器件接触点是否合适；

④ 调整钢网开孔比例(减少 10%)与钢网厚度；

⑤ 调整贴片时的压力和角度。

4. 常见印刷不良的诊断及处理

(1) 渗锡

印刷完毕，锡膏附近有多余锡膏或毛刺。

原因：刮刀压力不足，刮刀角度太小，钢板开孔过大，PCB 尺寸过小(与 GEBER FILE 内数据比较)，印刷未对准，印刷机离网设定不合理，PCB 与钢板贴合不紧密，锡膏黏度不足，PCB 或钢板底部不干净。

(2) 锡膏塌陷或粉化

锡膏在 PCB 上的成型不良，出现塌陷或粉化现象。

原因：锡膏内溶剂过多，钢板底部擦拭时喷洒过多溶剂，擦拭纸不卷动，锡膏质量不良，PCB 印刷完毕在空气中放置时间过长，PCB 温度过高。

(3) 锡膏拉尖(狗耳朵)

印刷完成后，锡膏边缘有毛刺的现象。

原因：钢板开孔不光滑，钢板开孔尺寸过小，脱模速度不合理，PCB焊点受污染，锡膏质量异常，钢板擦拭不干净。

(4) 少锡

板子上锡膏量不足。

原因：钢板开孔尺寸不合理，钢板塞孔，钢板脏污，脱模速度方式不合理。

任务二　用返修工作台返修

任务描述

现场提供Create-BGA 3000精密焊接返修工作站1台，尖嘴钳1把，镊子1把，焊锡丝1圈，PCB 2块，维修用BGA集成块若干。请在学习BGA 3000返修工作台使用的基础上完成以下操作：

1. 正确安装调试BGA 3000焊接返修工作台；
2. 用BGA 3000焊接返修工作台拆卸BGA集成块；
3. 用BGA 3000焊接返修工作台焊接BGA集成块。

实际操作

一、认识BGA 3000精密焊接返修工作台

(1) BGA 3000精密焊接返修工作台外观如图8.28所示。

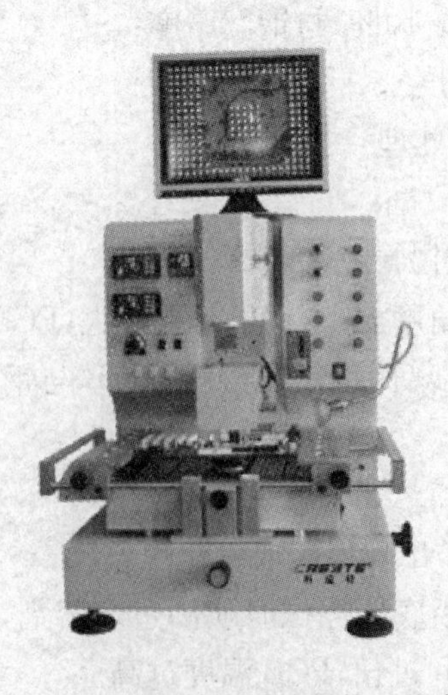

图8.28　BGA 3000精密焊接返修工作台外观图

(2) BGA 3000 精密焊接返修工作台结构介绍，如图 8.29 所示。

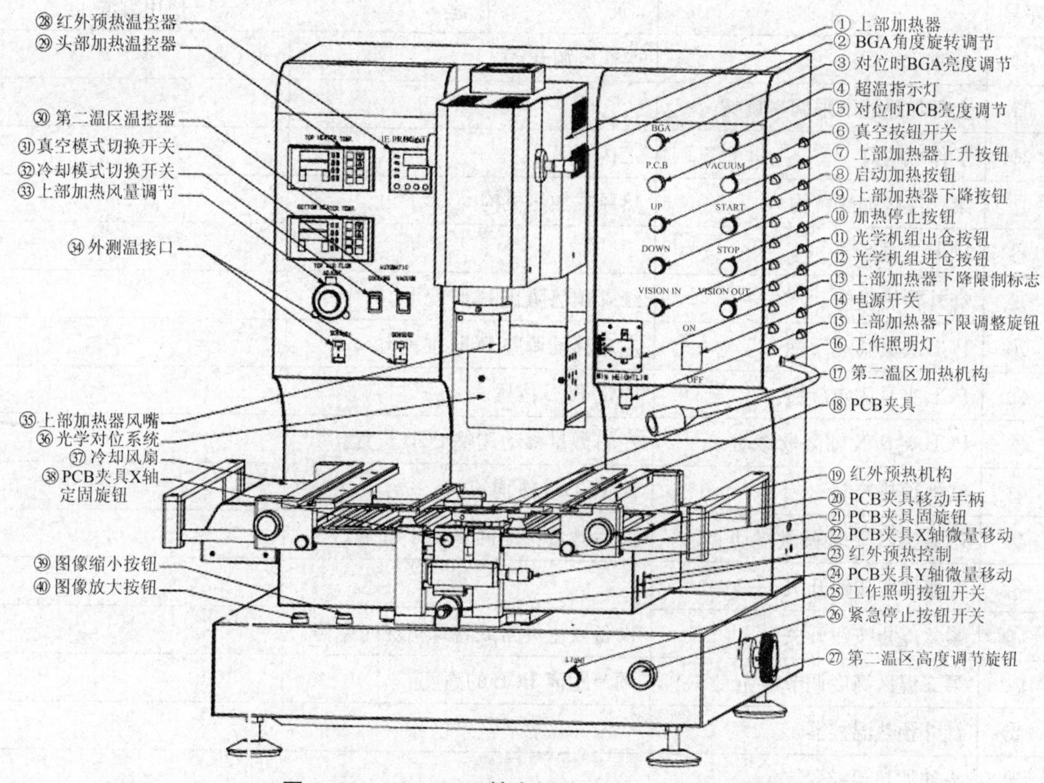

图 8.29　BGA 3000 精密焊接返修工作台结构图

(3) 各部分名称及功能介绍，如表 8.1 所示。

表 8.1　BGA 3000 机构功能

序号	名　称	用　途	使用方法
①	上部加热器	热风式加热机构	
②	BGA 角度旋转调节	精密微调 BGA 角度	旋转千分尺旋钮
③	对位时 BGA 亮度调节	BGA 对位时调节光亮度	
④	超温指示灯	工作超温时提示	
⑤	对位时 PCB 亮度调节	PCB 对位时调节光亮度	
⑥	真空按钮开关		
⑥	上部加热器上升按钮		
⑧	启动加热按钮		
⑨	上部加热器下降按钮		
⑩	加热停止按钮		
⑪	光学机组出仓按钮		
⑫	光学机组进仓按钮		
⑬	上部加热器下降限制标志		

续表

序号	名 称	用 途	使用方法
⑭	电源开关	操作电源开/关	
⑮	上部加热器下限调整旋钮		
⑯	工作照明灯	工作照明	
⑰	第二温区加热机构	热风式加热机构	
⑱	PCB 夹具		
⑲	红外预热机构	红外预热防止 PCB 变形	
⑳	PCB 夹具移动手柄	左右移动调整 PCB 位置	
㉑	PCB 夹具固定旋钮	固定 PCB 位置	
㉒	PCB 夹具 X 轴微量移动	左右微量移动调整 PCB 位置	
㉓	红外预热控制	使 PCB 受热均匀	
㉔	PCB 夹具 Y 轴微量移动	前后微量移动调整 PCB 位置	
㉕	工作照明按钮开关		
㉖	紧急停止按钮开关	设备发生异常或特殊情况时急停	
㉗	第二温区高度调节旋钮	调节距离 PCB 的高度	
㉘	红外预热温控器		
㉙	头部加热温控器		
㉚	第二温区温控器		
㉛	真空模式切换开关		
㉜	冷却模式切换开关		
㉝	上部加热风量调节	调节上部热风风量	左右旋转,调节风力大小
㉞	外测温接口	连接外部电偶,测量实际温度	直接连接测温线
㉟	上部加热器风嘴	确保热风集中于 BGA 表面	使出风口距 BGA 合适位置
㊱	光学对位系统	通过光学将 BGA 放大	
㊲	冷却风扇	对 PCB 起冷却作用	
㊳	PCB 夹具 X 轴固定旋钮		
㊴	图像缩小按钮	使 BGA 对位更精确	
㊵	图像放大按钮	使 BGA 对位更精确	

二、BGA 3000 精密焊接返修工作台的使用介绍

1. 采用的温控仪表介绍

由于上下可编程温控器采用同一型号、同一规格的温控仪表(PC 410),其设置方法完全相同,只是在输入的参数值上存在差异。

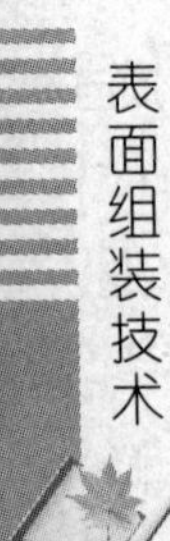

PC 410 可编程温控器的面板介绍，如图 8.30 所示。面板上各项参数的功能说明如表 8.2 所示。

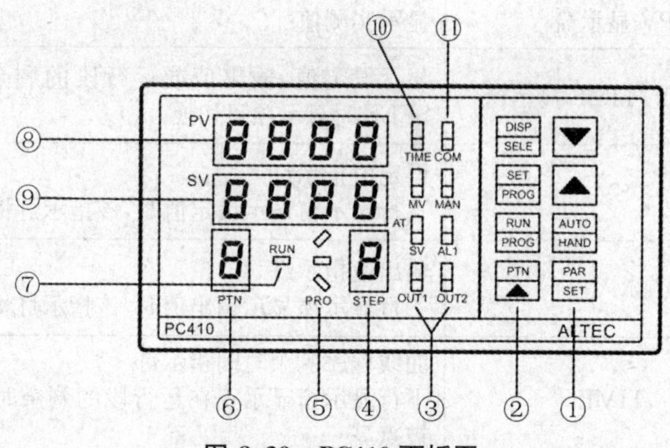

图 8.30　PC410 面板图

表 8.2　PC410 面板参数功能说明

序号	项目	功能说明
①	PAR SET	参数设定键
	AUTO HAND	自动/手动切换键
	▲	数值增加键
	▼	数值减小键
②	PIN ▲	曲线程序组增加键
	RUN PROG	启动曲线程序运行键
	SET PROG	曲线程序参数设置键
	DISP SELE	显示项目切换键
③	OUT1	输出 1 指示灯
	OUT2	输出 2 指示灯
④	STEP	曲线程序段号显示器 显示曲线程序正在运行的段号
⑤	PRO	曲线程序监视指示灯 当运行在斜坡上升段时，显示“/” 当运行在平台段时，显示“—” 当运行在斜坡下降段时，显示“\”
⑥	PTN	曲线程序编号显示器 显示曲线程序编号
⑦	OP3	第 3 输出指示灯
	AT	PID 自整定指示灯
	RUN	出线运行指示灯

续表

序号	项目	功能说明
⑧	PV 显示窗	显示实测值
⑨	SV/MV/TIME 显示窗	显示设定值、输出值或运行段的剩余时间，当按 DISP SELE 时显示项目切换
⑩	SV	设定值指示灯 下行显示窗显示设定值时，该指示灯将被点亮
	MV	输出值指示灯 下行显示窗显示输出值时，该指示灯将被点亮
	TIME	曲线程序剩余时间指示灯 下行显示窗显示正在运行段的剩余时间时，此指示灯将被点亮
⑪	AL1	第 1 报警指示灯
	MAN	手动控制指示灯 当在手动控制时，该指示灯被点亮
	COM	通信指示灯 当仪表发送数据时，该指示灯点亮

2. 采用仪表设置步骤

(1) 首先开启电源使整机通电，然后选择温度储存位置。按 PTN 键(可储存 10 组温度程式)设置组数。

按下 PTN 键，组数将随之变化(1,2,3,4,5,0)，选择其中之一为设定的温度程式(现以第 1 组设置为例)，如图 8.31 所示。

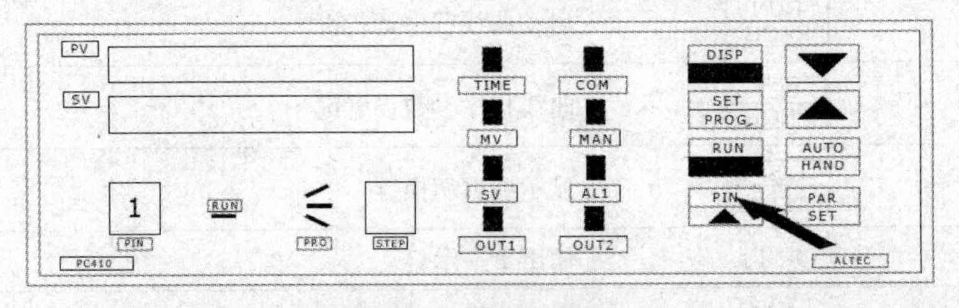

图 8.31　设置组数图

(2) 进入预热段斜率(r)设置。按 SET 键进入曲线设置，如图 8.32 所示，r1 表示斜率(每秒上升温度)，3.00 表示 3 ℃/s，点增减键调节，按 PAR 键进入下一步。

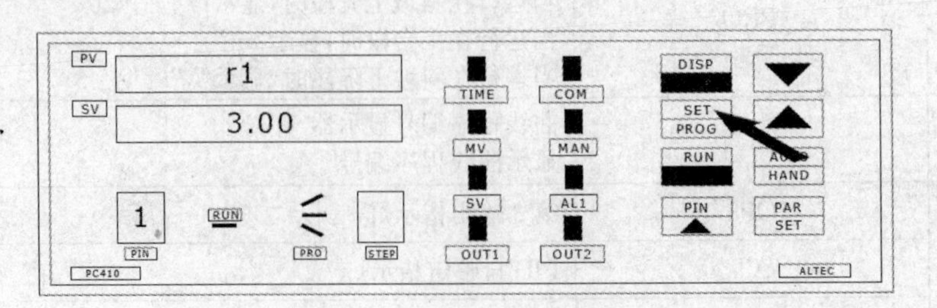

图 8.32　斜率(r)设置图

（3）进入预热段温度(L)设置。点增减键增减，160 表示预热温度 160 ℃，按 PAR 键进入下一步，如图 8.33 所示。

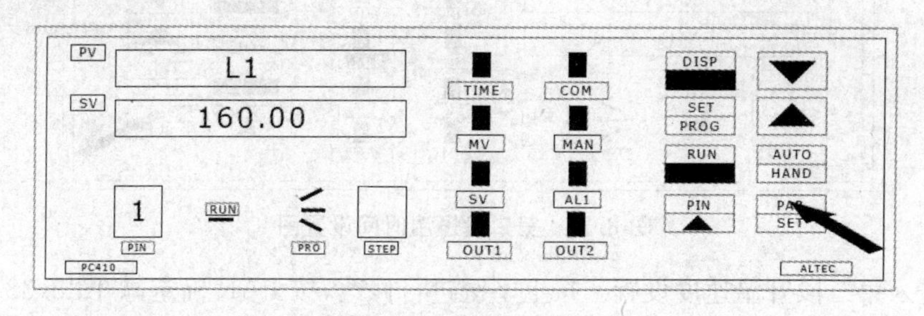

图 8.33　温度(L)设置图

（4）进入预热段时间(d)设置。点增减键增减，30 表示上升至 160 ℃后，恒温 30 s，按 PAR 键进入下一步，如图 8.34 所示。

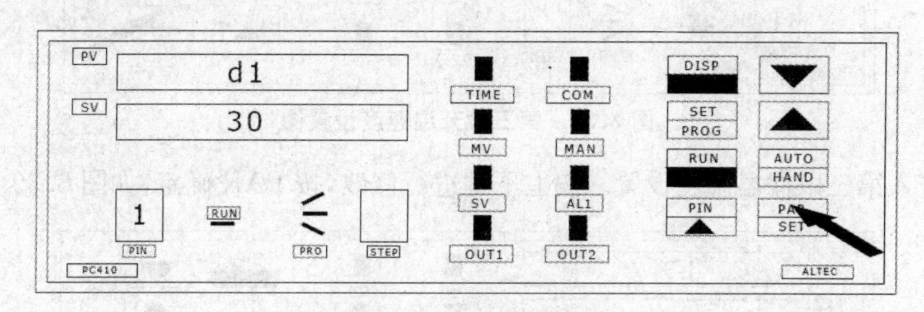

图 8.34　时间(d)设置图

（5）进入第二段升温速度设置。按上下键进行修改，按 PAR 确定，如图 8.35 所示。

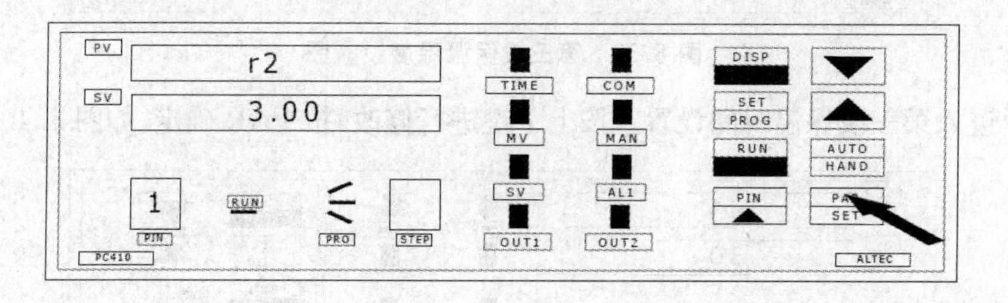

图 8.35　第二段升温速度设置图

（6）进入第二段升温温度设置。按上下键修改，按 PAR 确定，如图 8.36 所示。

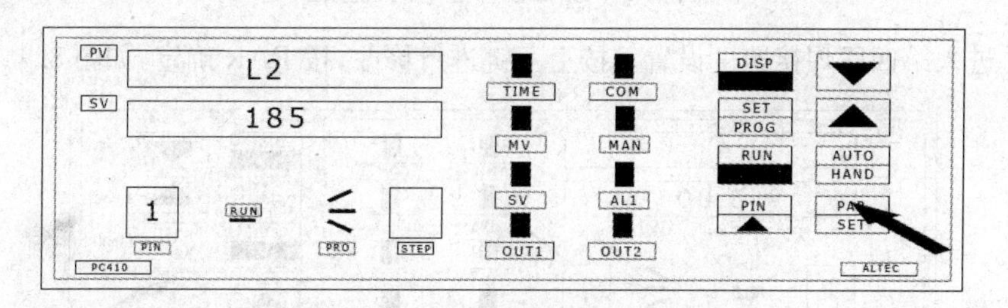

图 8.36　第二段升温温度设置图

(7) 进入第二段恒温时间设置。按上下键修改,按 PAR 确定,如图 8.37 所示。

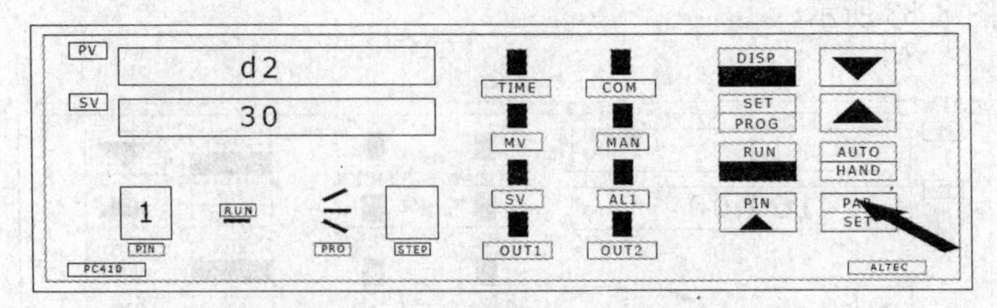

图 8.37　第二段恒温时间设置图

(8) 进入第三段升温速度设置。按上下键进行修改,按 PAR 确定,如图 8.38 所示。

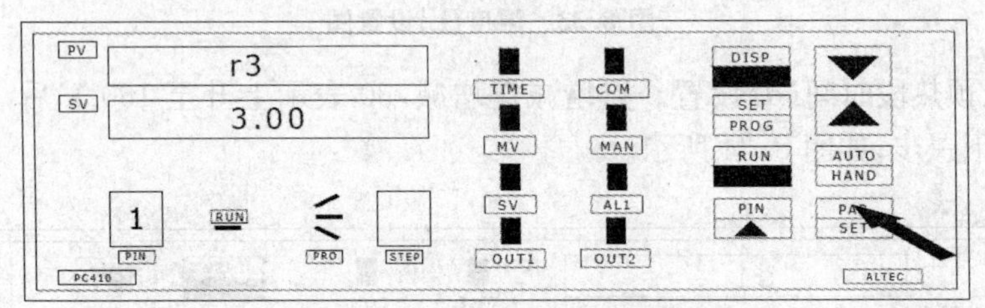

图 8.38　第三段升温速度设置图

(9) 进入第三段保温温度设置。按上下键进行修改,按 PAR 确定,如图 8.39 所示。

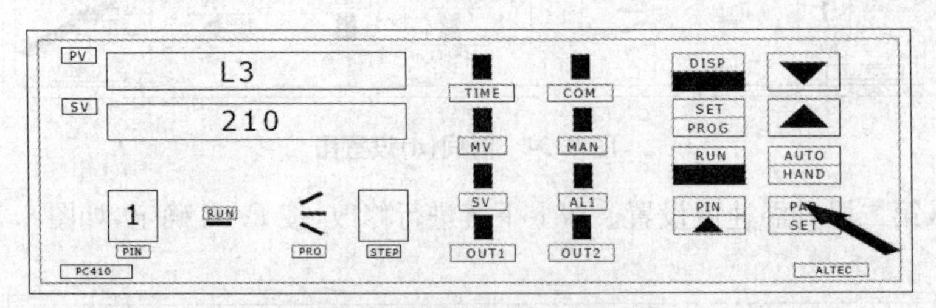

图 8.39　第三段保温温度设置图

(10) 进入第三段保温时间设置。按上下键进行修改,按 PAR 确定,如图 8.40 所示。

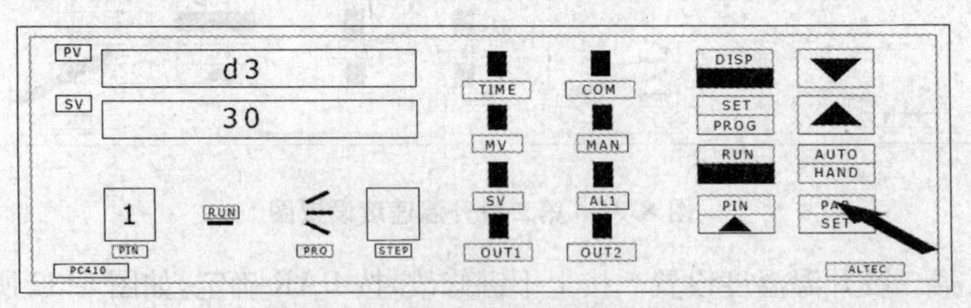

图 8.40　第三段保温时间设置图

(11) 进入第四段焊接速度设置。按上下键进行修改,按 PAR 确定,如图 8.41 所示。

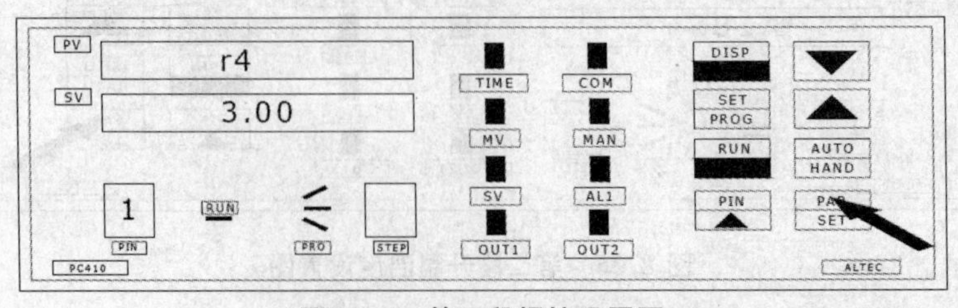

图 8.41　第四段焊接设置图

(12) 进入第四段预热恒温温度设置。按上下键修改，按 PAR 确定，如图 8.42 所示。

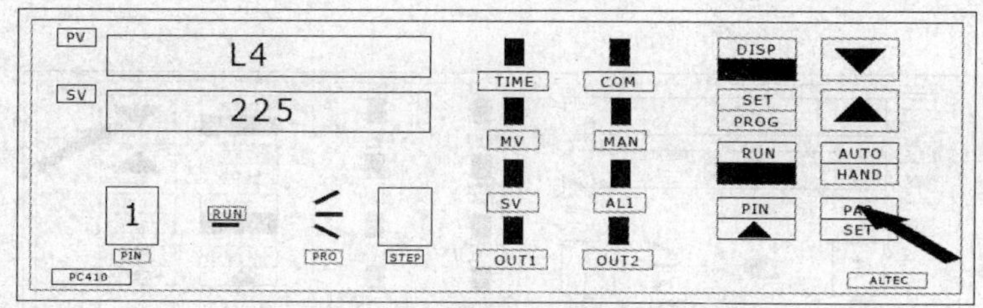

图 8.42　第四段预热恒温温度设置图

(13) 进入第四段恒温时间设置。按上下键进行修改，按 PAR 确定，如图 8.43 所示。

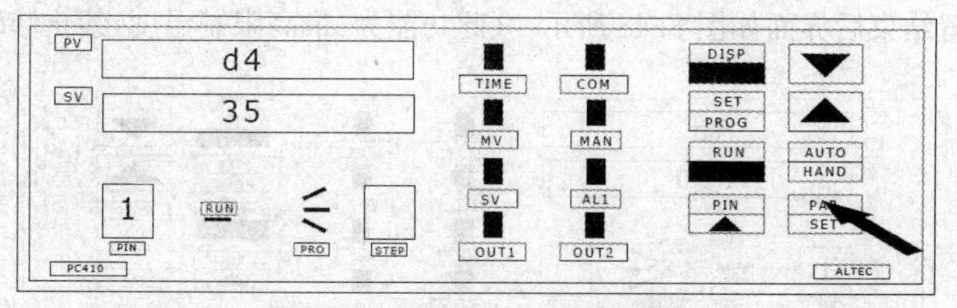

图 8.43　第四段恒温时间设置图

(14) 进入第五段升温速度设置。按上下键进行修改，按 PAR 确定，如图 8.44 所示。

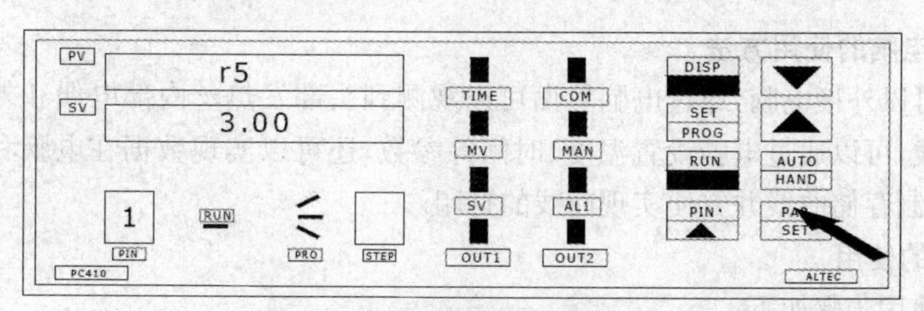

图 8.44　第五段升温速度设置图

(15) 进入第五段预热恒温温度设置。按上下键修改，按 PAR 确定，如图 8.45 所示。

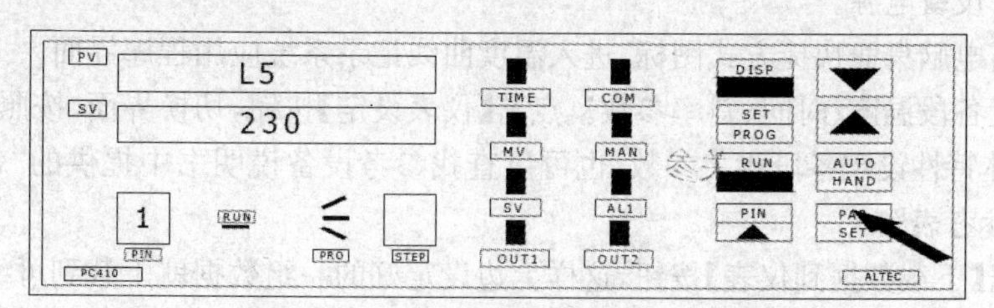

图 8.45　第五段预热恒温温度设置图

(16) 进入第五段恒温时间设置。按上下键进行修改，按 PAR 确定，如图 8.46 所示。

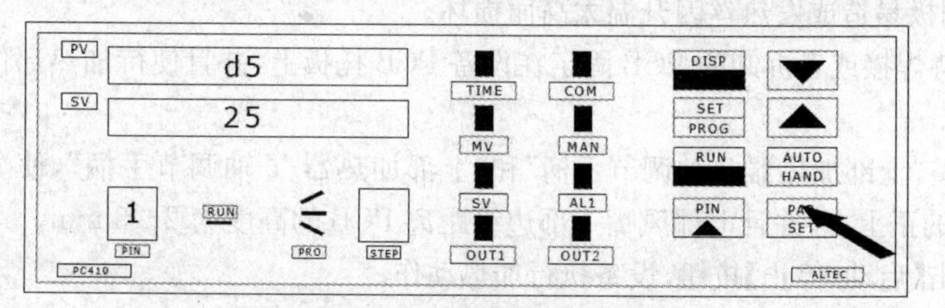

图 8.46　第五段恒温时间设置图

(17) 曲线设置完毕。按下键显示 END 为关闭，如图 8.47 所示。(注：如需增加温度段按上键打开。)

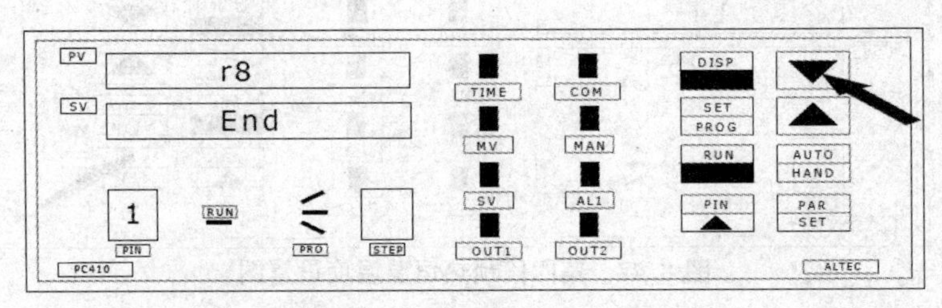

图 8.47　曲线设置完关闭图

(18) 设置结束后界面如图 8.48 所示。(此功能为：最高限制温度，禁止修改。)

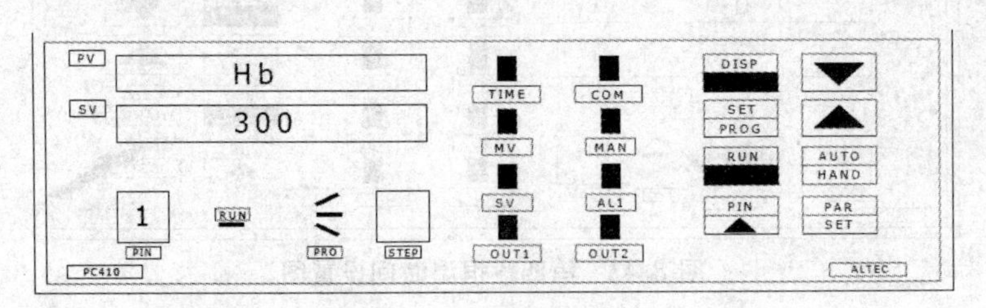

图 8.48　设置结束后图

3. 外接电脑的使用方法

该设备可以外接电脑，通过电脑界面可以观测到头部发热丝内部电偶和外部测量电偶两条温度曲线，可以通过电脑设置温度、时间等参数，还可以实现数据在电脑和仪表之间传输，可以无限制存储曲线并方便实现曲线的打印。

4. 软件的使用

软件的使用步骤如下：

(1) 将电脑的串行口和设备的通信口通过随机附带的数据线连接。

(2) 打开设备电源。

(3) 点击电脑桌面快捷方式图标，进入温度曲线记录系统应用程序界面。

(4) 设置各段温度、时间、斜率参数。点击【仪表设定】按钮，切换界面，按照待焊接 BGA 和焊锡的具体特性设定各段相关参数，也可以查找参考设备说明书中提供的"常用 BGA 焊接工艺参数参考表"。

(5) 点击【下载数据到仪表】按钮，这样上边设定好的一组数据就下载到可编程温度仪。

(6) 按照 BGA 类型安装上下部相适应的风嘴，注意观察上下风嘴吹风是否顺畅(上部风嘴吹风量可以通过面板风量调节旋钮调节大小)；如果吹风异常，禁止加热并及时检查相应风扇，否则极易造成发热丝因升温太高而损坏。

(7) 把待焊接或者拆卸的 PCB 固定在设备 PCB 托板上，并且使待加热部位处于下部风嘴的正上方。

(8) 调整"上部加热器 Z 轴调节手柄"和"上部加热器 Y 轴调节手柄"，使上部风嘴处于待加热部位的正上方，并且上部风嘴下部边缘距离 PCB 的高度为 2～5 mm。

(9) 点击【启动/停止】按钮，设备执行加热动作。

(10) 此时可以在画面上观测到温度随时间的变化曲线。

(11) 曲线1(绿色)表示:加热器实际测量温度。

(12) 曲线2(红色)表示:外部电偶测量温度(通过设备面板上测温接口,外接电偶)。

(13) 加热完成后,系统有报警提示并且自动开启冷却横流风机,通过冷却可以缩短工作周期进而提高工作效率。

(14) 如果在设备加热过程点击【启动/停止】按钮,或者按下设备控制面板上的【停止】按钮,加热过程会停止。

(15) 点击【退出系统】按钮,电脑会退出该应用程序。

三、BGA返修工艺介绍

多数半导体器件的耐热温度为240~600 ℃,对于BGA返修系统来说,加热温度和均匀性的控制显得非常重要。BGA返修工艺步骤如下。

(1) 电路板、BGA预热

电路板、芯片预热的主要目的是将潮气去除,如果电路板和BGA内的潮气很小(如芯片刚拆封),这一步可以免除。

(2) 拆除BGA

拆除的BGA如果不打算重新使用,而且PCB可承受高温,那么拆除BGA时可采用较高的温度(较短的加热周期)。

(3) 清洁焊盘

清洁焊盘主要是将拆除BGA后留在PCB表面的助焊剂、锡膏清理掉,必须使用符合要求的清洗剂。为了保证BGA的焊接可靠性,一般不能使用焊盘上的残留锡膏,必须将旧的锡膏清除掉,除非BGA上重新形成BGA焊料球。由于BGA体积小,特别是CSP(或μBGA)体积更小,清洁焊盘比较困难,所以在返修CSP时,如果CSP的周围空间很小,就需使用免清洗焊剂。

(4) 涂锡膏、助焊剂

在PCB上涂锡膏对于BGA的返修结果有重要影响。通过选用与BGA相符的模板,可以很方便地将锡膏涂在电路板上。对于CSP有三种锡膏可以选择:RMA锡膏、免清洗锡膏和水溶性锡膏。使用RMA锡膏,回流时间可略长些;使用免清洗锡膏,回流温度应选低些。

(5) 贴装

贴装的主要目的是使BGA上的每一个焊料球与PCB上的焊盘对准。必须使用专门的设备来对准。

(6) 热风回流焊

热风回流焊是整个返修工艺的关键,在操作中要注意以下几个方面。

① BGA返修回流焊的曲线应当与BGA的原始焊接曲线接近。热风回流焊曲线可分成四个区间:预热区、加热区、回流区和冷却区,四个区间的温度、时间参数可以分别设定,通过与计算机连接,可以将这些程序存储和随时调用。

② 在回流焊过程中要正确选择各区的加热温度和时间,同时应注意升温的速度。一般,在100 ℃以前,最大的升温速度不超过6 ℃/s,100 ℃以后最大的升温速度不超过3 ℃/s,在冷却区,最大的冷却速度不超过6 ℃/s。因为过高的升温速度和降温速度都可能损坏PCB和BGA,这种损坏有时是肉眼不能观察到的。不同的BGA和不同的锡膏,应选择不同

的加热温度和时间，如 CBGA、CCBGA 的回流温度应高于 PBGA 的回流温度，90Pb/10Sn 应较 63Sn/37Pb 锡膏选用更高的回流温度。对免洗锡膏，其活性低于非免洗锡膏。因此，焊接温度不宜过高，焊接时间不宜过长，以防止焊料颗粒的氧化。

③ 热风回流焊中，PCB 的底部必须能够加热。这种加热的目的有两个：一是避免由于 PCB 的单面受热而产生翘曲和变形，二是使锡膏熔化的时间缩短。对大尺寸板的 BGA 返修，这种底部加热尤其重要。BGA 返修设备的底部加热方式有两种，一种是热风加热，另一种是红外线加热。热风加热的优点是加热均匀，一般返修工艺建议采用这种加热。红外加热的缺点是 PCB 受热不均匀。

④ 要选择好热风回流喷嘴。热风回流喷嘴属于非接触式加热，加热时依靠高温空气流使 BGA 上的各焊点的焊料同时熔化，保证在整个回流过程中有稳定的温度环境；同时可保护相邻器件不被对流热空气回热损坏。

四、用 BGA 3000 焊接返修工作台拆换 BGA 集成块

1. 拆卸工序

(1) 使用前先调节下限位高度(对位调节)，如图 8.49(a)、(b)所示。

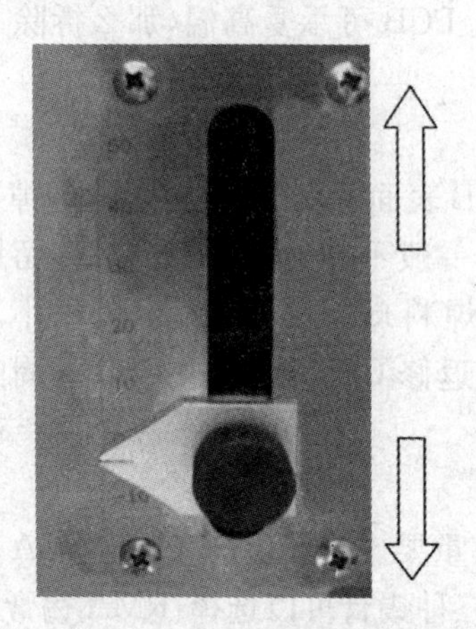
(a) 下限位高度调节图

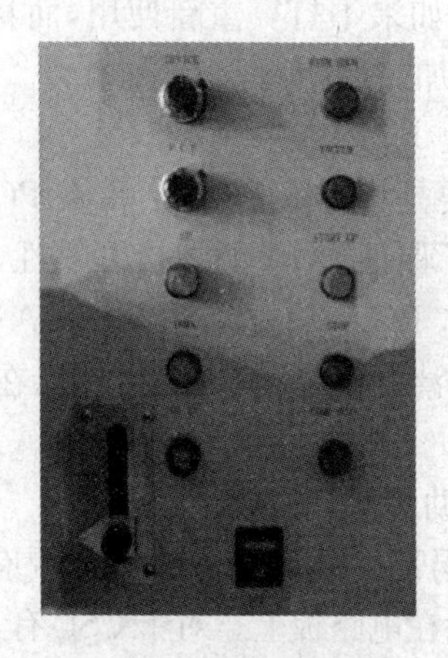
(b) 对位调节面板图

图 8.49 对位调节图

(2) 选择温度程式：按【PTN】键选择(选择你设置的组数)，如图 8.50 所示。

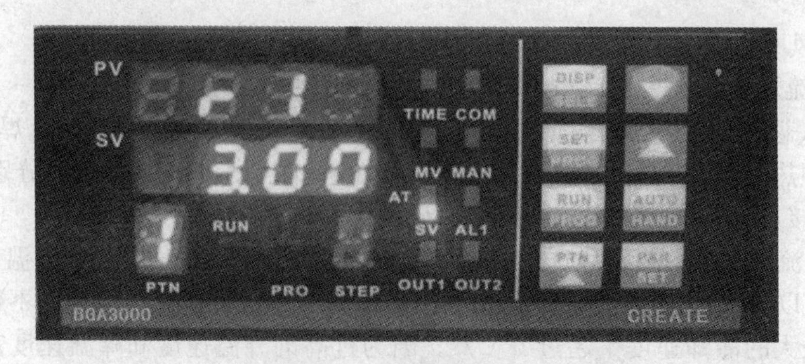

图 8.50 选择温度程式图

(3) 根据 BGA 大小选择适当风嘴,按下【DOWN】键,如图 8.51 所示,使上部发热器下降至 BGA 上方,距离 PCB 上方 2～5 mm 位置时停下,如图 8.52 所示。

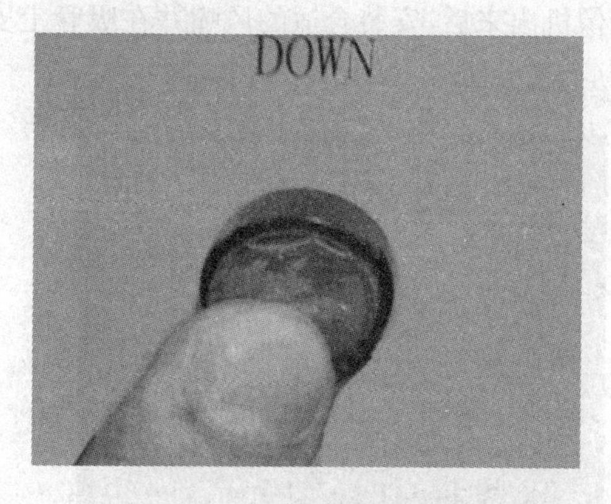

图 8.51　按 DOWN 键图

图 8.52　热风嘴对准 BGA 图

(4) 按【START UP】键运行温度程式,系统开始自动加热,如图 8.53 所示。

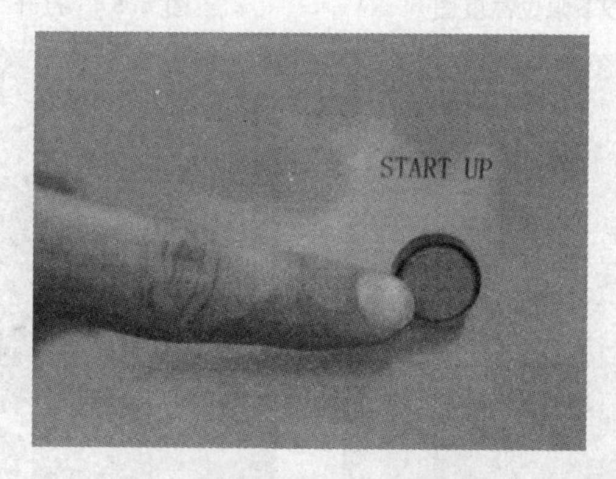

图 8.53　按 START UP 键图

(5) 待加热完毕后,上部发热器自动上行回位,如图 8.54 所示,用手动吸笔吸走 BGA 即完成,如图 8.55 所示。(注:真空开关设为自动,冷却开关设为手动。)

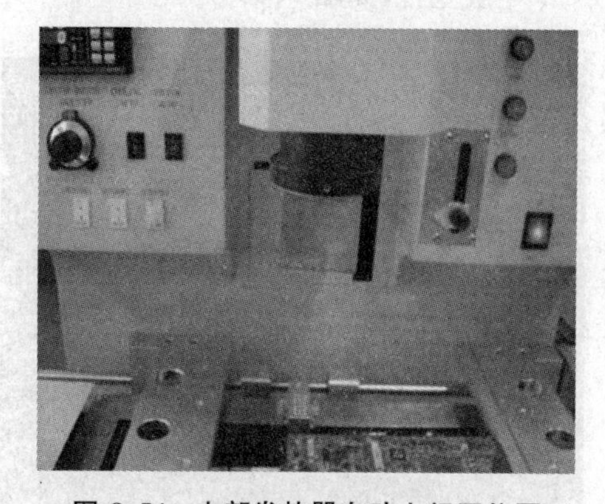

图 8.54　上部发热器自动上行回位图

图 8.55　手动吸笔吸走 BGA 图

2. 焊接工序

(1) 使用前先调节下限位高度，如图 8.56 所示，然后按下【VACUUM】键，如图 8.57 所示，再按【COME OUT】键，如图 8.58 所示，待摄像机出来后，安装合适的风嘴并在吸管上安装 BGA，如图 8.59 所示。

图 8.56　调节下限位高度图

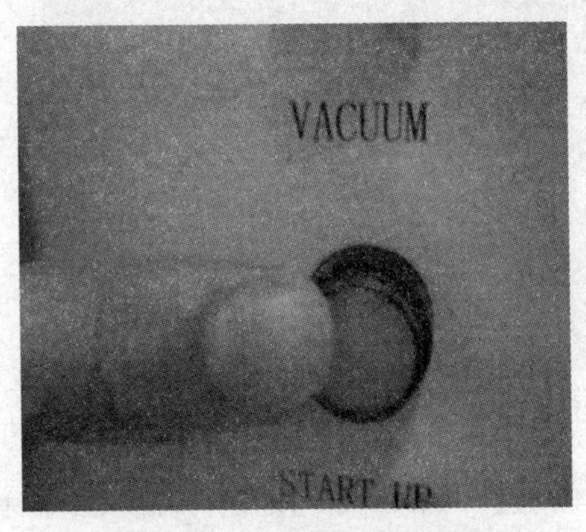

图 8.57　打开 VACUUM 图

图 8.58　按 COME OUT 键图

图 8.59　安装风嘴和安装 BGA 图

(2) 先调节焦距，进行 BGA 角度调节，如图 8.60 所示，再通过 X 轴和 Y 轴进行调节，分别如图 8.61 和 8.62 所示，最后使 BGA 焊点与 PCB 焊盘重合，如图 8.63 所示。

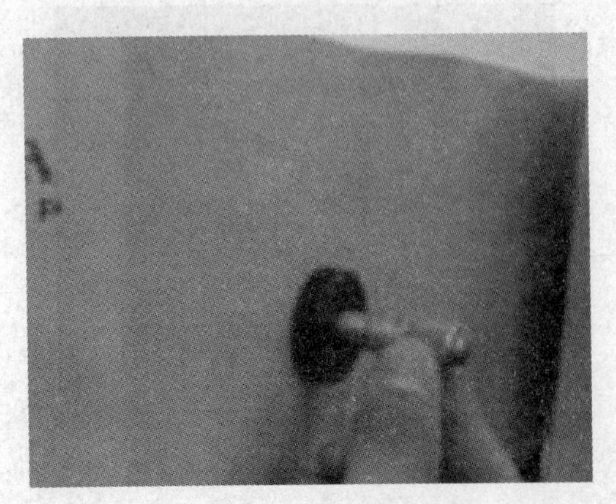

图 8.60　BGA 角度调节图

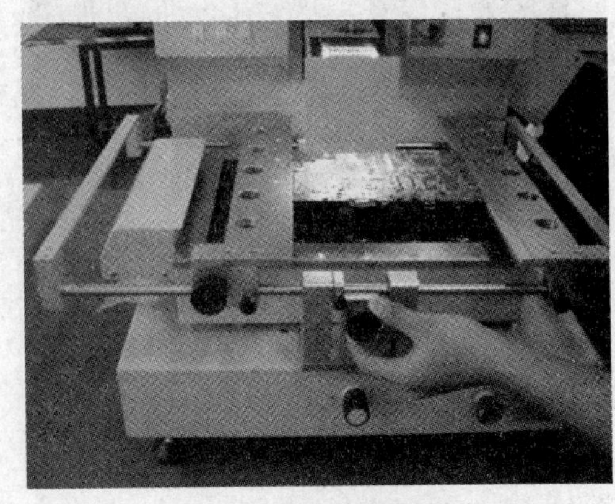

图 8.61　X 轴调节图

图 8.62　Y 轴调节图

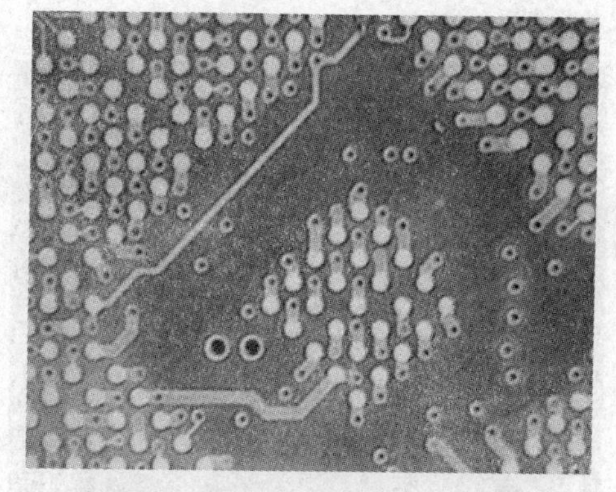

图 8.63　BGA 焊点与 PCB 焊盘重合

(3) 在进行上述调节的同时，还可使用如图 8.64 所示的手动放大器来调节图像大小。手动放大器各键功能说明(注：菜单内部参数禁止修改)：

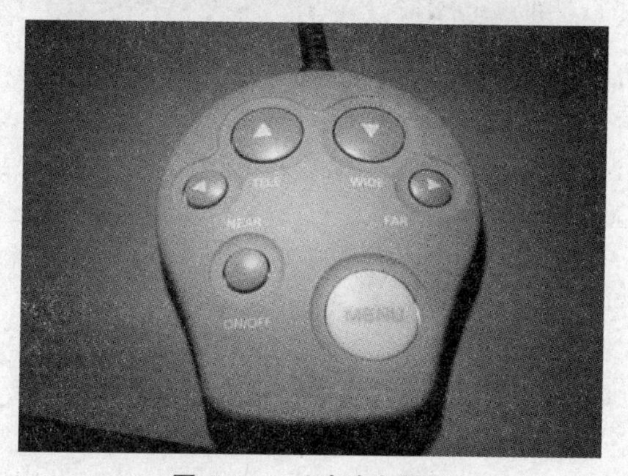

图 8.64　手动放大器图

TELE：放大	WINE：缩小	FAR：焦距放远
NEAR：焦距拉近	ON/OFF：开关	MENU：菜单键

(4) 按【GO IN】键，如图 8.65 所示，待摄像机归位，如图 8.66 所示，再按【DOWN】键，如图 8.67 所示，头部快下至设定高度时按住【DOWN】键，使 BGA 贴到 PCB，如图 8.68 所示。点【VACUUM】键吸管不工作，通过焦距调节来调整吸管的高度，使之与 BGA 分离，如图 8.69 所示。

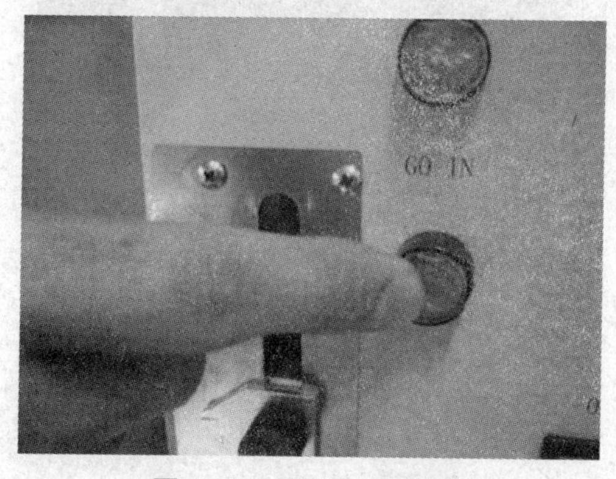

图 8.65　按【GO IN】键图

图 8.66　摄像机归位图

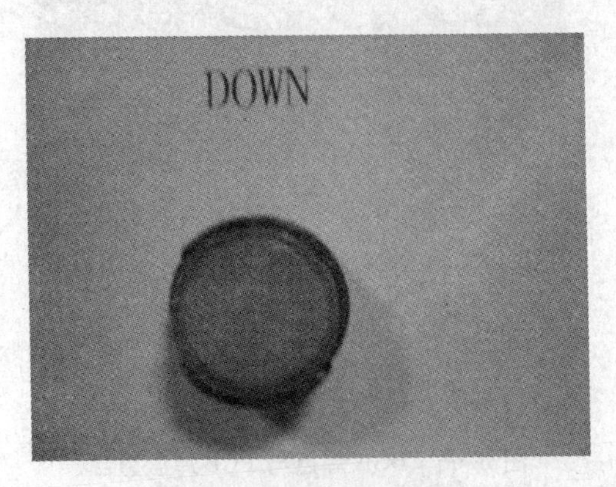

图 8.67　按【DOWN】键图

图 8.68　BGA 贴到 PCB 图

图 8.69　BGA 分离调节手柄图

(5) 按【START UP】键,如图 8.70 所示,运行温度程序,系统自动完成加热焊接,最后回位完成焊接,如图 8.71 所示。

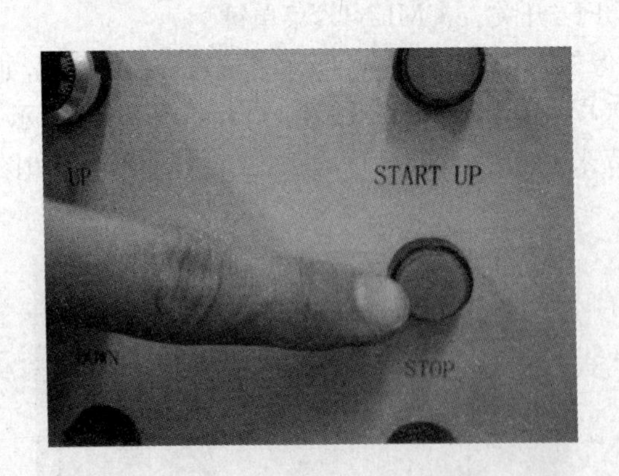

图 8.70　按【START UP】键图

图 8.71　回位完成焊接图

五、用 BGA 3000 焊接返修工作台完成拆换 BGA 集成块的练习

练习用 BGA 3000 焊接返修工作台拆换 BGA 集成块。

想 一 想

用 BGA 3000 焊接返修工作台拆换 BGA 集成块的步骤?

考核评价

序号	项目	配分	评价要点	自评	互评	教师评价	平均分
1	焊接返修工作台的设置	30 分	焊接返修工作台的设置正确 30 分				
2	用焊接返修工作台拆下 BGA	30 分	会用焊接返修工作台拆下 BGA 30 分				
3	用焊接返修工作台焊接 BGA	40 分	会用焊接返修工作台焊接 BGA 40 分				
材料、工具、仪表			每损坏或者丢失一样扣 10 分 材料、工具、仪表没有放整齐扣 10 分				
环保节能意识			视情况扣 10～20 分				
安全文明操作			违反安全文明操作(视其情况进行扣分)				
额定时间			每超过 5 分钟扣 5 分				
开始时间		结束时间		实际时间		综合成绩	
综合评议意见(教师)							
评议教师		日期					
自评学生		互评学生					

一、BGA 的植球工序

(1) 把需要植球的 BGA 芯片固定到万能植珠台的底座上,调节两个无弹簧滑块固定住

芯片,如图 8.72 所示。

(2) 根据芯片型号选择合适规格钢片,再将钢片固定到顶盖上并锁紧四个 M3 螺丝,盖上顶盖,调节底座以适应芯片高度。

(3) 观察钢片圆孔与芯片焊点对齐情况,如错位需取下顶盖调解固定滑块位置,直至确保钢片圆孔与芯片焊点完好对齐,如图 8.73 所示。

图 8.72 BGA 芯片固定图

图 8.73 钢片圆孔与芯片焊点对齐图

(4) 锁紧两个无弹簧的固定滑块,取下 BGA 芯片并涂上薄薄一层锡膏,将芯片再次卡入底座上,盖上顶盖,如图 8.74 所示。

(5) 倒入适量锡球,双手捏紧植株台并轻轻晃动,使锡球完全填充芯片的所有焊点,并注意在同一个焊点上不要有多余的锡球,清理出多余锡球。

(6) 将植株台放置于平坦桌面上,取下顶盖,小心拿下 BGA 芯片,观察芯片,如有个别锡球位置略偏可用镊子纠正,如图 8.75 所示。

图 8.74 BGA 芯片涂锡膏图

图 8.75 BGA 芯片植球检查图

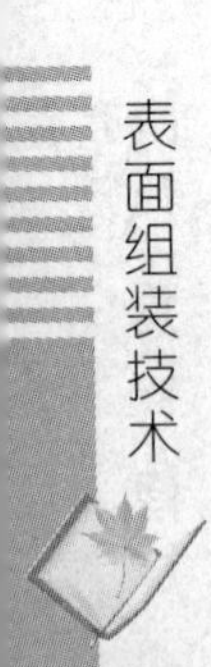

(7) 锡球的固定可使用返修台或铁板烧来加热 BGA 芯片上的锡球,使锡球焊接到 BGA 芯片上,至此植球完毕。

二、常用 BGA 焊接拆卸工艺参数表

(1) 有铅温度曲线焊接

① 41 * 41 BGA 焊接温度设定如表 8.3 所示。

表 8.3　41 * 41 BGA 焊接温度设定

	预热段	保温段	升温段	焊接段 1	焊接段 2	降温段
上部加热(℃)	160	185	210	235	240	225
恒温时间(s)	30	30	35	40	20	15
底部加热(℃)	160	185	210	235	240	225
恒温时间(s)	30	30	35	40	30	15
斜率(℃/s)	3.0	3.0	3.0	3.0	3.0	3.0
红外预热(℃)	180					

② 38 * 38 BGA 焊接温度设定如表 8.4 所示。

表 8.4　38 * 38 BGA 焊接温度设定

	预热段	保温段	升温段	焊接段 1	焊接段 2	降温段
上部加热(℃)	160	185	210	225	235	215
恒温时间(s)	30	30	35	40	20	15
底部加热(℃)	160	185	210	225	235	215
恒温时间(s)	30	30	35	40	20	15
斜率(℃/s)	3.0	3.0	3.0	3.0	3.0	3.0
红外预热(℃)	185					

③ 31 * 31 BGA 焊接温度设定如表 8.5 所示。

表 8.5　31 * 31 BGA 焊接温度设定

	预热段	保温段	升温段	焊接段 1	焊接段 2	降温段
上部加热(℃)	160	180	200	215	225	215
恒温时间(s)	30	30	35	40	20	15
底部加热(℃)	160	180	200	215	225	215
恒温时间(s)	30	30	35	40	20	15
斜率(℃/s)	3.0	3.0	3.0	3.0	3.0	3.0
红外预热(℃)	180					

(2) 无铅温度曲线焊接

① 41 * 41 BGA 焊接温度设定如表 8.6 所示。

表 8.6　41 * 41 BGA 焊接温度设定

	预热段	保温段	升温段	焊接段 1	焊接段 2	降温段
上部加热(℃)	165	190	225	245	255	240
恒温时间(s)	30	30	35	55	25	15
底部加热(℃)	165	190	225	245	255	240
恒温时间(s)	30	30	35	55	25	15
斜率(℃/s)	3.0	3.0	3.0	3.0	3.0	3.0
红外预热(℃)	200					

② 38＊38 BGA焊接温度设定如表8.7所示。

表8.7　38＊38 BGA焊接温度设定

	预热段	保温段	升温段	焊接段1	焊接段2	降温段
上部加热(℃)	165	190	225	245	250	235
恒温时间(s)	30	30	35	45	25	15
底部加热(℃)	165	190	225	245	250	235
恒温时间(s)	30	30	35	45	25	15
斜率(℃/s)	3.0	3.0	3.0	3.0	3.0	3.0
红外预热(℃)	210					

③ 31＊31 BGA焊接温度设定如表8.8所示。

表8.8　31＊31 BGA焊接温度设定

	预热段	保温段	升温段	焊接段1	焊接段2	降温段
上部加热(℃)	165	190	220	240	245	235
恒温时间(s)	30	30	35	40	20	15
底部加热(℃)	165	190	220	240	245	235
恒温时间(s)	30	30	35	40	20	15
斜率(℃/s)	3.0	3.0	3.0	3.0	3.0	3.0
红外预热(℃)	210					

项目练习

1. 烙铁头使用海绵清洁时，必须在作业前先将海绵________。

2. SMC拆换时，使用温度可调的烙铁，调整至适当的温度，一般设定温度为________，锡丝线径是________mm。

3. 使用热风烙铁枪的优点是旋转取下的集成块周围的组件不会________，同时防止焊盘________。

4. 焊锡珠现象是表面贴装过程中常见的主要缺陷，主要发生在________组件的周围。

5. 电路板、芯片预热的主要目的是将________去除。

6. 清洁焊盘主要是将拆除BGA后留在PCB表面的________、________清理掉，必须使用符合要求的________。

7. BGA返修回流焊的曲线应当与BGA的原始焊接曲线接近，热风回流焊曲线可分成四个区间：________、________、________和________。

8. 热风回流焊中，PCB的底部必须能够加热。这种加热的目的有两个：避免由于PCB的单面受热而产生________和________；使________熔化的时间缩短。

SMT 质量管理

学习目标

1. 知识目标

① 理解“5S”管理方法；

② 掌握 SMT 质量管理中常用的 ISO 9000 族标准；

③ 了解质量管理常用的各种统计工具；

④ 了解静电对电子工业的危害；

⑤ 掌握电子产品作业过程中静电的防护方法。

2. 能力目标

① “5S”管理内涵及具体实施步骤；

② 掌握 ISO 9000 族标准；

③ 静电的产生及其防护；

④ SMT 生产过程中的静电防护；

⑤ 将“5S”运用到生活中，体会理解“5S”的作用；

⑥ 结合实际理解学习 SMT 的各种质量管理方法；

⑦ 结合 SMT 实训工厂，学习静电的防护措施；

⑧ 结合实际理解学习 SMT 生产过程中的静电防护。

任务一　质 量 控 制

一、质量控制概述

质量是产品或系统满足使用要求的特性的总和。其内涵包括性能、可靠性、维修性、安全性、适应性等五个内在要求，以及时间性、经济两个外延要求。为达到质量内涵的各种要求，需要在产品的制造过程中采用一定的方法、手段和操作技能，这种系统性、综合性的管理技术活动，就是质量控制技术。

质量控制（Quality Control，QC）作为一门管理科学，已从统计质量控制（Statistical

Quality Control，SQC）和全面质量控制（Total Quality Control，TQC）发展到了全面质量管理（TQM）和质量功能配置（QFD）的新阶段。不过，TQC和SQC还是质量控制采用的最普遍的两种方式。

（1）TQC

全面质量控制是一种对质量形成全过程，包括市场调查、设计研制、采购、生产工艺准备、制造、检测、包装储运、销售支付、安装调试、售后服务、维修以及处置等质量循环中的各个环节进行全面质量控制管理的技术。它将质量控制工作延伸到制造过程结束后的外部时间空间，既包含线内控制又包含线外控制。其特点是体现出以“事先预防”为主的质量控制观。

（2）SQC

统计质量控制有三种基本方法，一是用正交设计与参数设计的方法提高设计质量的线外质量控制；二是控制图法，即记录质量参数的波动数据、设置控制界限，以发现并控制异常数据波动点；三是抽样检查，即在不同时间段随机抽取一定的比例进行统计分析处理。

二、SMT的质量控制

SMT是涉及各项技术和各门学科的综合性技术，其组装产品的质量控制具有不少特殊性，并有相当大的难度，主要体现在以下几个方面：

（1）由于PCB电路和元器件的设计及其生产、焊接材料的生产等设计、生产环节与产品组装生产环节往往不是在同一企业进行，来料质量控制内容多而复杂。

（2）影响组装质量的因素很多。元器件、PCB、组装材料、组装设备及其工艺参数、生产环境等，均对产品组装质量产生影响。

（3）质量检测难度大。细间距、高密度组装，PCB多层化，器件微型化和某些器件引脚不可视等，给检测技术带来较大难度，检测成本增加。

（4）故障诊断困难。器件故障、运行故障和组装故障是SMT产品的三类主要故障。引起故障的因素多达数十种，要进行准确诊断较困难，诊断费用高。

（5）返修成本高。组装器件和组装材料成本高、返修必须采用专用工具和设备等，都使返修成本较高，且返修花费时间长。

SMT产品组装生产的质量控制中，传统采用SQC方式。但根据SMT产品质量控制特点，为尽量避免SMT产品的故障诊断与返修等高成本环节，在其产品设计和组装生产过程的质量控制形式上，更提倡采用以事先预防为主的全面质量控制方式。对应的基本策略有：

（1）尽量采用设计制造一体化技术，在PCB电路设计等设计过程中融入可制造性设计、可测试性设计、可靠性设计等面向制造的设计内容；

（2）严格把好元器件和组装材料等的质量关，事先进行可焊性测试等质量检测；

（3）采用工序上尽早测试原则，使质量故障问题尽早发现尽早制止，避免故障随着工序的后移而扩展或加重引起的诊断与维修难度和费用呈几何级数式增长现象的产生；

（4）形成工序检验与终端检验结合的组装质量检测与反馈闭环控制。

三、SMT产品质量控制体系的基本形式

1. 质量体系基本形式

质量体系的递阶结构示意图，如图9.1所示。管理层主要完成质量信息管理、数据统计

分析等；执行层主要完成现场质量信息采集和相关处理；检测单元层主要完成约定工序或工位的质量信息采集和相关质量控制工作。

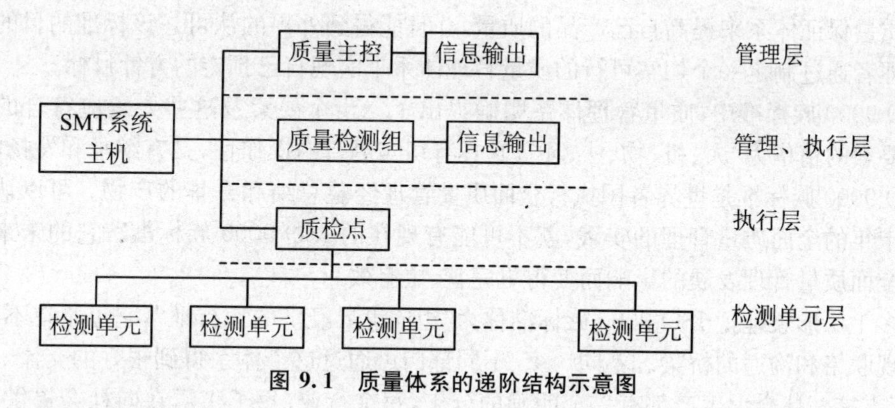

图 9.1　质量体系的递阶结构示意图

2. 质量控制点的设置

(1) 物料检测点。物料检测含 PCB 光板设计制造质量检测、元器件测试、锡膏等组装材料检测。

(2) 工序检测点。

(3) 产品检验点。产品检验点用于产品终端的质量检测、统计和质量信息归档处理等。

四、电子元器件与半成品管理

电子元器件及半成品的库存管理是企业物流系统的重要环节。库存的主要作用和功能是在物料的供需之间建立有效的缓冲区，以减轻物料的供需矛盾。科学合理的库存管理，不仅可以促进销售、提高劳动生产率，而且可以降低产品成本、增加经济效益；反之则可能加剧供需矛盾或造成大量的资金积压，影响企业效益，造成重大的经济损失。

(1) 电子元器件及半成品库存管理的目的

保证物料的正常流通，便于识别和管理及保证物品的品质，并建立一个清晰、可靠的仓储流程。

(2) 仓库的作用

① 保管和调节；

② 占用财物资源的比例高，不容忽视。

任务二　质量管理体系

一、ISO 9000 族标准

ISO 9000 族标准是 SMT 生产中质量管理的最好选择。

ISO 9000 族标准，是由设在瑞士日内瓦的国际标准化组织(即由各国标准化团体组成的世界性联合会)于 1987 年制定的。它是旨在进一步提高生产厂家质量管理水平的国际标准，这个标准每五年修改一次，重新发布。十多年来，这个标准愈来愈受到各国政府、团体及工厂的重视和认可，它们都积极申报该标准的评审。为什么 ISO 9000 族标准会受到这么多的行业及工厂的重视呢？这是因为全球性经济竞争加剧了，生产管理者需要找到一个行之有效的质量保证体系来提高自己产品的质量，并且能得到外界的认可。该标准的目的，正是帮助管理者通过制定一个切实可行的质量管理体系来实现自己预定的方针目标。

ISO 9000 族标准中，质量管理体系明确提出了二十个要素及这些要素应符合的标准。二十个要素的精华为“人、机、物、法、环”，它具有切实可行的操作性，又有继承和发扬的连贯性。ISO 9000 族标准是世界各国执行全面质量管理经验总结和升华的产物。可以认为，没有前几十年的全面质量管理的实践，就不可能有现在的 ISO 9000 族标准。它的未来，将会继续受全面质量管理发展的影响而变得更完善、更有效。

很多工厂形象地把 ISO 9000 族标准称为“迈向世界经济的通行证”，它也是在不同行业之间实现联络和沟通的桥梁。不同厂家、不同部门可通过这个体系得到很好的交流，相互印证，相互支持。社会大生产都有一个明确的分工，每个行业、每个工厂在向社会提供合格产品时，也都要接受社会其他工厂所提供的合格产品。挑选购买哪种产品最放心呢？毫无疑问，那些通过 ISO 9000 认证的工厂所生产的产品应为首选，因为它们有一个合格的质量保证体系来保证其产品的质量，而没有通过 ISO 9000 族标准的工厂，就不足以提供这样的保证。不言而喻，ISO 9000 族标准像纽带一样把不同国家、不同地区、不同工厂紧紧联系起来，这也正是愈来愈多的国家和工厂都来积极接受 ISO 9000 族标准评审的原因所在。

SMT 生产中质量要求之高，加工难度之大，在其他行业是少见的。它与众多的行业、工厂紧密相连，各种元器件、多种辅助材料、锡膏、贴片胶、PCB、多种工艺方法和多种加工设备，既可外购件，又有外协件；产品设计者既需要本专业知识，又必须熟悉 SMT 工艺规范；焊接质量既需要设备的保证，又离不开人的经验，稍有差错就会造成质量事故，特别是一旦发生焊接质量问题，挽回及维修的可能性都非常之小。因此如何做好 SMT 生产中的质量管理，经验和教训都告诉我们，ISO 9000 族标准是最好的管理办法。在 SMT 生产过程中，以 ISO 9000 族标准为依据，逐渐形成完整的质量管理体系，迈向世界先进水平将不再是一句空话。

二、符合 ISO 9000 族标准的质量管理体系

1. SMT 加工中心的质量目标

制定明确的质量方针和质量目标，是推行 ISO 9000 质量管理体系的标志，其方针和目标应体现出质量在不断提高，该目标是经过努力后才能达到的，并且应在各部门中认真落实和贯彻的。例如，当前国际上回流焊不良焊点率$<10\times10^{-6}$。SMT 加工中心，应瞄准国际先进目标，制定出确实可行的质量目标，如第一年是否先做到 500×10^{-6} 或是 300×10^{-6}——近期目标；第二年做到 100×10^{-6} 或 50×10^{-6}——中期目标；第三年做到 $20\sim10\times10^{-6}$——远期目标。同时，应根据质量方针的要求分析影响质量的关键或薄弱问题，通过分析研究制定出有力的控制措施，由有关部门和具体人员去落实解决。

2. 质量保证体系的内涵

(1) 体系结构的完善化

质量保证体系的结构应该完善，能覆盖质量保证标准的各要素，例如：工艺、设备、检验（包括元器件、材料检验和产品质量检验）、外购、外协（设备，PCB 等）、设计（OEM 产品由工

艺协调）和包装等。机构比较合理，各要素由部门负责管理。

（2）体系运作的有效性

体系应能做出有效动作，应制订相应的程序文件，经常进行评审并及时纠正问题，包括对员工的培训和考核。

（3）体系文件应完整，质量记录齐全，能反应实际工作情况

体系内部质量信息应能及时传递，以增强全体人员的质量意识。

3. SMT 产品设计

产品设计师除了熟悉电子线路的专业知识外，还应熟悉 SMT 元器件以及各种 SMT 工艺流程，特别是加工中心的 SMT 生产线流程和能力，在设计的过程中始终与 SMT 工艺保持联系和沟通。设计师所设计的 PCB 应符合 SMT 工艺要求。应有一套完善的设计控制制度，包括各种数据、试验记录，特别是与 SMT 生产质量有关的记录。

ISO 9000 族标准的质量管理体系还包括：外购件及外协作的管理、生产管理、质量检验、图纸文件管理、包装储存及交货、降低成本、人员培训等。

任务三　来 料 检 验

一、常用检测设备及手段

为了保证电子元器件的质量，在生产过程中就需要采用各类测试技术进行检测，以便及时发现缺陷和故障并进行修复。根据测试方式的不同，SMT 测试技术分为非接触式测试和接触式测试。非接触式测试已从人工目测发展到自动光学检查和自动射线检测，而接触式测试则可分为在线测试和功能测试两大类。

1. 在线测试仪 ICT

针床式在线测试仪如图 9.2 所示。

图 9.2　针床式在线测试仪

传统的在线测试仪测量时使用的是专门的针床与已焊接好的线路板上的元器件接触，并用数百毫伏的电压和 10 毫安以内的电流对其进行分立隔离测试。可精确地测出所装电阻、电感、电容、二极管、三极管、可控硅、场效应管、集成块等通用和特殊元器件的漏装、错装、参数值偏差、焊点连焊、线路板开/短路等故障，并将故障出现在哪个元件或开/短路位于哪个点准确地告诉用户。

针床式在线测试仪的优点是测试速度快，适合于单一品种的民用型家电产品线路板的大规模生产测试，而且主机价格较便宜。由于测试用针床夹具的制作、调试周期长，价格贵，因此对于一些高密度 SMT 线路板来说，往往无法对其进行精度测试。

飞针式测试仪是对针床式在线测试仪的一种改进：它用探针来代替针床，在 X-Y 机构上装有可分别高速移动的 4 个头共 8 根测试探针，最小测试间隙为 0.2 mm。工作时根据预先编写的坐标位置程序移动测试探针到测试点，各测试探针根据测试程序对元件或已装配的元器件进行开/短路测试。

与针床式在线测试仪相比，飞针式测试仪在测试精度、最小测试间隙等方面均有较大幅度的提高，并且无需制作专门的针床夹具，测试程序可直接由线路板的 CAD 软件得到，其不足之处是测试速度相对较慢。

2. 功能测试

功能测试(Functional Tester)可以测试整个系统是否能够实现设计目标，它将线路板上的被测单元作为一个功能体，对其提供输入信号并按照功能体的设计要求来检测输出信号。这种测试是为了确保线路板能够按照设计要求正常工作。用功能测试来检测线路板的最简单的方法是将组装好的某电子设备上的专用线路板连接到该设备的适当电路上，然后加电压，如果设备工作正常，就表明线路板合格。这种方法的优点是测试简单、投资少，缺点是不能自动诊断故障。

3. 自动光学检查

智能 AOI 锡焊检测机，如图 9.3 所示。线路板上元器件组装密度的提高给电气接触测试增加了困难，所以，将 AOI 技术引入到 SMT 生产线的测试领域是大势所趋。AOI 不但可对焊接质量进行检验，还可对光板、锡膏印刷质量、贴片质量等进行检查。各工序 AOI 的出现几乎完全替代了人工操作，这对提高产品质量和生产效率都是大有裨益的。

AOI 系统采用高级的视觉系统和新型的给光方式，同时采用了增加的放大倍数和复杂的算法，从而能够使其以高测试速度获得高缺陷捕捉率。AOI 系统能够检测元器件漏贴、电解电容的极性错误、焊脚定位错误或者偏斜、引脚弯曲或者折起、焊料过量或者不足、焊点桥接或者虚焊等焊接错误。但 AOI 系统不能检测电路的错误，对不可见焊点的检测也无能为力。

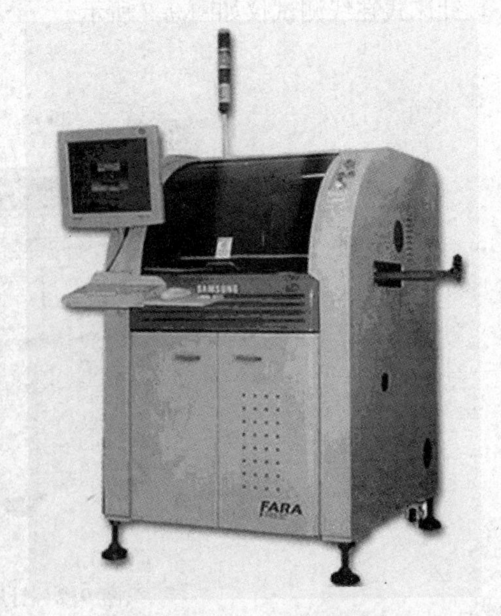

图 9.3　智能 AOI 锡焊检测机

4. 自动X射线检查

AXI是近几年才兴起的一种新型测试技术。当组装好的线路板沿导轨进入机器内部后,位于线路板上方的X射线发射管将其发射的X射线穿过线路板后被置于下方的探测器(一般为摄像机)接收到,由于焊点中含有可以大量吸收X射线的铅,因此与穿过玻璃纤维、铜、硅等其他材料的X射线相比,照射在焊点上的X射线被大量吸收而呈黑点,从而产生良好图像,使得对焊点的分析变得相当直观。因此,采用简单的图像分析算法就可以自动且可靠地检验到焊点缺陷。

AXI技术已从以往的2D检验法发展到目前的3D检验法。前者为透射X射线检验法,对于单面板上的元件焊点可产生清晰的视像,但对于目前广泛使用的双面贴装线路板效果较差,因为它会使两面焊点的视像重叠而造成分辨困难。而3D检验法采用分层技术,即将光束聚焦到任何一层并将相应图像投射到一高速旋转的接收面上,接收面的高速旋转可使位于焦点处的图像非常清晰,而其他层上的图像则被消除,故3D检验法可对线路板两面的焊点独立成像。

3D X射线技术除了可以检验双面贴装线路板外,还可对那些不可见焊点(如BGA)进行多层图像"切片"检测,即对BGA焊接连接处的顶部、中部和底部进行彻底检验。同时利用此方法还可测通孔焊点,检查通孔中焊料是否充实,从而极大地提高焊点的焊接质量。

二、来料检验

来料检验是保证表面组装质量的首要条件,元器件、印制电路板、表面组装材料的质量直接影响到表面组装电路板的组装质量。因此对元器件电性能参数及焊接端头、引脚的可焊性,印制电路板的可生产性设计及焊盘的可焊性,工艺材料(锡膏、贴片胶、棒状焊料、助焊剂、清洗剂等)及表面组装材料的质量都要有严格的来料检验和管理制度,如表9.1所示。

表9.1 来料检验的项目、要求及检测方法

<table>
<tr><th>来料</th><th colspan="2">检测项目</th><th>一般要求</th><th>检测方法</th></tr>
<tr><td rowspan="3">元器件</td><td colspan="2">可焊性 (235±5)℃、(2±0.2) s</td><td>元件焊端90%沾锡</td><td>润湿和浸渍试验</td></tr>
<tr><td colspan="2">引脚共面性</td><td>小于0.1 mm</td><td>光学平面和贴装机共面性检查</td></tr>
<tr><td colspan="2">性能</td><td></td><td>抽样,仪器检查</td></tr>
<tr><td rowspan="4">PCB</td><td colspan="2">尺寸与外观</td><td></td><td>目检</td></tr>
<tr><td colspan="2">翘曲度</td><td>小于0.0075 mm/mm</td><td>平面测量</td></tr>
<tr><td colspan="2">可焊性</td><td></td><td>旋转浸渍等</td></tr>
<tr><td colspan="2">阻焊膜附着力</td><td></td><td>热应力试验</td></tr>
<tr><td rowspan="6">工艺</td><td rowspan="4">锡膏</td><td>金属百分含量</td><td>75%~91%</td><td>加热称量法</td></tr>
<tr><td>焊料球尺寸</td><td>1~4级</td><td>测量显微镜</td></tr>
<tr><td>金属粉末含氧量</td><td></td><td></td></tr>
<tr><td>黏度,工艺性</td><td></td><td>旋转式黏度剂,印刷,滴涂</td></tr>
<tr><td rowspan="2">黏接性</td><td>黏结强度</td><td></td><td>拉力,扭力计</td></tr>
<tr><td>工艺性</td><td></td><td>印刷,滴涂试验</td></tr>
</table>

续表

来料	检测项目		一般要求	检测方法
材料	棒状焊料	杂质含量		光谱分析
	助焊剂	活性		铜镜,焊接
		比重	79～82	比重计
		免洗或可清洗性		目测
	清洗剂	清洗能力		清洗试验,测量清洁度
		对人和环境有害	安全无害	化学成分分析鉴定

1. 元器件来料检验的检验项目

元器件质量情况也是影响焊接质量的因素之一。主要检测项目有可焊性、引脚共面性和使用性,应由检验部门做抽样检验。

(1) 可焊性:可能引起立碑、不上锡、堆锡等焊接缺陷。元器件可焊性的检测可用不锈钢镊子夹住元器件体浸入(235±5) ℃或(230±5) ℃的锡锅中,(2±0.2) s或(3±0.5) s后取出,在20倍显微镜下检查焊端的沾锡情况。要求元器件焊端90%沾锡。

(2) 引脚的共面性:IC元件引脚共面性不好,会造成虚焊。

(3) 外表反光度:这项因素主要与回焊炉的加热方式有关。主要针对红外线加热炉而言。不同颜色的元件对红外线的吸收能力有差别,一般来说应避免元件本体与引脚、焊盘的引热能力相差太大,否则会造成元件本体因吸热过多而损坏,然而焊盘、引脚却处于加热不够的状态;也应注意尽量不要将吸热能力相差太大的元件放PCB的同一面。

(4) 引脚变形:会造成错位、虚焊的缺陷。这要求在储存、搬运、备料等过程中小心操作;贴片机应处于正常状态,避免贴片过程中因机器的原因发生抛料、夹伤、掉件等误动作而损伤元件。

加工车间可做以下外观检查:

① 目视或用放大镜检查元器件的焊端或引脚表面是否氧化、有无污染物。

② 元器件的标称值、规格、型号、精度、外形尺寸等应与产品工艺要求相符。

③ SOT、SOIC的引脚不能变形,对引线间距为0.65 mm以下的多引线器件QFP其引脚共面性应小于0.1 mm(可通过贴装机光学检验)。

④ 要求清洗的产品在清洗后元器件的标记不脱落,且不影响元器件的性能和可靠性(清洗后目检)。

2. 印制电路板的检验

(1) 设计

① 焊盘的大小。它直接影响到钢网开口的大小,影响到少锡或多锡。

② 焊盘的间距。间距不匹配,造成元件覆盖全部焊盘或元件搭接不上焊盘;对IC来说,它的间距影响锡膏、钢网厚度的选择。

③ 元件分布。元件间距太小,可能造成连锡,特别是波峰焊工艺;元件分布不均匀,有的地方太多有的地方太少,造成焊接加热不均匀,温度设置上不易兼顾。热敏元件与BGA等需热量多的元件在同一面上,温度设置上不易兼顾。元件能够一面分布的却两面分布,造成需两次过炉。两面都有较重的元件如BGA、QFP、PLCC,易发生掉件、虚焊。

(2) 可焊性

PCB 焊盘一般是铜箔,易氧化。为了保护铜箔,形成良好的焊接,一般要对铜箔进行处理,如预镀金、银、钯镍、锡铅等易熔融于锡铅液的金属或合金,比较普遍的是锡铅。

(3) Mark 点的设计

Mark 点的外形有圆形、方形、三角形等,常见的是圆形。它的尺寸、颜色对比度直接影响到机器对它的识别,影响到印刷、贴片时的位置补偿的精确度。

(4) 可生产性

① 焊盘的准确性:包括焊盘的大小尺寸精度及相对距离。误差较大,则可能发生与钢网之间的错位,导致印锡偏位、溢出焊盘或产生锡珠,造成连锡的缺陷等。

② 弯曲度与扭曲度:弯曲度与扭曲度太大,在轨道上运行不畅易卡边、掉板;定位夹紧不精确而偏位;元件与板贴合不好,易飞件、虚焊。

③ 焊盘的平面度:钢网的开口一般都比焊盘小,焊盘的平面度不好,会造成与 PCB 或钢网的贴合不紧、印刷漏锡,严重时会损伤钢网的开口边缘;对于点胶工艺而言,焊盘的平面度不好会抬高元件与 PCB 之间的距离,造成元件与胶接触面积太少或者根本就没有接触,从而黏合力不够造成掉件。

④ 检查 PCB 是否被污染或受潮。

任务四　包装、储存与防护

一、仓库管理的总体要求

1. 仓库的重要性

(1) 仓库是企业物资供应体系的一个重要组成部分,是企业各种物资周转储备的环节,同时担负着物资管理的多项业务职能。它的主要任务是:保管好库存物资,做到数量准确、质量完好、确保安全、收发迅速、面向生产、服务周到、降低费用及加速资金周转。

(2) 要根据工厂生产需要和厂房设备条件统筹规划、合理布局;内部要加强经济责任制,进行科学分工,形成物资分口管理的保证体系;业务上要实行工作质量标准化,应用现代管理技术和 ABC 分类法,不断提高仓库管理水平。

2. 仓库条件

(1) 在库品的管理

有出入库管理办法,进货入库前有待检区,检验/验证合格的产品才能入库,仓库应经常(或定期)清点在库品,保证账、卡、物一致,仓库保管员熟悉在库品的性能、规格及分类,存放整齐、清洁。

(2) 仓库条件

仓库条件符合库存品的要求,存放外购件及成品的仓库能做到防火、防水、防盗、防静电及防意外事故。

(3) 包装与防护

成品按规定(如包装设计、包装规程)进行包装,包装箱标志清楚;库存品在库内有适当的防护措施(如防锈防静电等),在制品也有防护措施。

(4) 交货及服务

能按期交货,售后服务态度好。能接受客户的意见,实施纠正措施和质量改进。

二、包装、储存

成品按规定(如包装设计、包装规程)进行包装,包装箱标志清楚,库存品在库内有适当防护措施(如防锈防静电等),在制品也有防护措施。

1. 印制电路板

目前要求供应商提供PCB真空包装。对非真空包装或开封后没用完及过炉前在空气中暴露时间太久的电路板,用前须在烘箱中进行110 ℃、2小时的烘烤,消除吸潮的影响。

2. 锡膏

锡膏须在冰箱中保存,温度2~8 ℃。使用前应保证4~8小时的解冻时间,原则上不超过48小时,未解冻完全的锡膏严禁开封。锡膏应整平,将内盖尽可能压到底,并将外盖拧紧,除了减少氧化量,也可降低溶剂的挥发量。锡膏应储存在冷藏箱内,冷藏箱温度应根据锡膏的规格要求控制在0~10 ℃内,锡膏的使用应遵循“先进先出”的原则。锡膏在室温和密闭状态下回温3小时以上,停留时间小于4天。回温完成后,将锡膏瓶放入搅拌机中,自动搅拌2~5分钟。已开封但又没有使用完的锡膏不得再放入冰箱中冷藏,应优先转移至其他线使用。锡膏开封后超过24小时仍未使用完的应作为不良品扔掉,不得掺入新鲜锡膏中继续使用。

3. 固定胶

固定胶必须在低温(2~8 ℃)下保存;使用前要进行回温处理。10 ml封装的要回温2小时以上,30 ml封装的要回温4小时以上,300 ml封装的要回温12小时以上。

4. 贴片胶

贴片胶按照存储条件,可在存储期内进行存储,贴片胶的黏度、剪切强度和固化三项性能的变化幅度应符合规定。通常要求在室温下储存1~1.5个月、5 ℃以下存储3~6个月其性能不发生变化,仍能使用。

5. 元器件

元器件经质检部门认可后方可入库,对有特殊要求的元器件要作特殊处理。

(1) 贴片芯片的烘烤

① 在密封状态下,元件货架寿命为12个月;

② 打开密封包装后,在小于30 ℃和60%RH环境下,元件过回流焊接炉前可停留时间:

防潮等级	停留时间	防潮等级	停留时间
LEVER1	大于1年,无要求	LEVER2	一年
LEVER3	一周	LEVER4	72小时
LEVER5	24小时	LEVER6	6小时

③ 打开密封包装后,如不生产应立即储存在小于20%RH的干燥箱内;

④ 需要烘烤的情况:适用于防潮等级为LEVER2及以上材料;

⑤ 烘烤时间:在温度40 ℃+5 ℃/-0 ℃且湿度小于5%RH的低温烤箱内烘烤192小时;在温度(125±5) ℃的烤箱内烘烤24小时。

(2) 潮湿敏感元器件

凡是在储存、运输和组装等过程中,因吸收空气中潮气而诱发损伤的非密封塑封元器件，统称为潮湿敏感元器件(Moisture Sensitive Device，MSD)。如果MSD在制造、储存环节吸收的潮气质量超过元件本身质量的0.1%，那么，在再流焊接时，将会因潮气加热膨胀产生较大的应力，这些应力很可能引起封装内连线缩径、硅片开裂、内部腐蚀，严重影响IC器件的长期可靠性，甚至在再流焊过程中会使其丧失功能，典型的实例之一就是BGA的"爆米花"现象。因此，在IPC标准中把MSD也称为再流焊敏感器件。在无铅焊接工艺中，对MSD的管理将会成为一个关键控制环节，如果控制不好，将会变成一个严重的工艺问题。

首先来了解一下关于MSD的几个基本概念和术语：

防潮袋(MBB)：一种用于包装MSD以防止水汽进入的袋子。

车间寿命：当车间环境温度/湿度≤30℃/60%RH时，MSD从包装防潮袋取出到再流焊前，在车间允许暴露的最大时间。

库存寿命：根据湿度显示卡读数，存储在仓库中的MSD，在未开封的MBB内层中保持预定干燥度的最大时间。

制造暴露时间(MET)：MSD按制造商要求烘烤完成后到包装袋封口前的最大时间。它还包括配送时对已开封的MSD小批分散传递过程中允许的最大暴露时间。

干燥箱：放MSD的专用箱，在该箱内温度应维持在(25±5)℃，湿度应小于10%RH。箱内可使用氮气或干燥气体。

干燥包装：一种由干燥剂袋、湿度指示卡、MSD和防潮袋共同构成的一种包装形式。

湿度显示卡(HIC)：一种印有对潮湿敏感的化学物质的卡片，HIC上至少应该有三种颜色的点，分别对应的湿度敏感度为5%RH、10%RH、15%RH。

① 入库验收

真空袋检查：检查警告标签或条形码上的封袋日期；检查包装袋的完整性(有无洞、凿孔、撕破、针孔或任何会暴露内部的开口)。如果发现有开口，应参照湿度指示卡(HIC)显示的状态，决定是否拒收(通知供货商采取恢复措施)。

MSD检查：当需要进行MSD检查时，应将完好的原包装在接近封口处的顶部割开。如果包装袋在车间环境中打开不超过8小时，可再与活性干燥剂(活性干燥剂暴露时间不应超过1小时，否则不推荐使用)一起装入抽真空袋中并封口；或将元器件放置在一个空气干燥箱里再次干燥，要求再次干燥的时间至少是暴露时间的5倍。

MSD清点：仓储人员进行MSD数量清点时，应尽量不破坏MBB。若必须进行逐个清点时，割开MBB后应在最短的时间内清点完，然后再与活性干燥剂一起重新装入MBB中并封口。此操作允许暴露的最大时间应小于制造暴露时间(MET)。

② 储存

库房管理：MSD存放区应有明显标志；MSD应分级分类存放。

储存：采用干燥包装的MSD可以保存在温度<40℃、湿度<90%RH条件下。如果没有包装，必须保存在温度为(25±5)℃、湿度<10%RH的干燥箱内。

定期监视储存状况：湿度指示卡会提示干燥包装内湿度的变化情况。当出现误处理(如缺少干燥剂或干燥剂量不足)、误操作(如MBB撕裂或割裂)或是存储不当时，HIC会及时做出反应。相应的判断及处理方法以原包装说明及内部指示卡上的要求为准。

现以敏感读数5%RH、10%RH、15%RH的HIC为例具体判断如下：如果10%RH点为蓝色，表示合适，若干燥袋要再次封口，应更换活性干燥剂；如果5%RH点为粉红色而且10%RH点不为蓝色，则表示MSD暴露时间已超过了潮湿敏感等级(如库存寿命过期等)，必须按照原包装警告标签上的说明进行干燥处理。

③ 配、发料管理

要建立合理的MSD生产配送补给系统，确保所有MSD都将在规定的时间内组装完毕。如果一批元器件中部分已使用，剩下的元器件在打开包装1小时内必须重新封口或放入小于10%RH的干燥箱中。遵循最短暴露时间的原则，应尽可能采用少量发放MSD的方法，准备的数量刚好够8小时的装配量。

④ MSD组装过程管理

MSD要适当地分类、标记和封装在干燥袋中待用，一旦袋子打开，每个元器件都必须在一个规定的时间内装配和焊接完毕。要求对每一卷或每一盘MSD的积累暴露时间，都应进行工艺跟踪，直到所有MSD都在车间寿命内完成全部组装过程。

⑤ 退料管理

退料时，已经装载在贴装机器上的MSD必须取下来，连同托盘和盘带一起返回库房，供以后继续使用。MSD所有的标识数据及对应的出库时间跟踪记录，应完整地从原来的标签上转移过来并随MSD一起保存。退回重新储存的MSD散料时，需把暴露的时间也计算到干燥储存的时间里去，并根据出库时间跟踪记录优先出库。

对MSD的包装一般采用白色透明防静电包装管，最好不要重复使用，在使用前要经过表面电阻测试。建议包装时采用黑色永久性的防静电包装管或盒子，其价格昂贵，可以重复使用，但在使用前未经测试时不得使用，否则会引起包装管内器件失效。一旦袋子打开，每个元件都必须在一个规定的时间框架内装配和回流焊接。ISO 9000标准要求每一卷或每一盘MSD的总计累积暴露时间都应该通过完整的制造工艺进行跟踪，直到所有零件都贴装。适当的材料补给能有效地减小储藏、备料、实施期间的暴露时间。另外，该标准还提供灵活性，以增加或减少最大的生产寿命，这一点是基于室内环境条件和烘焙时间的。

(3) 静电敏感元器件(SSD)

① 不得任意包装；

② SSD在运输过程中不得掉落在地，不得任意脱离包装；

③ 存放SSD的库房相对湿度应控制在40%～60%的范围内；

④ SSD的存放应该保持原包装，若需更换包装时，必须使用具有防静电性能的容器；

⑤ 库房里，应设置专门的防静电区或在放置SSD器件的位置上黏贴防静电标志；

⑥ 放SSD器件时应用目测的方法，在SSD器件的原包装内清点数量；

⑦ 对EPROM进行写、擦即信息保护操作时，应将写入器/擦除器充分接地，要带防静电手镯；

⑧ 装配、焊接、修板、调试等的操作人员必须严格按照静电防护要求进行操作；

⑨ 测试、检验合格的印制电路板在封装前应用离子喷枪喷射一次，以消除可能积聚的静电荷。

三、交货运输及服务

运输带引脚的元件时，通常使用导电泡沫材料，这可以防止元件引脚间出现较高的电势差。对于双列直插式封装的元件，在散装运输过程中常采用静电损耗性管。对于线路板组件，当位于静电放电保护区外时，应将其置于静电屏蔽袋或导电搬运箱内进行运输。有的包装袋使用导电材料制成，它可确保所有元件在稳定条件下处于同一电势，同时将偶然跑到袋上的静电荷耗散掉。这种方法不能用于带电池的电路板，对于这种情况，应采用衬里是静电损耗性材料，而外层是导电材料的包装袋。这种袋子的价格更高，但可对加电和未加电的组件提供极好的保护作用。同样，内部装有固定电路板的导轨的导电箱不能与边缘上有裸露连接器的加电电路板一起使用。对于装入防静电包装管内的器件不得晃动，在运输中严禁管内器件摩擦生电。

要解决以上问题，可以采取以下的静电防护措施：

① 操作现场的静电防护。对静电敏感器件应在防静电的工作区域内操作；

② 人体的静电防护。操作人员穿戴防静电工作服、手套、工鞋、工帽、手腕带；

③ 储存运输过程中的静电防护。静电敏感器件的储存和运输不能在有电荷的状态下进行。

另外要求厂商能按期交货，售后服务态度好。能接受客户的意见，实施纠正措施和质量改进。

任务五　SMT 产品的检测方法

近年来，先进电路组装技术的突飞猛进，大大地推进了组装工艺检测技术的发展。传统的人工目视检测逐渐被先进的自动光学检测，X 射线断层检测和层析 X 射线照相组合所取代。从总体上分析，目前在电路组装中使用的组装工艺检测技术有以下四种类型：人工目视检测、电气测试、自动光学检测、X 射线检测。通过检测发现 PCB 组件质量缺陷和问题，经过分析后反馈至设计和组装工艺过程中的相应工序，进行必要的改进，经过这种闭环控制，使 PCB 组件质量得到很好的控制。

目视检验是指直接用肉眼或借助放大镜、显微镜等工具检验组装质量的方法。

自动光学检测主要用于工序检验：印刷后的锡膏印刷质量检验、贴装后的贴装质量检验以及再流焊后的焊后检验，自动光学检测用来替代目视检验。

X 光检测和超声波检测主要用于 BGA、CSP 以及 Flip Chip 的焊点检验。

在线测试设备采用专门的隔离技术可以测试电阻器的阻值、电容器的电容值、电感器的电感值、器件的极性以及短路（桥接）、开路（断路）等参数，自动诊断错误和故障，并可把错误和故障显示、打印出来。

具体采用哪一种方法，应根据各单位 SMT 生产线具体条件以及表面组装板的组装密度而定。

一、人工目视检测

电路组装中的人工目视检测就是利用人的眼睛或借助于简单的光学放大系统对电路板锡膏印刷和焊点进行检测。图形放大目测系统如图 9.4 所示。

人工目视检查包括：电路板人工目视检查、胶点人工目视检查、焊点人工目视检查和电路板表面质量的目视检查等。锡膏印刷是成功地组装表面组装组件的关键工序。很多的调查表明，在最后的调试甚至交付用户使用后发现电路故障的70%与锡膏印刷有关，所以如果能尽早地发现锡膏印刷生产的缺陷，并尽早地排除，对于降低电路组件的组装成本和提高组件的可靠性具有极其重要的意义。在锡膏印刷目视检查中进行印刷工艺控制，排除锡膏印刷缺陷一般应抓住三个环节：

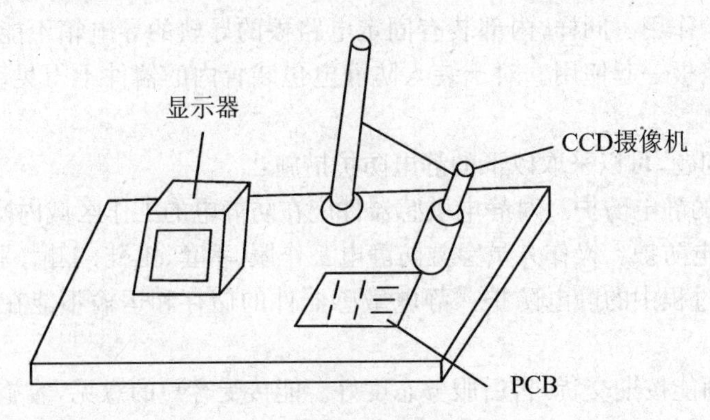

图 9.4　图形放大目测系统

(1) 在设置印刷参数时操作人员目检试印效果并对参数进行校正；

(2) 在印刷生产中操作人员要100%地目检印刷图形的质量，随机调整印刷工艺参数，防止印刷缺陷重复出现，并对发现的锡膏图形缺陷与标准图形对照，衡量是否合格，对印刷图形不合格的电路板用台面清洗的方法或其他方法彻底清洗干净后重新印刷；

(3) 在贴放元器件之前，贴装人员对电路板锡膏印刷图形质量进行100%的监督检查，剔除锡膏图形不合格的电路板，并进行返修重印。

二、自动光学检测

随着电路图形的细线化、SMD的小型多功能化和SMA的高密度化，传统的人工目视检测方法难以满足SMA的要求，于是自动光学检测技术迅速发展起来，该技术的特点是采用了计算机技术、高速图像处理和识别技术、自动控制技术、精密机械技术和光学技术。它是综合了多种高技术的产物，具有自动化、高速化和高分辨率的检测能力。现在在电路组装中使用的AOI有以下几种类型：

① 裸板外观检测技术；

② 电路组件外观检测技术；

③ 激光/红外焊点检测技术。

三、X射线检测

随着BGA、CSP、倒装芯片和超细间距器件的出现及电路组装密度的不断提高，使上述的检测和测试技术难以满足组装工艺控制的要求，诸如焊料短路、桥接、焊料不足、丢片和元器件对准不良等缺陷，再流焊后难以检测出来，这一难题的解决只有依赖于X射线检测技术。

现在，在电路组装中采用的X射线检测系统的主要有在线或脱线、2D或3D等类型，主要采用X射线断层扫描和层析X射线照相合成技术。这些检测技术的主要特征是直观性强，能准确地检测出缺陷的类型、尺寸大小和部位，为进一步分析和返修提供了有价值的参考数据和真实影像，提高了返修效果和速度。同时，X射线透视图可显示焊接厚度、形状及质量的密度分布。厚度与形状不仅是反映长期结构质量的指标，在测定开路、短路缺陷及焊接不足方面，也是很好的指标。此技术有助于收集量化的过程参数并检测缺陷。在如今这个生产竞争的时代，这些补充数据有助于降低新产品的开发费用，缩短投放市场的时间。

四、电气测试

电气测试主要是对电路组件进行接触式检测。在SMA的组装过程中，即使实行了非常严格的工艺管理，也可能出现诸如极性贴错、焊料桥接、虚焊、短路等缺陷，所以在组装清洗之后必须对电路组件进行接触式检测，测试组件的电气特性和功能。其中，在线测试是主要的接触式检测技术，它是在没有其他元器件的影响下，对电路组件上的元器件逐点提供测试(输入)信号，在元器件的输出端检测其输出信号。在线测试技术有模拟和数字两种类型，分别用于无源元件和数字器件。

五、先进的处理技术将X射线与ICT相结合

将在线测试与自动X射线相结合可以降低整体成本，改进产品质量和缩短产品到达市场时间。为大型、高密度的印刷电路板装配(Printed Circuit Board Assembly，PCBA)发展一个稳健的测试策略是重要的，以保证其功能与设计相符合。除了复杂电路板装配的建立与测试之外，单单投入在电子零件中的金钱也是很高的，单个单元到最后测试时其成本可能达到25 000美元。由于这样的高成本，查找与修理装配在现在成为比过去更为重要的步骤。今天更复杂的装配大约18平方英寸，18层，在顶面和底面有2 900多个元件，含有6 000个电路节点，有超过20 000个焊接点需要测试。

在朗讯加速的制造工厂(N. Andover，MA)，制造和测试艺术级的PCBA和完整的传送系统。超过5 000节点数的装配对我们是一个关注，因为它们已经接近我们现有的在线测试设备的资源极限。我们现在能够制造八百多种不同的PCBA或"节点"，其中二十多种在5 000～6 000个节点范围。可是，这个数字增长迅速。

新的开发项目要求更加复杂、更大的PCBA和更紧密的包装。这些要求在挑战我们建造和测试这些单元的能力，更进一步、具有更小元件和更高节点数的更大电路板可能将会继续。例如，现在正在画一个电路板图，有大约116 000个节点、超过5 100个元件和超过37 800个要求测试或确认的焊接点。这个单元还有BGA在顶面与底面，BGA是紧接着的。使用传统的针床测试设备来测试这个尺寸和复杂性的板时，只用ICT一种方法是不可能的。

在制造工艺，特别是在测试中，不断增加的PCBA复杂性和密度不是一个新的问题。当意识到增加ICT测试夹具内的测试针数量不是要走的方向，我们开始观察可代替的电路确认方法。看到每百万探针不接触的数量，我们发现在5 000个节点时，许多发现的错误(少于31)可能是由于探针接触问题而不是实际制造的缺陷。因此，开始着手将测试针的数量减少，而不是上升。尽管如此，制造工艺的品质还是评估到整个PCBA。使用传统的ICT与X

射线分层法相结合是一个可行的解决方案。

1. 测试策略

整体测试策略大部分依靠边界扫描,它提供一个部分解决方案。许多元件在 ICT 不能确认,许多复杂的 ASIC 有许多必须确认的电源和接地引脚。这些引脚的开路可能造成长期可靠性的问题。我们采用的测试策略是使用自动 X 射线分层检查系统确认整个板上每个焊接点的可接受性。在这个策略中,生产 PCBA 都经过 X 光系统,有缺陷的板经过修理站进行改正行动和重检查,通过检查的 PCBA 进入在线电路板测试系统作进一步测试。这个策略在现在生产中的先进技术装配实施的最后阶段。设计的模型或开发/原型阶段的 PCBA 只通过焊接点完整性的 X 光检查,因为在线测试机的测试夹具与测试程序通常这时还没有。

生产中使用 X 光检查进行模型评估,允许诊断技术员排除与焊点有关的问题,如开路、短路、元件丢失、少锡和一些极性方向问题,这个新工艺节省时间与金钱。现在,为模型开发进行的制造测试趋向于大约与生产运行相同的规模。模型运行可能在 150 个单元的范围,高端 PCBA 的生产运行在 200 个单元范围。

PCBA 使用自动贴片机器完成手工连接器贴装和手工面板装配,使用 X 光和 ICT 技术测试完成的装配来确认工艺的完整。首先,测试程序保证正确的零件以正确的位置和方向放在板上,X 光决定所有的焊接点已经形成,这时功能还没有确认。接收板的经营单位选择是否做整板的功能测试。这个决定是在单个板的基础上作出的。其次,PCBA 安装到架子内,架子放入框内,框与框连接。最后,测试整个系统功能,所有装配在最后系统测试期间接受功能测试。在适当的测试之后,系统发送结果到最终用户。

2. X 光/ICT 相互作用

超过 5 200 个 ICT 机器节点限制的 PCBA 是不可能使用传统的针床夹具 ICT 测试的,而且,我们没有装配这样的在线测试机进行完全测试。通常,板中有 10%～15%的核心电路不能测试。例如,旁路电容和 ASIC 元件的电源与接地引脚对 DC 级的测量是不可见的。因为这些节点不能用一般的 ICT 测试,我们使用了 X 射线分层工艺。在使用 X 光之前,大板上的测试覆盖率在 60%～70%;当测试中包括 X 光后,测试覆盖率达到 99%。对于通过 X 光系统确认的焊点完整性的元件,我们假设遵循了前面的工序保证板上贴装正确的元件。

任务六　生产过程的质量控制

对半成品的管理主要体现在对生产过程的工艺质量控制上。工艺质量控制就是要对影响 SMT 工艺质量的主要因素进行有效的管理,使 SMT 工艺水平处于良好的受控状态。

一、工序管理办法

1. 生产管理办法

有一套正规的生产管理办法,如规定有首件检查、自检、互检及检验员巡检的制度,工序检验不合格不能转到下道工序。SMT生产首件产品的现场工艺运行流程图,如图9.5所示。

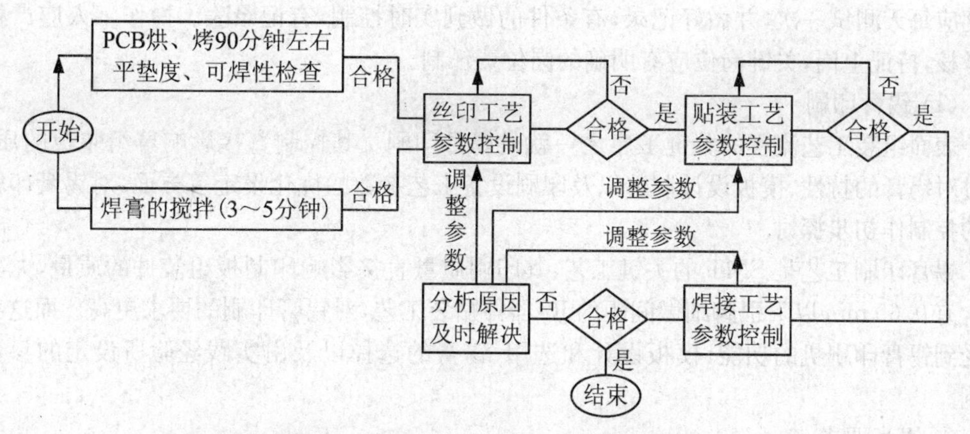

图9.5　SMT首件产品现场工艺运作图

2. 有明确的质量控制点

质控点的要求是:现场有质控点标志,有规范的质控点文件,控制数据记录正确、及时、清楚,对控制数据进行了处理,定期评估PDCA循环和可追溯性。

为了保证SMT设备的正常进行,必须加强各工序的加工工件质量检查,从而监控其运行状态。因而需要在一些关键工序后设立质量控制点,这样可以及时发现上段工序中的品质问题并加以纠正,杜绝不合格产品进入下道工序,将因品质引起的经济损失降到最低。质量控制点的设置与生产工艺流程有关,例如,生产的产品IC卡电话机是一单面贴插混装板,采用先贴后插的生产工艺流程,并在生产工艺中加入以下质量控制点:

(1) 烘板检测内容:① 印制板有无变形;② 焊盘有无氧化;③ 印制板表面有无划伤。检查方法:依据检测标准目测检验。

(2) 丝印检测内容:① 印刷是否完全;② 有无桥接;③ 厚度是否均匀;④ 有无塌边;⑤ 印刷有无偏差。检查方法:依据检测标准目测检验或借助放大镜检验。

(3) 贴片检测内容:① 元件的贴装位置情况;② 有无掉片;③ 有无错件。检查方法:依据检测标准目测检验或借助放大镜检验。

(4) 回流焊接检测内容:① 元件的焊接情况,有无桥接、立碑、错位、焊料球、虚焊等不良焊接现象;② 焊点的情况。检查方法:依据检测标准目测检验或借助放大镜检验。

(5) 插件检测内容:① 有无漏件;② 有无错件;③ 元件的插装情况。检查方法:依据检测标准目测检验。

二、关键工序和特殊工序的控制

能分清关键工序和特殊工序,以此进行工艺参数的监控。工人通过培训考核,对设备、工具、量具等均特别重视。

1. 关键工序

SMT生产中,锡膏印刷、贴片机的运行、再流炉的炉温等均应列为关键工序。下列有关的参数应当每天检查与记录:环境的温度和湿度,印刷机稳定性;锡膏的黏度,锡球试验(结合第一件产品）；模板与PCB间隙、离板速度、刮刀速度和压力及图像识别精度（结合第一块锡膏印刷质量）；贴片机的工作状态，包括压力和运行状况，应每天记录，有记录表；再流炉的温度应每天测试一次，并做好记录，有条件的做到实时控制，有记录表。操作工人应严格培训考核，持证上岗，关键岗位应有明确的岗位责任制。

（1）锡膏印刷

表面组装工艺流程的关键工序之一就是锡膏印刷。其控制直接影响着组装板的质量。通过对锡膏的特性、模板设计制造以及印刷设备工艺参数的优化设定等方面，对锡膏印刷质量的控制作初步探讨。

锡膏印刷工艺是SMT的关键工艺，其印刷质量直接影响印制板组装件的质量，尤其是对含有0.65 mm以下引脚细微间距的IC器件贴装工艺，对锡膏印刷的要求更高。而这些都要受到锡膏印刷机的功能、模板设计和选用、锡膏的选择以及由实践经验所设定的参数的控制。

① 锡膏要求

（a）良好的印刷性

锡膏的黏度与颗粒大小是其主要性能。锡膏的黏度过大，易造成锡膏不容易印刷到模板开孔的底部，而且还会黏到刮刀上。锡膏的黏度过大，则不容易控制锡膏的沉积形状，印刷后会塌陷，这样较易产生桥接，同时黏度过大在使用软刮刀或刮刀压力较大时，会使锡膏从模板开孔被刮走，从而形成凹型锡膏沉积，使焊料不足而造成虚焊。

锡膏黏度过大一般是由于配方原因。黏度过低则可以通过改变印刷温度和刮刀速度来调节，温度和刮刀速度降低会使锡膏粒度增大。通常认为细间距印刷锡膏最佳黏度范围是800～1300 Pa·s，而普通间距常用的黏度范围是500～900 Pa·s。

锡膏的颗粒形状、直径大小及其均匀性也影响其印刷性能。一般锡膏颗粒为圆球形，直径约为模板开口尺寸的1/5，而且颗粒的直径应均匀一致，其最大尺寸与最小尺寸的颗粒数不应超过10%，这样才能提高印刷的均匀性和分辨率。

（b）良好的黏结性

锡膏的黏结性除与锡膏颗粒、直径大小有关外，主要取决于锡膏中助焊剂系统的成分以及其他的添加剂的配比量。锡膏良好的黏结性使其印刷时对焊盘的黏附力大于模板开口侧面的黏附力，使锡膏牢固地黏附在焊盘上，改善脱模性，黏接性好且能保持足够的时间，可使元件贴装时减少飞片或掉片。

（c）良好的焊接性

用于印刷的锡膏，典型金属含量为90%。锡膏的焊球必须符合无氧化物等级，即氧化物含量<0.1%，包括表面吸附氧在内的氧化物总含量≤0.04%。锡膏印后保存时间过长、印刷周期过长都会因熔剂等物质挥发而增加氧化程度，影响焊料的润湿性。锡膏应在5～10 ℃保存，在22～25 ℃时使用。锡膏应提前4～8小时拿出，以使其温度能达到室温。

根据锡膏的性能和使用要求，可参考以下几点选用适宜的锡膏：

·锡膏的活性可根据PCB表面清洁程度来决定，一般采用RMA级，必要时采用RA级；

·根据不同的涂覆方法选用不同黏度的锡膏；

·精细间距印刷时选用球形细颗粒锡膏；

·双面焊接时，第一面采用高熔点锡膏，第二面采用低熔点锡膏，保证两者相差30～40 ℃，以防止第一面已焊元器件脱落；

· 当焊接热敏元件时，应采用含铋的低熔点锡膏；

· 采用免清洗工艺时，要用不含氯离子或其他强腐蚀性化合物的锡膏。

· 还要求锡膏回流焊后有良好的清洁性，极少产生焊料球，有足够的焊接强度。

② 模板

模板是锡膏印刷的基本工具，其主要类型可分为三种：丝网模板、全金属模板和柔性金属模板。丝网模板制作简单，适合于小批量的产品，缺点是孔眼通过丝网不容易看到焊盘，定位困难，而通过丝网的锡膏只有孔眼的60%左右，容易堵塞。模板的开口尺寸与模板厚度密切相关，过厚，会导致锡膏的脱模不良，且易造成焊点桥接；过薄，则很难满足粗细间距混装的组装板的要求。

模板开口一般通过化学蚀刻、激光束切割以及电铸等方法制造。在制造过程中均以取得光滑一致的开口侧壁为目标。模板可采用有焊盘孔眼的锡青铜、铍青铜、不锈钢、箔片等材料制作。不锈钢是激光切割制造模板时最常用的材料，经激光束切割后获得的模板开口可以自然形成锥形内壁，有助于锡膏的释放，这一特点对于细间距印刷尤为重要。另外，还可以通过电抛光或镀镍的方法使开口内壁更光滑一致。

③ 印刷工艺参数的设定

(a) 刮刀的调整

刮刀运行角度 θ 一般为 60～65°时锡膏印刷的品质最佳。锡膏的传统印刷方法是刮刀沿模板的 X 或 Y 方向以 90°角运行，这往往导致器件在开口不同走向上的焊锡量的不同。我们经多次印刷试验证明，刮刀以 45°的方向进行印刷可明显改善锡膏在不同模板开口走向上的失衡现象，同时还可以减少对细间距的模板开口的损坏。

刮刀压力并非只取决于气压缸行程，要调整到最佳刮刀压力，还必须注意刮刀平行度。刮刀压力一般为 30 N/mm^2。

(b) 刮板刃口

通常建议使用金属刮板，金属刮板比聚氨酯刮板好，因为从聚氨酯刮板的开口中挤出锡膏是个麻烦的问题。建议推刮角度为 45～60°，一般都是用 45°进行推刮。

将刮板向下压使金属刮板的刮刀弯曲形成一个最佳的角度。在选择印刷力时，一个矢量与模板平行，推动着锡膏使得焊料滚动；另一个矢量是直接往下施加压力于模板的开口，将锡膏挤入开口中。改变模板的压力，推刮角度随之改变。

另一个常被忽略的因素是刮板的锋利度。一般来说，刮板越钝，要求推刮整个模板顶部所需的压力就越大；刮板刃口越锋利，需用的力就越小。通过对刮板刃口进行一个简易的显微扫描检查就可显示出很大的差别。刮板压力较小通常意味着模板推刮频率较低，这是决定因素。

④ 印刷速度

锡膏在刮刀的推动下会在模板上向前滚动。印刷速度快有利于模板的回弹，但同时会阻碍锡膏向 PCB 的焊盘上传递，而速度过慢，锡膏在模板上将不会滚动，引起焊盘上所印的锡膏分辨率不良，通常对于细间距所设的印刷速度范围为 25～30 mm/s，对于粗间距所设的印刷速度范围为 25～50 mm/s。

⑤ 印刷方式

目前最普遍的印刷方式分为接触式印刷和非接触式印刷。模板与 PCB 之间存在间隙的印刷方式为非接触式印刷。一般间隙值为 0.5～1.5 mm,其优点是适合不同黏度的锡膏。锡膏是被刮刀推入模板开孔与 PCB 焊盘接触,在刮刀慢慢移开之后,模板即会与 PCB 自动分离,这样可以减少由于真空漏气而造成模板污染的困扰。

模板与 PCB 之间没有间隙的印刷方式称为接触式印刷。它要求整体结构的稳定,适用于印刷高精度的锡膏,模板与 PCB 保持非常平坦的接触,在印刷结束后才与 PCB 脱离,因而采用该方式达到的印刷精度高,尤适用于细间距、超细间距的锡膏印刷。随着钢板的广泛应用,以及元器件向小而密方向的发展,接触式印刷因其高的印刷精度而被普遍采用。

(2) 贴片机的优化

设备优化的结果会直接影响生产线平衡过程能否达到满意的效果。优化原则与设备的结构有很大的关系。对于 X-Y 结构的设备,通常依照下述原则使其达到最小循环时间:

① 尽可能使所有贴装头同时拾取元件;

② 拾取频率高的喂料器应安放在靠近印制板的位置,一般将其放在贴片机的正面,靠近主档块;

③ 每个拾放循环过程中,都要使所有的贴装头满负荷,这样可以优化效率;

④ 在一个拾放循环过程中,只从正面或背面的喂料器上拾取元件,而不能两边都取,这样可以减少拾取时的移动路程;

⑤ 为了减少拾取时的移动路程,在一个拾放循环过程中只沿着 X 坐标增加或 X 坐标减少的方向拾取元件,而不能沿两个方向来回移动;

⑥ 在一个循环中,按照 X 和 Y 坐标增加或 X 和 Y 坐标减少的顺序进行贴装,减少贴装头的移动路程。

实验室所使用的机器顺序是先使用高速贴片机,再使用多功能贴片机。先要确认你的程序有没有编好,阻、容元件是放在同一台贴的,一般我们都把这样的元器件放到高速贴片机上,一定要同时吸料,而且从料多的有顺序地吸到料少的,这样做可以节约很多时间;还有把用量很多的料分成几盘放在一起让工作头同时吸取,一般不要超过 4 盘,因 2000 系列的只有 4 个吸嘴。

首先根据生产任务在在线计算机上进行编程,完成后传送给线上的两台贴片机,并据此进行设置。主要工作有三项:(a) 对每个需要贴装的元器件,按照元器件轨道设置文件进行装料,并安放于分配到的元器件供料轨道上;(b) 根据待加工 PCB 的宽度将贴片机传输轨道调整到相应宽度;(c) 依据贴片任务需要来设定吸嘴配置,进行相应的吸嘴更换;等这些准备工作结束后,就进入 PCB 坐标识别步骤,对 PCB 定位处理。若该块 PCB 的基准点不能够被识别,就放弃贴片,并传送到输出端轨道处;若该块 PCB 通过视觉系统的判别,则它就被正确定位于贴片工作区。然后我们进行空打,查看元器件吸取位置和贴放位置是否正确,如果位置正确,我们就在元器件拾取界面单击元器件 X 或 Y 坐标查看所有元器件拾取位置是否偏移,如有偏移我们就进行修改,如正确就进行优化。然后印刷一块板子试贴,贴片头按照加工程序到相应的供料轨道上取料,然后到指定的贴片位置进行贴装。如果在贴片过程中发生故障,如元器件供料轨道、机器驱动及气路等控制有问题,机器会作出相应的报警提示。假如排故成功可继续贴片,直至完成所有元器件的贴装,否则退出贴片作业,PCB 传输到输出端轨道上。对第一块 PCB 进行检验,检验无误,生产继续。

(3) 回流焊温度曲线的设置

回流焊是整个生产线中的关键工序,实验室所用的再流焊炉有五个温区,分别为:升温区、保温区、快速升温区、焊接区、冷却区。升温区和保温区合称为预热区，当PCB进入升温区时，锡膏中的溶剂、气体蒸发掉，同时锡膏中的助焊剂润湿焊盘、元器件端头和引脚，锡膏软化、塌落、覆盖了焊盘，将焊盘、元器件引脚与氧气隔离；PCB进入保温区时，使PCB和元器件得到充分的预热，以防PCB突然进入焊接高温区而损坏PCB和元器件；当PCB进入焊接区时，温度迅速上升使锡膏达到熔化状态，液态焊锡对PCB的焊盘、元器件端头和引脚润湿、扩散、漫流或回流混合在焊接界面上生成金属间化合物，形成焊锡接点；PCB进入冷却区，使焊点凝固。此时，完成了再流焊。

影响再流焊质量的主要参数是：

① 控制精度应达到±(0.1～0.2) ℃；

② 传输带横向温差要求在±5 ℃以下，否则很难保证焊接质量；

③ 传送带宽度要满足最大PCB尺寸要求；

④ 加热区长度——长度越长、加热区数量越多，越容易调整和控制温度曲线：一般中小批量生产选择4～5个温区，加热区长度1.8 mm左右即能满足要求；另外，上、下加热器应独立控温；

⑤ 最高加热温度一般为300～350 ℃，如果考虑无铅焊料或金属基板，应选择350 ℃以上；

⑥ 传送带运行要平稳，传送带振动会造成移位、搭桥等焊接缺陷；

⑦ 应具备温度曲线测试功能。

2. 特殊工序

SMT生产中，锡膏、胶水等相对价格较贵，可作为特殊工序控制进行定额管理，在保证产品质量的前提下，使材料消耗不断下降，能有效地降低成本，提高效益。材料消耗工艺定额的编制依据：产品设计文件、工艺文件、工艺规程；材料标准、材料价格；操作人员的熟练程度、工作环境的优劣、设备的完好情况等，综合考虑各种影响因素，针对每种材料的具体情况权衡主要因素。

材料消耗工艺定额的编制方法有实际测定法和经验统计法。实际测定法是用实际称量的方法确定每个零件或每个焊点的材料消耗工艺定额。经验法是根据类似元件实际消耗统计资料经分析对比，确定其工艺定额。

在批次生产中，实测每块印制板的标准用量(印刷前后重量差)、本批的标准用量及本批的实际用量，由此计算出锡膏的利用率，综合考虑其他因素，确定锡膏的损耗系数，最后由损耗系数计算锡膏的工艺定额。

三、不合格品的控制

有一套合格品控制办法，根据不同情况由不同的人/部门对不合格品进行隔离、标注、记录、评审和处置。通常，组件板返修过程中，其厚/薄膜PCB返工不应超过两次循环，SMA的反修不应超过三次循环。

四、生产设备的维护和保养

由于SMT设备均为进口，价格昂贵，无论是操作还是用后维护，均有较高的要求，因此，要有一套设备管理办法，关键设备应由专职维护人员定检，使设备始终处于完好的状态。以贴片机为例，在实际操作中定人、定机，按日、月和班次采集原始数据，把贴片机每天、每班次的运行状态填入“贴片机运行状态一览表”。统计每天产量的完成情况和正确率，并将每班次、每台设备贴装率绘制成“贴片机运行状态监控表”，如表 9.2 所示。对每台设备的状态实施跟踪与监控，当某班次某台设备贴装正确率低于 99.95%时就视为异常，需要找出异常的原因，然后立即进行处理。同时在每月初，各维修工对自己所负责的设备在上月运行过程中的状态进行总结、分析，并填写“月设备运行状态总结表”，如表 9.3 所示，针对其存在的问题，提出改进和预防措施，并及时加以维护和修理。

表 9.2　贴片机运行状态监控表

机型号	班次	1		2		3		…	30		31	
		产址	贴装率	产址	贴装率	产址	贴装率		产址	贴装率	产址	贴装率

表 9.3　月设备运行状态总结表

设备编号		维修工		日期	
月度小结					
状态分析					
改进措施					

为加强对维修工人员的评价和考核，一切以数据为准，用数据“说话”，对每个维修人员当班时每台设备的运行状态实施监控，将其当班时每台设备的贴装正确率绘入“维修工当班贴片机状态监控图”，并将同台设备每个维修工当班时该设备全月运行状态绘制在同一张监控图上；同时，对设备的运行状态进行规定：

① 设备月最低贴装率应禁止低于99.90%；

② 达标设备是指当月该设备贴装率大于或等于99.95%的工作日占累计工作日的70%以上；

③ 未达标设备是指当月该设备贴装率低于99.90%的工作日占累计工作日的10%以上；

④ 符合以上条件①②的设备运行状态保持良好。

五、生产环境

SMT生产设备是高精度的机电一体化设备，设备和工艺材料对环境的清洁度、温度、湿度都有一定的要求，为保证设备正常运行和组装质量，对工作环境有很严格的要求。

1. "5S"管理

"5S管理"的思路非常简单朴素，它针对企业中每位员工的日常行为方面提出要求，倡导从小事做起，力求使每位员工都养成事事"讲究"的习惯，从而达到提高整体工作质量的目的。

"5S"分别是日文罗马拼音的第一个字母，它们的含义是：

清理(Seiri)：把工作场所内不要的东西坚决清理掉。

整理(Seiton)：使工作场所内所有的物品保持整齐有序的状态，并进行必要的标注，杜绝乱堆乱放、产品混淆、该找的东西找不到等无序现象的出现。

清洁(Seiso)：使工作环境及设备、仪器、工夹量具、材料等始终保持清洁的状态。

维持(Seiketsu)：养成坚持的习惯，并辅以一定的监督检查措施。

素养(Shitshke)：树立讲文明、积极敬业的精神，如尊重别人、爱护公物、遵守规则、有强烈的时间观念等。

企业推行"5S"管理，是指从上述五个方面进行整顿，训练员工，强化文明生产的观念，使得企业中每个场所的环境、每位员工的行为都能符合"5S"精神的要求。

从当前国内外企业推行"5S"管理的情况来看，其对改善生产现场环境、提升生产效率、保障产品质量、营造企业氛围以及创建良好的企业文化等方面效果是显著的。

2. 如何在实施ISO 9000的企业中推行"5S"

一般来说，推行"5S"的步骤为：

(1) 确定推行组织。这是成败的关键所在。任何一项需要大面积开展的工作，都需要有专人负责组织开展，推行"5S"也绝不例外。实施ISO 9000的企业内通常会有一个类似于ISO 9000领导小组的机构，没有特殊情况的话，给该机构赋予推行"5S"的职能比较恰当。

(2) 制订激励措施。激励措施是推动工作的发动机，实施ISO 9000的企业往往会有相应的激励措施出台，可以在制订该措施时纳入有关"5S"的激励内容。

(3) 制订适合本企业的"5S"指导性文件。按照ISO 9000的精神，文件是企业内部的"法律"，有了明确的书面文件，员工才知道哪些可以做，哪些不可以做。正如企业实施ISO 9000一样，推行"5S"也要编制相应的文件，这些文件可列入ISO 9000质量体系文件的第三层文件范畴中。

(4) 培训、宣传。培训的对象是全体员工，培训的主要内容是"5S"基本知识以及本企业的"5S"指导性文件。宣传是起潜移默化的作用，旨在从根本上提升员工的"5S"意识。

(5) 全面执行“5S”。这是推行“5S”的实质性阶段。每位员工的不良习惯能否得到改变,能否在企业中建立一个良好的“5S”工作风气,在这个阶段得以体现。本阶段可与 ISO 9000 质量体系运行阶段结合起来进行。

(6)监督检查。这个阶段的目的是通过不断监督,使本企业的“5S”执行文件在每位员工心中打下“深刻的烙印”,并最终形成个人做事的习惯。本阶段可以与 ISO 9000 质量体系中的内部质量审核活动结合起来进行。

由上可见,在实施 ISO 9000 的企业中推行“5S”管理,既可以充分利用 ISO 9000 的原有资源及过程,又可以对 ISO 9000 的实施起到良好的促进作用,是一项事半功倍的工作,值得我们去推广。

3. “5S”简明使用方法

(1) “5S”的含义和做法,如表 9.4 所示。

表 9.4 “5S”的含义和做法

“5S”	含义	目的	做法/示例
清理	将工作场所的任何物品都区分为有必要与没有必要的,除了将有必要的留下来以外,其他的都清除或放置在其他地方。它往往是“5S”的第一步	腾出空间; 防止误用	将物品分为几类: 1. 不再使用的; 2. 使用频率很低的; 3. 使用频率较低的; 4. 经常使用的。 将第 1 类物品处理掉,第 2、3 类物品放置在储存处,第 4 类物品留置工作场所
整理	把留下来的必然要用的物品定点定位放置,并放置整齐,必要时加以标注。它是提高效率的基础	工作场所一目了然; 消除找寻物品的时间; 提供整齐的工作环境	对可供放置的场所进行规划; 将物品在上述场所摆放整齐; 必要时还应标注
清洁	将工作场所及工作用的设备清扫干净,保持工作场所干净、亮丽	保持良好的工作情绪; 稳定质量	清扫从地面到墙板再到天花板的所有物品; 机器工具彻底清理、润滑; 杜绝污染源如水管漏水、噪音处理; 破损的物品修理
维持	维持上面“3S”的成果	监督	检查表; 红牌子作战
素养	每位成员养成良好的习惯,并遵守规则做事。培养主动积极的精神	培养好习惯、遵守规则的员工;营造良好的团队精神	1. 应遵守出勤、作息时间; 2. 工作应保持良好的状态(如不可以随意谈天说笑、离开工作岗位、看小说、打瞌睡、吃零食等); 3. 服装整齐,戴好识别卡; 4. 待人接物诚恳有礼貌; 5. 爱护公物,用完归位; 6. 保持清洁; 7. 乐于助人

(2)"5S"规范示例,如表 9.5 所示。

表 9-5 "5S"规范示例

"5S"	规范	适用场所	检查记录	备注
清理	把永远不可能用到的物品清理掉			
	把长期不用,但有潜在可用性的物品指定地方放置			
	把经常使用的物品放在容易取到的地方			
整理	应有仓库场地布置总体规划,并画出规划图	●		
	物料、物品放置应有总体规划	◆●		
	区域划分应有标志	◆●		
	物料架应有标志	◆●		
	不同物料应有适当的标志来区分	◆●		
	物料放置应整齐、美观	◆●		
	通道要空出、不杂乱	◆●		
	应有车间场地布置总体规划,并画出规划图	◆		
	不同的生产线、工序应设牌标志	◆		
	工位摆放应整齐	◆		
	设备摆放应整齐	◆		
	工人工作台面应整齐	◆		
	文件、记录等物品放置应有规划	■		
	物品放置应整齐、美观,必要时应做一定的标志	■		
	档案柜应整齐,有必要的标志	■		
	抽屉应整齐,不杂乱	■		
	员工应有员工卡			
	要设置文件布告栏			
清洁	墙面要清洁			
	物料架要清洁	●		
	物料无积尘	●		
	通风要好,保持干燥清爽的环境	●		
	工人工作台面要清洁	◆		
	设备要清洁	◆		
	光线要充足	◆		
	办公桌面要清洁	■		
	档案柜要清洁	■		
	抽屉要清洁	■		
	文件、记录不肮脏破烂	■		

续表

“5S”	规范	适用场所	检查记录	备注
维持	坚持上班“5S”一分钟，下班“5S”一分钟			
	定期有检查			
	对不符合的情况及时纠正			
素养	语言有礼貌			
	举止讲文明			
	着装要整洁			
	工作主动、热情			
	有强烈的时间观念（按时完成任务、开会不迟到等）			

注 1　上表包含三种场所的“5S”规范示例：

●表示对仓库的规范要求；

◆表示对车间的规范要求；

■表示对办公现场的规范要求；

全空白表示适用于所有场所。

注 2　本附表仅为通用示例，具体格式和内容应根据推行“5S”的场所实际情况决定，且应更加具体化、细节化。

4. 生产现场

生产现场有定置区域线，楼层（班组）有定置图；定置图绘制符合规范要求；定置合理，定置率高，标志应用正确；库房材料、在制品分类储存，堆放整齐、合理并定区、定架、定位，与位号、台账相符；凡停滞区内摆放的物品必须有定置标志，不得混放。

对现场管理有制度、有检查、有考核、有记录；立体包干区（包括线体四部位、设备、地面）整洁光尘，无多余物品；每日进行“5S”活动，能做到“一日一查”“日查日清”。生产线的辅助环境是保证设备正常运行的必要条件，主要有以下几方面：

(1) 电源

电源的电压和功率要符合设备要求：电压要稳定，一般要求单相 AC 220 V（220±10%，50/60 HZ），三相 AC 380 V（380±10%，50/60 HZ）。如果达不到要求，需配置稳压电源，电源功率要大于功耗的一倍以上。例如，贴片机功耗 2 kW，应配置 5 kW 的电源。

贴片机的电源要求独立接地，一般应采用三相五线制的接地方法。因为贴片机的运动速度很高，与其他设备接在一起会产生电磁干扰，影响贴片机的正常运行和贴装精度。

(2) 气源

要根据设备的要求配置气源的压力，可以利用工厂的气源，也可以单独配置无油压缩机。应用厂房统一配备的压缩空气管网气源引入生产线相应设备，空压机应离厂房一定距离；气压通常为 0.5～0.6 MPa，由墙外引入时应考虑到管路损耗量；空气应除油、除水、除尘、含油量低于 0.5×10^{-6}。最好采用不锈钢或耐压塑料管做空气管道。不要用铁管做压缩空气的管道，因为铁管易生锈，锈渣进入管道和阀门，严重时会使电磁阀堵塞气路不畅，影响机器的正常运行。

(3) SMT 机房环境正常

温度：20～26 ℃（具有锡膏、胶水专用存放冰箱时可放宽）。

相对湿度：40%～ 70%RH；温湿计应放置在机器最密集的区域，以便能采集到最显著的温度变化。温湿计的记录周期设定为 7 天，每个星期一早上 7：00 更换记录表，换下的记录表存放在特定的活页夹里，保存期至少半年。新的记录表可向工程师处申领。记录表上必须注明日期，更换记录表时，记录起始时间必须与当时时间一致。

噪声：<70 dB。

洁净度：

粒径(μm)	含尘浓度(粒/m)
≥0.5	≤3.5×10
≤5.0	≤2.5×10

室内空调系统的开关由 SMT 工程部人员负责，其他部门的人员不得擅自使用。

回流焊的抽风口必须每月清理一次，以防集水过多。

逢休息日或节假日必须关闭空调系统的吹风口开关，并要求工程部不要关闭空调系统的抽风口开关，以防机器内壁结露。

(4) 防静电

SMT 现场还应有防静电系统，防静电地线应符合国家标准。生产设备必须接地良好，贴装机应用五相三线制接地法并应独立接地。生产现场的地面、工作台面、坐椅等应符合防静电要求。应配备防静电料盒、周转箱、PCB 架、物流小车、防静电包装袋、防静电腕带、防静电烙铁及工具等设施。

(5) SMT 机房要有严格的出入制度、严格的操作规程及严格的工艺纪律

在清洁文明方面应做到：料架、运输车架、周转箱清洁无积尘；管辖区的公共走道通畅，楼梯、地面光洁无垃圾，门窗清洁无尘、无杂物；文明作业，无野蛮及无序操作行为；实行了“日小扫”、“周大扫”制度，工作间保持清洁卫生，无尘土及无腐蚀性气体。

(6) 生产人员素质

SMT 是一项高新技术，对人的素质要求高，不仅要技术熟练，还要重视产品质量，责任心强，专业应有明确分工(一技多能更好)。

任务七　半成品质量检验

一、机构

质量检验部门应独立于生产部门之外，职责明确，有能力强、技术水平高、责任心强的专职检验员。SMT 中心应设有：

(1) 辅助材料检测部门

凡购进的各种材料都应该按标准(在国外标准/国标/F 标中最少选择一个)进行认真检测，不经过检测的材料不准使用，检测不合格的材料不准使用。检测的原材料常有锡膏、贴片胶、助焊剂、防氧化油、高温胶带、清洗剂、焊锡丝和 PCB。如锡膏，其质量的好坏将影响到表面组装生产线各个环节，因此，应十分重视锡膏品质的检测。至少应做焊球试验、锡膏黏度测试、锡膏粒度及金属含量试验、绝缘电阻试验。

(2) 元器件检测部门

了解表面安装元器件的品种和规格以及国内外的发展情况，选择 SMC/SMD，并掌握其

技术参数、外形尺寸和封装标准情况。向印制电路板布线设计师提供SMC/SMD的外形尺寸、特性参数。负责拟定元器件的检验标准。向有关人员(如计划员、库管员等)提供SMC/SMD分类标准及管理方法,保证SMC/SMD的正确性。了解和选择THC/TMD及插件、连接器。

元器件测试的内容有:验证元器件的技术条件和数据、元器件可焊性、焊接热性能、元器件质量指标,提出元器件最终认可意见。

(3) 成品检验部门

成品检验比较严格,在进货检验、工序检验合格基础上进行成品检验,合格才放行。

SMA成品应进行下列测试:焊点质量测试、SMA在线测试(需要时)、SMA的功能测试(需要时),合格后方能入库或交付使用。

主要检验过程应严格控制,如每批测试前应检查仪器设备,检验员严格按检验文件进行检验,操作检验结果由专人校核等。做到检验环境良好,应无灰尘、电磁、振动等影响,场地设备仪表整洁。检验设备、仪表、量具等均按期校准,能保持要求的精度。记录齐全、完整、清晰,可以追溯。

二、检验依据文件

检验依各种产品(包括为中心提供的全部产品)的检验规程、检验标准或技术规范严格进行。

SMT生产中的关键技术检验标准有:

① SMC/SMD可焊性测试标准(SJ/T10669—1995);

② PCB系列认定标准;

③ SMC/SMD技术文件和数据(厂家提供);

④ 表面组装件的焊点质量评定(IPC—A—610B或SJ/T10669—1995);

⑤ 表面组装用胶粘剂通用规范;

⑥ 锡铅膏状焊料;

⑦ 波峰焊接技术要求;

⑧ 电子设备制造防静电技术要求(SJ/T10533—94);

⑨ 电子元器件制造防静电技术要求(SJ/T10630—1996)。

三、检验设备

主要检验设备、仪表、量具齐全,且处于完好状态,按期核准,少数特殊项目委托专门检验机构进行。

SMT生产中的常规设备有:

① 元器件可焊性测试仪;

② PCB绝缘电阻测试系统(湿度箱、高阻测试仪等);

③ BROOKFIELD黏度测试仪;

④ 读数显微镜;

⑤ 精密天秤;

⑥ 静电测试仪；

⑦ 地租测量仪；

⑧ 防静电腕带测试仪。

四、工序检验

1. 印刷锡膏工序

(1) 丝网印刷技术

丝网印刷技术是采用已经制好的网板，用一定的方法使丝网和印刷机直接接触，并使锡膏在网板上均匀流动，由掩膜图形注入网孔。当丝网脱开印制板时，锡膏就以掩膜图形的形状从网孔脱落到印制板的相应焊盘图形上，从而完成了锡膏在印制板上的印刷。

(2) 印刷锡膏工序的检验

印刷完后为了能保证锡膏量均匀、锡膏图形清晰、无粘连、印制板表面无锡膏黏污等，我们必须进行检验。

印刷工序是保证表面组装质量的关键工序之一。根据资料统计，在 PCB 设计正确、元器件和印制板质量有保证的前提下，表面组装质量问题中有 70%的质量问题出在印刷工艺上。

为了保证 SMT 组装质量，必须严格控制印刷锡膏的质量。

印刷锡膏质量的要求如下：

① 施加的锡膏量均匀、一致性好，锡膏图形要清晰，相邻的图形之间尽量不要粘连。锡膏图形与焊盘图形要一致，尽量不要错位。

② 在一般情况下，焊盘上单位面积的锡膏量应约为 0.8 mg/mm^2，对窄间距元器件应约为 0.5 mg/mm^2(在实际操作中用模板厚度与开口尺寸来控制)。

③ 印刷在基板上的锡膏与希望重量值相比可允许有一定的偏差，锡膏覆盖在每个焊盘上的面积应在 75%以上。

④ 锡膏印刷后，应无严重塌落，边缘整齐，错位不大于 0.2 mm，对窄间距元器件焊盘，错位不大于 0.1 mm，基板不允许被锡膏污染。

(3) 检验方法

目视检验，有窄间距的用 2～5 倍放大镜或 3～20 倍显微镜检验。

(4) 锡膏印刷的缺陷、产生原因及对策

优良的印刷图形应是纵横方向均匀、饱满，四周清洁，锡膏占满焊盘。用这样的印刷图形贴放器件，经过再流焊，将得到优良的焊接效果。

① 锡膏图形错位

产生原因：钢板对位不当与焊盘偏移；印刷机精度不够。

危害：易引起桥连。

对策：调整钢板位置；调整印刷机。

② 锡膏图形拉尖，有凹陷

产生原因：刮刀压力过大；橡皮刮刀硬度不够；窗口特大。

危害：焊料量不够，易出现虚焊，焊点强度不够。

对策：调整印刷压力；换金属刮刀；改进模板窗口设计。

③ 锡膏量太多

产生原因：模板窗口尺寸过大；钢板与 PCB 之间的间隙太大。

危害：易造成桥连。

对策：检查模板窗口尺寸；调节印刷参数，特别是 PCB 模板的间隙。

④ 图形不均匀，有断点

产生原因：模板窗口壁光滑度不好；印刷板次多，未能及时擦去残留锡膏；锡膏触变性不好。

危害：易引起焊料量不足，如虚焊缺陷。

对策：擦净模板。

④ 图形粘污

产生原因：模板印刷次数多，未能及时擦干净；锡膏质量差；钢板离开时抖动。

危害：易桥连。

对策：擦洗钢板；换锡膏；调整机器。

总之，锡膏印刷时应注意锡膏的参数会随时变化，如粒度、形状、触变性和助焊剂性能。此外，印刷机的参数也会引起变化，如印刷压力/速度和环境温度。锡膏印刷质量对焊接质量有很大影响，因此应仔细对待印刷过程中的每个参数，并经常观察和记录相关系数。

2. 贴片工序

当锡膏在 PCB 上印刷成功时，进入贴片阶段。

(1) 贴片技术

将 SMC/SMD 等各种类型的表面组装芯片贴放到 PCB 的指定位置上的过程称为贴装，相应的设备称为贴片机或贴装机。贴装技术是 SMT 中的关键技术，它直接影响 SMA 的组装质量和组装效率。

(2) 贴片工序的检验

在焊接前把型号、极性贴错的元器件以及贴装位置偏差过大不合格的元器件纠正过来，比焊接后检查出来要节省很多成本和工时。因为焊后的不合格需要返工工时、材料，这样可能会损坏元器件或印制电路板(有的元器件是不可逆的)，即使元器件没有损坏，但对其可靠性也会有影响，故焊后返修成本高、损失较大。

因此有窄间距(引线中心距 0.65 mm 以下)时，必须全检；无窄间距时，可按取样规则抽检。

贴装元器件的工艺要求：

① 各装配位号元器件的类型、型号、标称值和极性等特征标记要符合产品的装配细表要求。

② 贴装好的元器件要完好无损。

④ 贴装元器件焊端或引脚不小于 1/2 厚度需要浸入锡膏。对于一般元器件贴片时的锡膏挤出量(氏度)应小于 0.2 mm，对于窄间距元器件贴片时的锡膏挤出量(长度)应小于 0.1 mm。

④ 元器件的端头或引脚均和焊盘图形对齐、居中。由于再流焊时有自定位效应，因此元器件贴装位置允许有一定的偏差。

(3) 检验方法

检验方法要根据各单位的检测设备配置以及表面组装板的组装密度而定。

普通间距元器件可用目视检验，高密度窄间距时可用放大镜、显微镜或自动光学检查设备检验。

(4) 检验标准

按照本企业标准或参照其他标准(表面组装工艺通用技术要求等标准)执行。

① 矩形片式元件贴装位置,如图 9.6 所示。

优良:元件焊端全部位于焊盘上,且居中。

元件横向:焊端的宽度的 1/2 以上在焊盘,即 $D \geqslant$ 宽度的 50% 为合格,$D \leqslant$ 宽度的 50% 为不合格。

元件纵向:要求焊端与焊盘必须交叠,$D \geqslant 0$ 为不合格。

② 小外形晶体管(SOT)贴装位置,如图 9.7 所示。

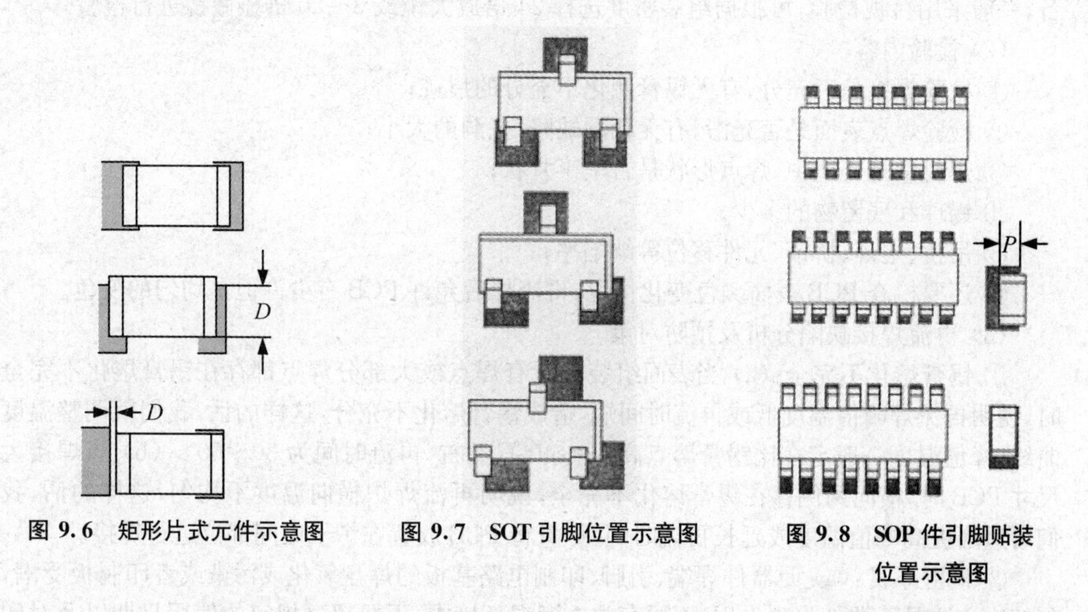

图 9.6 矩形片式元件示意图　　图 9.7 SOT 引脚位置示意图　　图 9.8 SOP 件引脚贴装位置示意图

具有少量短引线的元器件,如 SOT,贴装时允许在 X 或 Y 方向及旋转有偏差,但必须使引脚(含趾部和跟部)全部位于焊盘上。

优良:引脚全部位于焊盘上,且对称居中。

合格:有左右或旋转偏差,但引脚全部位于焊盘上时为合格。

不合格:引脚处与焊盘之外的部分为不合格。

③ 小外形集成电路及四边扁平(翼形或 J 形)封装器件如 SOIC、QFP、PLCC 等器件的贴装位置允许有较小的贴装偏差,但应保证元器件引脚(包括趾部和跟部)宽度的 75%位于焊盘上,此为合格,反之为不合格,以 SOP 件为例,如图 9.8 所示。

优良:元器件引脚趾部和跟部全部位于焊盘,引脚居中。

引脚横向:器件引脚有横向或旋转偏差时,引脚趾部和跟部全部位于焊盘,$P \geqslant$ 引脚宽度的 75%为合格。

引脚纵向:引脚趾部有 3/4 以上在焊盘,跟部全部在焊盘为合格;否则为不合格。

3. 再流焊工序

再流焊是 SMT 贴片中的关键工序,根据再流焊原理,设置合理的温度曲线,才可以保证焊接质量。贴装元器件检验无误后,就可以放入再流焊炉,将元器件焊接并固化。元器件引脚与氧气隔离;PCB 进入保温区时,使其和元器件得到充分的预热,以防止因突然进入焊接高温区而损坏 PCB 和元器件;当 PCB 进入焊接区时,温度迅速上升使锡膏达到熔化状态,液态焊锡对PCB的焊盘元器件端头和引脚润湿扩散或回流混合在焊接界面上生成金属间化合物，形成焊锡接点；PCB进入冷却区，使焊点凝固。此时完成了再流焊接。

此次检验是最重要的一项工序。焊接出来的产品不能保证质量完美，也会出现错误，所以我们要检验，检验焊接出来的产品是否有吊桥、偏移、立碑、反身、缺锡、虚焊等焊接缺陷；检验焊点是否充分、光滑；检验PCB上是否有锡珠等缺陷。

当把器件正确的贴到PCB后，为了使它牢固，必须进行焊接，焊接后必须进行100%的检验。

(1) 检验方法

检验方法要根据各单位的检测设备配置来确定。如没有光学检查设备或在线测试设备，一般采用目视检验，可根据组装密度选择24倍放大镜或3～20倍显微镜进行检验。

(2) 检验内容

① 检验焊接是否充分，有无锡膏融化不充分的痕迹；

② 检验焊点表面是否光滑，有无孔洞缺陷，孔洞的大小；

③ 焊料量是否适中，焊点形状是否呈半月状；

④ 锡球和残留物的多少；

⑤ 吊桥、虚焊、桥接、元件移位等缺陷率；

⑦ 还要检查PCB表面颜色变化情况，再流焊后允许PCB有少许但是均匀的变色。

(3) 再流焊接缺陷分析及预防对策

① 锡膏熔化不完全：(a) 当表面组装板所有焊点或大部分焊点都存在锡膏熔化不完全时，说明再流焊峰值温度低或再流时间短，造成锡膏熔化不充分，这样的话，我们就调整温度曲线，峰值温度一般定在比锡膏熔点高30～40 ℃左右，再流时间为30～60 s；(b) 当焊接大尺寸PCB时，横向两侧存在锡膏熔化不完全，说明再流焊炉横向温度不均匀，这样的话，我们可适当提高峰值温度或延长再流时间，尽量将PCB放置在炉子中间部位进行焊接。

② 润湿不良：(a) 元器件焊端、引脚、印制电路基板的焊盘氧化或污染或者印制板受潮，其解决方法是元器件先到先用，不要存放在潮湿环境中，不要超过规定的使用日期以及对印制板进行清洗和去潮处理；(b) 锡膏中金属粉末含氧量高，其解决办法是选择满足要求的锡膏；(c) 锡膏受潮、使用回收锡膏或使用过期失效锡膏，其解决办法是应回到室温后使用锡膏；制定锡膏使用条例。

③ 锡膏量不足与虚焊或断路：(a) 器件引脚共面性差，翘起的引脚不能与其相对应的焊盘接触，这样在运输和传递SMD器件，特别是SOP和QFP的过程中不要破坏它们的包装，人工贴装时尽量采用吸笔不要碰伤引脚；(b) PCB变形，使大尺寸SMD器件引脚不能完全与锡膏接触。

这些是在实习时经常遇到的问题，焊接缺陷还有很多，本文列举的只是几种最为常见的缺陷。解决这些焊接缺陷的措施也很多，但往往相互制约。因此在解决这些问题时应从多个方面进行考虑，选择一个折中方案，这一点在实际工作中我们应切记。

任务八　静电的产生

一、静电的产生方式

(1) 接触摩擦起电；

(2) 剥离起电；

(3) 断裂带电；

(4) 高速运动的物体带电。

二、人体静电的产生

人体静电的产生及相应电位如表 9.6 所示。

表 9.6　人体静电的产生

人体活动	静电电位(kV)	
	10%～20%RH	65%～90%RH
人在地毯上走动	35	15
人在乙烯树脂地板上行走	12	0.25
人在工作台上操作	6	0.1
包工作说明书的乙烯树脂封皮	7	0.6
从工作台上拿起普通聚乙烯袋	20	1.2
从垫有聚氨基甲酸泡沫的工作椅上站起	18	1.5

三、静电的危害

(1) 静电吸附：造成半导体界面击穿、失效。

(2) 静电软击穿：造成元器件的局部损伤，其不易发现，危害更大。

(3) 静电硬击穿：造成整个器件的失效和损坏。

四、静电的防护

1. 静电防护原理

(1) 避免静电的产生：对有可能产生静电的地方要防止静电荷的聚集，即采取一定的措施避免或减少静电放电的产生。可采用边产生边泄漏的办法达到消除电荷聚集的目的。

(2) 创造条件放电：当绝缘物体带电时，电荷不能流动，无法进行泄漏，可利用静电消除器产生异性离子来中和静电荷。当带电的物体是导体时，则采用简单的接地泄漏办法，使其所带电荷完全消除。

2. 静电的各项防护措施

(1) 防止静电的产生：① 控制静电的生成环境；② 防止人体带电；③ 材料选用要求；④ 工艺控制措施。

(2) 减少和消除静电：① 接地：包括地板和工作桌、椅、台面、台垫正确接地，人体接地，工具(烙铁、吸锡器、台架、运输小车等)接地以及设备、仪器接地；② 增湿；③ 中和：针对场所和带电物体的形状、特点，选用类型适宜的静电消除器，以消除器材、产品、场所、设备和人体上的静电；④ 掺杂。

3. ESD的防护物品

常用ESD的防护物品如图9.9所示。

(a) 静电衣帽

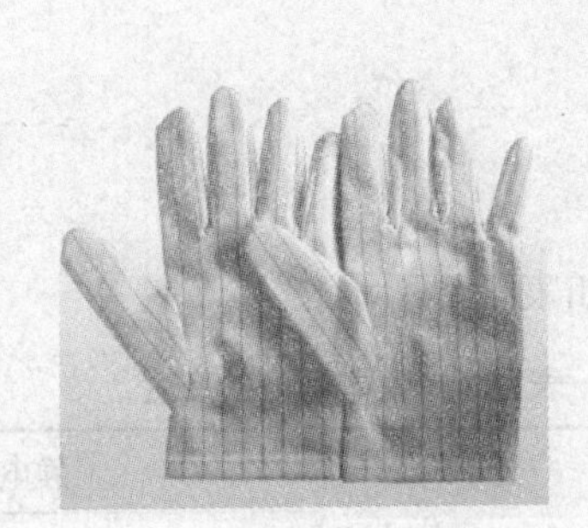

(b) 静电手套

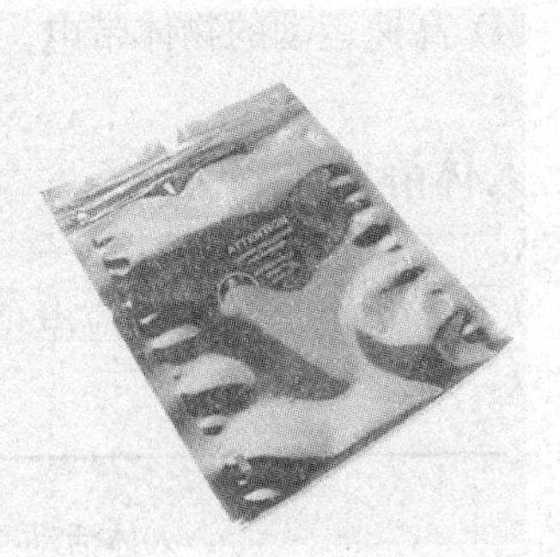

(c) 静电袋

图9.9　常用ESD的防护物品

4. 静电测试工具

常用的静电测试工具如图9.10所示。

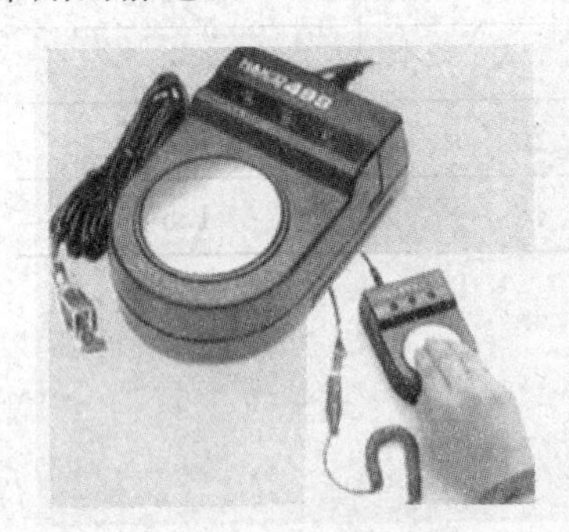

(a) 静电手腕带测试仪

(b) 表面阻抗测试器

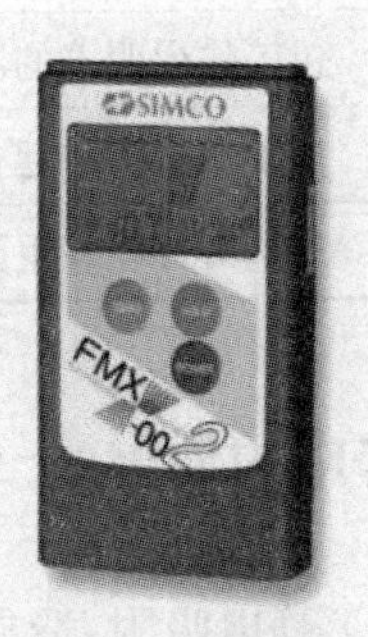

(c) 静电压测试器

图9.10　常用静电测试工具

5. 防静电符号

常用的防静电符号如图9.11的所示。

(a) 静电敏感符号

(b) 静电敏感工作区标记

(c) 静电敏感产品包装标记

图9.11　常用防静电符号

五、SMT生产中的静电防护

1. SMT生产线内的防静电设施

(1) 生产线内的防静电设施应有独立地线，并有完整的静电泄漏系统；车间内保持恒温恒湿的环境：温度(25±2)℃，相对湿度(65±5)%RH；入门处配有离子风，并设有明显的防静电警示标志。

(2) 在设备、器件、组件及包装上应贴防静电标志，以提示人们在对这些东西进行操作的时候，可能会遇到的静电放电或静电过载等危险。

要注意的是，没有贴 ESD 标记的器件，不一定说明它对 ESD 不敏感。在对组件的 ESD 敏感性存有怀疑时，必须将其当作 ESD 敏感器件处置，直到能够确定其属性为止。

2. 生产过程的防静电

(1) 定期检查车间内外的接地系统；

(2) 每天测量车间内温度、湿度两次；

(3) 任何人员在进入车间之前必须做好防静电措施；

(4) 生产过程中手拿 PCB 时，仅能拿 PCB 边缘无电子元器件处，生产后 PCB 需装在防静电包装中；

(5) 整个生产过程中用到的工具都应具有防静电能力；

(6) 测试验收合格的 PCB，应用离子喷枪喷射一次再包装起来。

工艺文件的准备

1. 工艺文件的定义

工艺文件就是具体某个生产或流通环节的设备、产品等的具体的操作、包装、检验、流通等的详细规范书。工艺文件将组织生产实现工艺过程的程序、方法、手段及标准用文字及图表的形式来表示，用来指导产品制造过程的一切生产活动，使之纳入规范有序的轨道。

工艺部门编制的工艺计划、工艺标准、工艺方案、质量控制规程也属于工艺文件的范畴。工艺文件是带强制性的纪律性文件，不允许用口头的形式来表达，必须采用规范的书面形式，而且任何人不得随意修改，违反工艺文件属违纪行为。

2. 工艺文件的作用

在产品的不同阶段，工艺文件的作用有所不同，试制试产阶段主要是验证产品的设计(结构、功能)和关键工艺；批量生产阶段主要是验证工艺流程、生产设备和工艺装备是否满足批量生产的要求。

工艺文件的主要作用如下：

① 为生产部门提供规定的流程和工序，便于组织产品有序地生产；

② 提出各工序和岗位的技术要求和操作方法，保证操作员工生产出符合质量要求的产品；

③ 为生产计划部门和核算部门确定工时定额和材料定额，控制产品的制造成本和提高生产效率；

④ 按照文件要求组织生产部门的工艺纪律管理和员工的管理。

3. 工艺文件的分类

电子产品的工艺文件种类也和设计文件一样，是根据产品生产中的实际需要来决定的。电子产品的设计文件也可以用于指导生产，所以有些设计文件可以直接用作工艺文件。例如，电路图可供维修岗位维修产品使用，调试说明可供调试岗位生产调试时使用。此外，电子产品还有其他一些工艺文件，主要有以下几种：

(1) 通用工艺规范

通用工艺规范是为了保证正确的操作或工作方法而提出的对生产所有产品或多种产品时均适用的工作要求，如手工焊接工艺规范、防静电管理办法等。

(2) 产品工艺流程

产品工艺流程是根据产品要求和企业内生产组织、设备条件而拟制的产品生产流程或步骤，一般由工艺技术人员画出工艺流程图来表示。生产部门根据流程图可以组织物料采购、人员安排和确定生产计划等。

(3) 岗位作业指导书

岗位作业指导书是供操作员使用的技术指导性文件，如设备操作规程、插件作业指导书、补焊作业指导书、程序读写作业指导书、检验作业指导书等。

(4) 工艺定额

工艺定额是供成本核算部门和生产管理部门作人力资源管理和成本核算时使用的，工艺技术人员根据产品结构和技术要求，计算出在制造每一件产品时所消耗的原材料和工时，即工时定额和材料定额。

(5) 生产设备工作程序和测试程序

这主要是指某些生产设备如贴片机、插件机等贴装电子产品的程序，以及某些测试设备如 ICT 检测产品所用的测试程序。程序编制完成后供所在岗位的员工使用。

(6) 生产用工装或测试工装的设计和制作文件

生产用工装或测试工装的设计和制作文件是为制作生产工装和测试工装而编制的工装设计文件和加工文件。

4. SMT 组装的工艺文件

SMT 组装所需要的工艺文件主要有涂敷工艺文件、贴装工艺文件、焊接工艺文件、检测工艺文件和返修工艺文件。

(1) 涂敷工艺文件

涂敷工艺文件是确定产品在进行涂敷工序时的作业指导文件，是产品在进行涂敷工序作业时的内容、要求、步骤，是判定工艺参数设置的基本依据。

(2) 贴装工艺文件

贴装工艺文件是确定产品在进行贴装工序时的作业指导文件，是产品在进行贴装工序作业时的内容、要求、步骤，是判定工艺参数设置的基本依据。

(3) 焊接工艺文件

焊接工艺文件是确定产品在进行焊接工序时的作业指导文件，是产品在进行焊接工序作业时的内容、要求、步骤，是判定工艺参数设置的基本依据。

(4) 检测工艺文件

检测工艺文件是确定产品在进行检测工序时的作业指导文件，是产品在进行检测工序作业时的内容、要求、步骤，是判定工艺参数设置的基本依据。

(5) 返修工艺文件

返修工艺文件是确定产品在进行返修工序时的作业指导文件，是产品在进行返修工序作业时的内容、要求、步骤，是判定工艺参数设置的基本依据。

部分作业指导书如图 9.12、图 9.13、图 9.14 所示。

作业指导书

文件编号	×××	改订日期	1		决裁	起案	审议
制品名	数字实验板		2				
机种名/版本	××××		3				
制定日期	2013/5/28		4				

工程名	手插

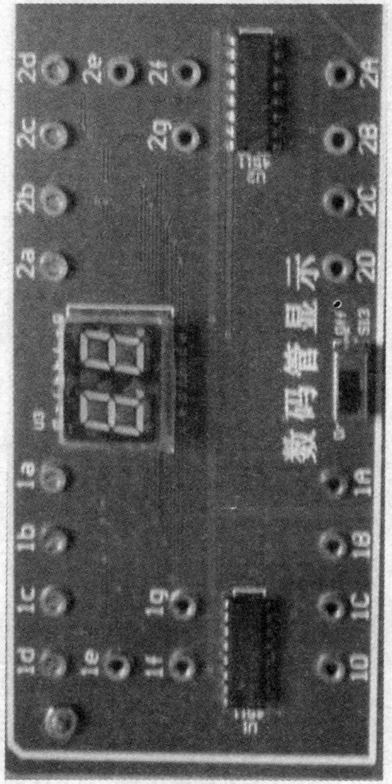

操作顺序及方法

1. 核对产品(线路板的型号是否与工艺文件所指型号规格相同)
2. 确定本工位所使用的资材和工具
3. 操作时必须戴防静电腕带
4. 领取电路带及本工位所需元件放入料盒中
5. 随时保持工作台清洁

作业顺序:

1. 如图所示位置插装本工位元件
2. 固定线路板与夹具
3. 将元器件按图示位置插入线路板中(注意极性)
4. 将本工位的元器件进行焊接(注意锡量及加热时间防止虚焊)
5. 检验本工序及上道工序,若无误转入下道工序

使用资材名

NO	资材名	位号	材料描述	规格	数量
1	CD4511BE	1、2	集成芯片		2
2	LG4021AH	3	数码管		1
3	K	4	拨动开关		1

注意事项及处理方法

1. 集成芯片,数码管查到位且正确
2. 材料盒元件要和料盒中的料型号一致,定时定量投放元器件
3. 元件插装时应对元件编号再次确认
4. 当元件中出现不良元件时,应将其放到废料盒中与良品分离放置
5. 发现异常现象不能解决时应及时通知主管人员

图 9.12 手插

作业指导书

文件编号	×××	改订日期	1		决裁	起案	审议
制品名	数字实验板		2				
机种名/版本	×××		3				
制定日期	2013/5/28		4				

工程名	焊　　接

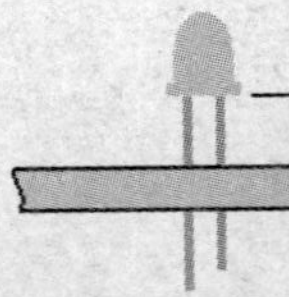

元器件的底面应与PCB板面平行

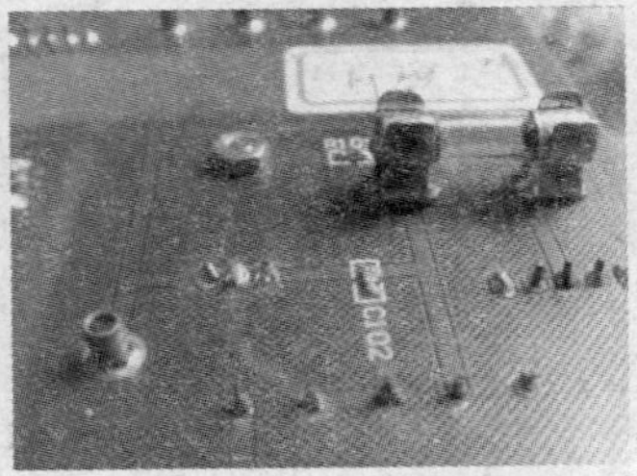

图1

图2

操作顺序及方法

作业前准备事项

1. 焊接条件

① 被焊件端子必须具备可焊性；

② 被焊金属表面保持清洁

③ 具有适当的焊接温度(280～350 ℃)

④ 具有合适的焊接时间(3 s)，反复焊接次数不得超过三次，要一次成形

2. 焊点的基本要求

① 具有良好的导电性

② 焊点上的焊料要适当

③具有良好的机械强度

④ 焊点光泽、亮度、颜色有一定要求，即有特殊的光泽和良好颜色；在光泽和高度及颜色上不应有凹凸不平和明暗等明显的缺陷

⑤ 焊点不应有拉尖、缺锡、锡珠等现象

⑥ 焊点上不应有污物，要求干净

⑦ 焊接要求一次成形

⑧ 焊盘不要翘曲、脱落

3. 应避免常见的焊点缺陷如：拉尖、桥连、虚焊、针孔、结晶松散等

4. 操作者应认真填写工位记录

注意事项及处理方法

1. 移开烙铁头的时间、方向和速度，决定着焊接点的焊接质量，正确的方法是先慢后快，烙铁头移开时应沿 45°方向移动，及时清理烙铁头

2. 通孔内部的锡扩散状态：

通孔内部填锡 70%以上为合格品，否则为虚焊，这是不允许的

① 合格品　即填料大于 70%以上或看不见已经贯通的空隙(图 1)

② 不合格品　即填料小于 70%或能看见已经贯通的空隙(图 2)

3. 引脚形态为 L 型的器件

4. 焊点面积：在引脚底部全面地形成焊点时为合格

① 焊锡高度大于集成块引脚高度的 1/3 以上

② 焊锡扩散到此处不合格

图 9.13　焊接

作业指导书

文件编号	×××	改订日期	1		决裁	起案	审议
制品名	数字实验板		2				
机种名/版本	××××		3				
制定日期	2013/5/28		4				

工程名	焊点检验	操作顺序及方法	注意事项及处理方法
图1 图2	 	作业前准备事项 1. 焊接条件 ① 被焊件端子必须具备可焊性 ② 被焊金属表面保持清洁 ③ 具有适当的焊接温度(280～350 ℃) ④ 具有合适的焊接时间(3 s),反复焊接次数不得超过三次,要一次成形 2. 焊点的基本要求 ① 具有良好的导电性 ② 焊点上的焊料要适当 ③ 具有良好的机械强度 ④ 焊点光泽、亮度、颜色有一定要求,即有特殊的光泽和良好颜色;在光泽和高度及颜色上不应有凹凸不平和明暗等明显的缺陷 ⑤ 焊点不应有拉尖、缺锡、锡珠等现象 ⑥ 焊点上不应有污物,要求干净 ⑦ 焊接要求一次成形 ⑧ 焊盘不要翘曲、脱落 3. 应避免常见的焊点缺陷如:拉尖、桥连、虚焊、针孔、结晶松散等 4. 操作者应认真填写工位记录	1. 移开烙铁头的时间、方向和速度,决定着焊接点的焊接质量,正确的方法是先慢后快,烙铁头移开时应沿45°方向移动,及时清理烙铁头。 2. 通孔内部的锡扩散状态: 通孔内部填锡70%以上为合格品,否则为虚焊,这是不允许的 ① 合格品　即填料大于70%以上或看不见已经贯通的空隙(图1) ② 不合格品　即填料小于70%或能看见已经贯通的空隙(图2) 3. 引脚形态为L型的器件: 4. 焊点面积:在引脚底部全面地形成焊点时为合格 ① 焊锡高度大于集成块引脚高度的1/3以上 ② 焊锡扩散到此处不合格

图 9.14　焊点检验

参 考 文 献

[1] 韩满林. 表面组装技术[M]. 北京：人民邮电出版社，2010.

[2] 张文典. 实用表面组装技术[M]. 3 版. 北京：电子工业出版社，2010.

[3] 梁瑞林. 贴片式电子元件[M]. 北京：科学出版社，2008.

[4] 刘殿臣. 贴片元器件应用宝典[M]. 北京：国防工业出版社，2009.

[5] 李响初. 新型贴片元器件应用速查[M]. 北京：机械工业出版社，2013.

[6] 黄永定. SMT 技术基础与设备[M]. 北京：电子工业出版社，2007.

[7] 路文娟，陈华林. 表面贴装技术(SMT)[M]. 北京：人民邮电出版社，2013.

[8] 杜中一. SMT 表面组装技术[M]. 北京：电子工业出版社，2009.

[9] 周德金，吴兆华. 表面组装工艺技术[M]. 北京：国防工业出版社，2009.

[10] 郭永贞. 袖珍表面组装技术(SMT)工程师使用手册[M]. 北京：电子工业出版社，2007.

[11] 曹白杨. 表面组装技术基础[M]. 北京：电子工业出版社，2012.

[12] 何丽梅. SMT：表面组装技术[M]. 北京：机械工业出版社，2011.

[13] 龙绪明. 电子表面组装技术：SMT[M]. 北京：电子工业出版社，2008.

[14] 梁瑞林. 表面组装技术与集成系统[M]. 北京：科学出版社，2009.

[15] 梁瑞林. 挠性印制电路[M]. 北京：科学出版社，2008.

[16] 顾霭云，罗道军，王瑞庭. 表面组装技术(SMT)通用工艺与无铅工艺实施[M]. 北京：电子工业出版社，2008.

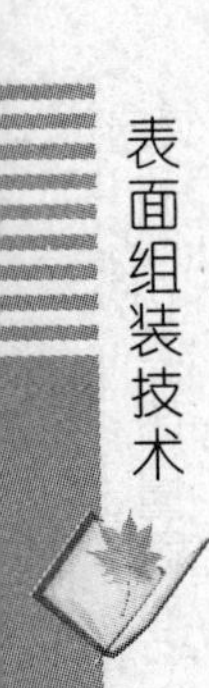